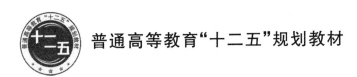

普通高等教育"十二五"规划教材

多媒体通信技术

（第2版）

张晓燕　李瑞欣　钱　渊　编著
单　勇　张　锐　符艳军

U0304088

北京邮电大学出版社
·北京·

内容简介

本书对多媒体通信技术的基本概念、技术及应用做了全面的介绍。全书共 9 章,在介绍多媒体通信技术相关概念的基础上,重点对多媒体通信中的信息处理技术、输入/输出及存储技术、通信网络、同步技术、通信终端以及流媒体技术做了比较系统的阐述,最后对一些典型的多媒体通信应用系统做了分析和介绍。本书注重基础理论和基本技术的讲述,同时也对相关标准和前沿技术进行了介绍。书中内容丰富、新颖,叙述深入浅出,注重理论与实际应用的结合,更易于读者理解和掌握。

本书可作为高等学校通信工程、计算机通信等相关专业本科生的教材或研究生的教学参考书,也可供从事多媒体通信技术研究和开发的工程技术人员参考使用。

图书在版编目(CIP)数据

多媒体通信技术/张晓燕等编著 . --2 版 . --北京:北京邮电大学出版社,2015.8(2024.1重印)
ISBN 978-7-5635-4414-1

Ⅰ. ①多… Ⅱ. ①张… Ⅲ. ①多媒体通信—通信技术—高等学校—教材 Ⅳ. ①TN919.85

中国版本图书馆 CIP 数据核字(2015)第 161887 号

书 名:**多媒体通信技术 (第 2 版)**
责任编辑:张珊珊
出版发行:北京邮电大学出版社
社 址:北京市海淀区西土城路 10 号(邮编:100876)
发 行 部:电话:62282185 传真:62283578
E-mail: publish@bupt.edu.cn
经 销:各地新华书店
印 刷:保定市中画美凯印刷有限公司
开 本:787 mm×1 092 mm 1/16
印 张:17.25
字 数:431 千字
版 次:2009 年 8 月第 1 版 2015 年 8 月第 2 版 2024 年 1 月第 4 次印刷

ISBN 978-7-5635-4414-1 定 价:36.00 元
· 如有印装质量问题,请与北京邮电大学出版社发行部联系 ·

第2版前言

多媒体通信技术是一门综合的、跨学科的交叉技术,它是计算机技术、通信技术以及广播电视技术长期相互融合渗透的产物。多媒体通信技术的蓬勃发展开始于20世纪90年代,即使在今天,仍然在不断发展和完善。实践证明,多媒体通信技术的广泛应用极大地提高了人们的工作效率,减轻了社会的交通负担,并且已经对人们传统的教育和娱乐方式产生了革命性的影响。同时,人们仍然在不断开发新的、更多的应用领域。可以预见,在未来的应用中,多媒体通信技术必将影响我们生活的方方面面,使人类的生活更丰富多彩。

本书目的在于使读者了解多媒体通信所涉及的相关知识,包括多媒体信息的处理、编码,多媒体信息的输入、输出及存储,传输多媒体的网络及其协议,多媒体通信的终端系统,多媒体通信中所需的同步技术等。

自2009年《多媒体通信技术》第1版出版后,已将近五年时间。承蒙出版社和读者的青睐,要求修改再版。按照技术的最新发展和读者的建议,再版时对音频信息压缩技术、语音合成、语音识别及音频检索技术、数字图像压缩技术、多媒体通信网络技术、流媒体技术等内容进行了修改,扩充了相关内容,尽量体现出新技术的发展。

本书是作者根据近年来从事多媒体通信技术教学和实践的体会,并参考了大量国内外相关文献,结合近年来的科研经验和成果编写而成。全书力求对基础技术做到系统深入介绍,对新技术做到文献材料翔实可靠,对具体应用做到具体分析。本书每章后面附有练习题以帮助读者更好地理解和巩固所学内容。在编写过程中编者注重难易结合,对涉及的难点、重点和新知识部分增加了相关的基础知识。如图像信号和语音信号压缩编码、图像处理技术有一定的难度,本书加入了图像与语音技术基础方面的内容,帮助读者掌握相关知识。此外,尽可能加入对多媒体通信技术有较大影响的新技术,如移动流媒体技术、IP组播技术、多媒体数据库等。

本书由张晓燕、李瑞欣、钱渊、单勇、张锐和符艳军共同编著。本书引用了一些文献中发表的内容,在此,对这些成果的作者表示深深地感谢。

由于时间紧迫,学识有限,书中难免有不足之处,敬请读者指正。

编　者

目　　录

第1章
多媒体通信技术概述

随着信息技术、计算机技术和微电子技术的迅速发展,计算机、通信和广播电视 3 个技术领域相互渗透、相互融合,形成了一门崭新的技术——多媒体。人类的信息交流也从单一媒体过渡到了多媒体的形式。多媒体通信技术是多媒体技术与通信技术有机结合的产物,它集计算机的交互性、多媒体的复合性、通信网的分布性以及广播电视的真实性于一体,打破了传统的单一媒体通信方式和单一电信业务的通信系统格局,向人们提供综合的信息服务,并成为通信技术今后发展的主要方向之一。多媒体通信技术已经渗透到社会生活和工作的各个方面。它的应用对人类的生产、工作及生活方式带来了巨大的变革,使人类进入到一个前所未有的新时代。

本章主要介绍多媒体通信技术的基本概念、多媒体通信、多媒体通信关键技术以及多媒体通信的应用。

1.1 基本概念

1.1.1 媒体与媒体类型

1. 媒体

媒体是指信息传递和存储的最基本的技术和手段,即信息的载体。媒体的英文是 medium,复数是 media。根据原 CCITT(国际电报电话咨询委员会)的定义,媒体可划分为五大类。

(1)感觉媒体(Perception Medium)

感觉媒体是指人类通过其感觉器官,如听觉、视觉、嗅觉、味觉和触觉器官等直接产生感觉(感知信息内容)的一类媒体,这类媒体包括声音、文字、图像、气味和冷热等。

(2)表示媒体(Representation Medium)

表示媒体是指用于数据交换的编码表示,这类媒体包括图像编码、文本编码、声音编码等。其目的是有效地加工、处理、存储和传输感觉媒体。

(3)显示媒体(Presentation Medium)

显示媒体是指进行信息输入和输出的媒体。输入媒体包括键盘、鼠标、摄像头、话筒、扫描仪、触摸屏等,输出媒体包括显示屏、打印机和扬声器等。

(4)存储媒体(Storage Medium)

存储媒体是指进行信息存储的媒体。这类媒体包括硬盘、光盘、软盘、磁带、ROM、RAM等。

(5)传输媒体(Transmission Medium)

传输媒体是指承载信息、将信息进行传输的媒体。这类媒体包括双绞线、同轴电缆、光缆和无线电链路等。

2. 常见的媒体类型

(1)文本

文本包含符号、符号的字体、符号的尺寸、符号的格式与色彩,以及在数据传送和操作管理中的符号编码。

目前,文本主要的国际标准和工业标准包括ISO646、ISO10646、T.101、ASCII,以及GB2312等。

(2)图形

图形是指从点、线、面到三维空间的黑白或彩色几何图。它一般由图形编辑器或程序产生,也常被称为计算机图形。计算机对图形文件进行存储时,实际上存储的是绘图指令和有关绘图参数。图形的优点是可以实现无限放大,不会失真,且占用的存储空间小。缺点是颜色不丰富,描述复杂图形比较困难。

目前,图形编码主要的国际标准和工业标准包括T.101、T.150、ISO8632以及ISO7942等。

(3)图像

图像是指由像素点阵组成的画面。它包括扫描静态图像和合成静态图像。扫描静态图像通过扫描仪、模数转换装置或数字相机等捕捉;合成静态图像由计算机辅助创建或生成,即通过程序、屏幕截取等生成。图像文件存储的是像素点阵值,在文件格式中没有任何结构信息。

图像编码主要的国际标准有JBIG、JPEG以及JPEG2000。

(4)视频与动画

视频与动画利用人眼的视觉暂留特性,快速播放一连串静态图像(图形),在人的视觉上产生平滑流畅的动态效果。主要有以下几个基本概念。

- 帧:帧是一个完整且独立的窗口视图,作为要播放的视图序列的一个组成部分。它可能占据整个屏幕,也可能只占据屏幕的一部分。

- 帧速率:每秒播放的帧数。

- 视频:以位图形式存储,需要较大的存储能力,分为捕捉运动视频与合成运动视频。前者是通过普通摄像机与模/数转换装置、数字摄像机等捕捉;后者是由计算机辅助创建,即通过程序、屏幕截取等生成。

- 动画:动画是运动图形,它存储对象及其时空关系,因此带有语义信息,在播放时需要通过计算才能生成相应的视图。通常是通过动画制作工具或程序生成。

运动图像压缩标准种类繁多,目前主要标准包括H.261、H.263、H.264、MPEG系列标准等。

(5)声音

声音指在听觉范围内的语音、音乐、噪声等音频信息。语音编码标准大部分由ITU-T

提出,主要包括 G. 711、G. 723、G. 729 等。

1.1.2 多媒体与多媒体技术

1. 多媒体

多媒体是融合两种或者两种以上媒体元素的信息交流和传播媒体。多媒体元素由多媒体应用中可显示给用户的媒体组成,目前主要包含文本、图形、图像、声音、动画和视频图像等媒体元素。多媒体具有如下 4 个主要的特点。

(1)信息量巨大

信息量巨大表现在信息的存储量以及传输量上。例如,640×480 像素、256 色彩色照片的存储量需 0.3 MB;CD 双声道的声音每秒存储量为 1.4 MB;广播质量的数字视频码率约为 216 Mbit/s;高清晰电视数字视频码率在 1.2 Gbit/s 以上。

(2)数据类型的多样性与复合性

多媒体数据包括文本、图形、图像、声音和动画等,而且还具有不同的格式、色彩、质量等。多媒体信息具有多样化和多维化,通常不局限于单一媒体元素,而是多种媒体元素的有机组合,从而更好地丰富和表现信息。

(3)数据类型间的区别大

不同媒体间的存储量差别大;不同媒体间的内容与格式不一,相应的内容管理、处理方法和解释方法也不同。

(4)数据处理复杂

为了能够有效地对多媒体信息存储和在网络中进行传输,必须对多媒体信息进行有效处理。例如数据压缩和解压缩技术、语音识别、多媒体信息检索、虚拟现实等技术都是多媒体研究中的重要课题。

2. 多媒体技术

在多媒体技术发展的这十几年间,人们一直试图通过一个准确的定义来描述多媒体技术,但由于多媒体技术是一种融合技术,其中的计算机、彩色电视和通信技术具有复杂性和多样性的特点,由此融合起来而产生的多媒体技术,其覆盖面更宽,技术更复杂,很难一言以蔽之。结果是人们从各自的角度出发,根据各自的研究方向给出了不同的多媒体技术的定义。目前公认比较准确的概念是由 Lippincott 和 Robinson 于 1990 年 2 月在《Byte》杂志上发表的两篇文章中给出的"多媒体技术"的定义:多媒体技术就是计算机交互式综合处理多媒体信息——文本、图形、图像和声音,使多种信息建立逻辑连接,集成为一个系统并具有交互性。简而言之,多媒体技术就是计算机综合处理声、文、图等信息的技术,具有集成性、实时性和交互性的特点。

多媒体技术最简单的表现形式就是多媒体计算机。多媒体计算机相对于普通计算机的一个根本不同点在于:在多媒体计算机中增加了对活动图像(包括伴音在内)的处理、存储和显示的能力,其硬件配以声卡、视频采集卡等。其主要特征体现在它能够有效地对电视图像数据进行实时的压缩和解压缩,并能够使在时间上有相关性的多种媒体保持同步。

通常将数字化的活动图像信息存储在数据库中,但当数据库与用户多媒体计算机分开时,用户就需要通过通信网络调用远处数据库中的图像信号和伴音信号,这样,多媒体技术便延伸至通信领域,多媒体通信技术应运而生。

1.1.3 超文本与超媒体技术

1. 超文本

1965 年,Ted Nelson 提出了"超文本"这个术语,而且开始在计算机上实现这个想法。超文本是一种按信息之间的关系非线性地存储、组织、管理和浏览信息的计算机技术。超文本技术与传统计算机技术的区别在于,它不仅注重所要管理的信息,更注重信息间关系的建立和表示。超文本为计算机与人的交流提供了一种新的、更符合人的习惯的方式。超文本的结构形式非常类似于人类的联想记忆结构。人类大脑的记忆结构是一种网状结构,且不同概念之间以联想的方式连接起来。虽然我们对具体的客观对象有相同的概念,但由于每个人不同的教育背景和文化基础,在不同的时间、地点、环境下,产生联想的结果是千差万别的,这种联想的方式表明了信息在大脑中的结构形式是互连的网状结构且具有动态特性。比如,人们从"太阳"可以联想到月亮、宇宙、草原、大海、森林等。对于这种互连的网状结构,用一般的文本管理方法是无法进行管理的,需要采用一种比文本更高级的信息管理技术,这就是超文本技术。超文本技术充分利用了计算机技术和网络技术,使信息之间的联系范围扩展到网络世界的众多媒体,涉及海量的信息且速度极其迅速。构成超文本的节点和链可以动态地改变,各个节点中的信息可以进行更新,还可以在超文本结构中加入新的节点和链,形成新的关系、新的组织结构。

世界上第一个实用的超文本系统是美国布朗大学在 1967 年为研究及教学而开发的"超文本编辑系统"(Hypertext Editing System)。1985 年以后,超文本在实用化方面取得了很大进步,开始广泛地应用到各种信息系统。1985 年 Janet Walker 研制出了"符号文献检测器"(Symbolics Document Examiner);1985 年布朗大学推出了 Intermedia 系统,在 Macintosh 上运行;1986 年 OWL(办公工作站有限公司)引入 Guide,这是第一个广泛应用的超文本;1987 年 Xerox 公司推出 Notecards,它有一个良好的浏览工具,含有一个层次系统和组织复杂的 Notecard 网络,还提供了用于网络的组织、显示和管理的一组工具;1987 年美国苹果公司在 Macintosh 微机上推出了 HyperCard 软件,这是一个十分形象的集图文声为一体的超文本系统;1991 年美国 Asymetrix 公司推出 ToolBook 系统;1990 年位于日内瓦的欧洲量子物理实验室 CERN 的物理学家和工程师为了与其他协作机构探讨最新学术研究成果而建立的运行于 Internet 网络的 WWW(Web)系统开始流行,成为当前最重要的网络多媒体信息管理系统,全面影响着人类的生活与工作方式。

与此同时,超文本的学术理论研究也日益受到重视。1987 年 ACM 超文本专题讨论会(Hypertext'87 Workshop)在北卡罗来纳大学召开;1989 年第一次超文本公开会议在英国约克郡召开;1990 年第一届欧洲超文本会议(ECOH)在法国 Inria 召开。这些活动都成了系列性会议延续下来,也标志着超文本技术的成熟。同时,ISO 等国际组织也制定了超文本方面的标准,推动其商业化的快速发展,并得到越来越广泛的应用。

2. 超媒体

超文本是一种以节点为单位的信息管理技术,节点可以是信息块、某一字符文本集合、信息空间中的某个区域。节点的大小不固定。节点之间用链进行连接形成网状结构,完成信息的组织,形成非线性文本结构。随着计算机技术和多媒体技术的不断发展,节点中的数据已经不仅仅局限于早期超文本的文本形式了,节点可以是图形、图像、动画、音频、视频等,甚至是它们的组合,进而形成了超媒体。超媒体意指多媒体超文本(Multimedia Hypertext),即以多媒体的方式呈现相关文件信息。

超文本/超媒体技术的出现,为实现多媒体信息综合有效的管理带来了希望,尤其在 Internet 飞速发展的今天,超文本/超媒体技术已经成为 Internet 上信息检索的核心技术。

1.2 多媒体通信

多媒体通信是计算机、通信和多媒体技术相结合的产物,目前它已经成为通信的主要方式之一。现在的社会已进入信息时代,各种信息以极快的速度出现,人们对信息的需求日趋增加,这个增加不仅表现为数量的剧增,同时还表现在信息种类的不断增加上。一方面,这个巨大的社会需求(或者说是市场需求)就是多媒体通信技术发展的内在动力;另一方面,电子技术、计算机技术、电视技术及半导体集成技术的飞速发展为多媒体通信技术的发展提供了切实的外部保证。由于这两个方面的因素,多媒体通信技术在短短的时间里得到了迅速的发展。

1.2.1 多媒体通信的体系结构

图 1-1 为国际电联 ITU-TI.211 建议为 B-ISDN 提出的一种适用于多媒体通信的体系结构模式。

图 1-1 多媒体通信的体系结构

多媒体通信体系结构模式主要包括下列 5 个方面的内容。

1. 传输网络

它是体系结构的最底层,包括 LAN(局域网)、WAN(广域网)、MAN(城域网)、ISDN、B-ISDN(ATM)、FDDI(光纤分布数据接口)等高速数据网络。该层为多媒体通信的实现提供了最基本的物理环境。在选用多媒体通信网络时应视具体应用环境或系统开发目标而定,可选择该层中的某一种网络,也可组合使用不同的网络。

2. 网络服务平台

该层主要提供各类网络服务,使用户能直接使用这些服务内容,而无须知道底层传输网络是怎样提供这些服务的,即网络服务平台的创建使传输网络对用户来说是透明的。

3. 多媒体通信平台

该层主要以不同媒体(正文、图形、图像、语音等)的信息结构为基础,提供其通信支援(如多媒体文本信息处理),并支持各类多媒体应用。

4. 一般应用

该应用层指人们常见的一些多媒体应用,如多媒体文本检索、宽带单向传输、联合编辑以及各种形式的远程协同工作等。

5. 特殊应用

该应用层所支持的应用是指业务性较强的某些多媒体应用,如电子邮购、远程培训、远程维护、远程医疗等。

1.2.2　多媒体通信的特征

多媒体通信技术是多媒体技术、计算机技术、通信技术和网络技术等相互结合和发展的产物。在物理结构上,由若干个多媒体通信终端、多媒体服务器经过通信网络连接在一起构成的系统,就是多媒体通信系统。在计算机领域,人们也将该系统称为分布式多媒体系统。多媒体通信系统必须同时兼有多媒体的集成性、计算机的交互性、通信的同步性 3 个主要特征。

1. 集成性

多媒体通信系统能够处理、存储和传输多种表示媒体,并能捕获并显示多种感觉媒体,因此多媒体通信系统集成了多种编译码器和多种感觉媒体的显示方式,能与多种传输媒体接口,并且能与多种存储媒体进行通信。

2. 交互性

多媒体通信终端的用户在与系统通信的全过程中具有完备的交互控制能力,这是多媒体通信系统的一个重要特征,也是区别多媒体通信系统与非多媒体通信系统的一个主要准则。例如,在数字电视广播系统中,数字电视机能够处理与传输多种表示媒体,也能够显示多种感觉媒体,但用户只能通过切换频道来选择节目,不能对播放的全过程进行有效的选择控制,不能做到想看就看、想暂停就暂停,因此数字电视广播系统不是多媒体通信系统。而在视频点播(VOD)中,用户可以根据需要收看节目,可以对播放的全过程进行控制,所以视频点播属于多媒体通信系统。

3. 同步性

同步性是指在多媒体通信终端上所显示的文字、声音和图像是以在时空上的同步方式工作的。同步性决定了一个系统是多媒体系统还是多种媒体系统,二者的含义完全不同,多种媒体是各种媒体的总称,例如图像、文本和声音等,它们中的任何一种都不是多媒体,只有将它们融合为一体,使它们具有时空上的同步关系,这才是多媒体。同步性也是在多媒体通信系统中最难解决的技术问题之一。

1.3　多媒体通信的关键技术

多媒体通信技术是一门跨学科的交叉技术,它涉及的关键技术有多种,下面分别对这些技术作简单介绍,其中某些内容也是本书部分章节讨论的主题。

1. 多媒体数据压缩技术

多媒体信息数字化后的数据量非常巨大,尤其是视频信号,数据量更大。例如,一路以分量编码的数字电视信号,数据率可达 216 Mbit/s,存储 1 小时这样的电视节目需要近

80 GB的存储空间,而要实现远距离传送,则需要占用 108～216 MHz 的信道带宽。显然,对于现有的传输信道和存储媒体来说,其成本十分昂贵。为节省存储空间,充分利用有限的信道容量传输更多的多媒体信息,必须对多媒体数据进行压缩。

目前,在视频图像信息的压缩方面已经取得了很大的进展,这主要归功于计算机处理能力的增强和图像压缩算法的改善。有关图像压缩编码的国际标准主要有 JPEG、H.261、H.263、MPEG-1、MPEG-2、MPEG-4 等。JPEG 标准是由 ISO 联合图像专家组(Joint Picture Expert Group)于 1991 年提出的用于压缩单帧彩色图像的静止图像压缩编码标准。H.261 是由 ITU-T 第 15 研究组为在窄带综合业务数字网(N-1SDN)上开展速率为 $p×64$ kbit/s的双向声像业务(如可视电话、视频会议)而制定的全彩色实时视频图像压缩标准。H.263 是由 ITU-T 制定的低比特率视频图像编码标准,用于提供在 30 kbit/s 左右速率下的可接受质量的视频信号。MPEG 标准是由 ISO 活动图像专家组(MPEG)制定的一系列运动图像压缩标准。有关音频信号的压缩编码技术基本上与图像压缩编码技术相同,不同之处在于图像信号是二维信号,而音频信号是一维信号。相比较而言,其数据压缩难度较低。在多媒体技术中涉及的声音压缩编码的国际标准主要有 ITU-T 的 G.711、G.721、G.722、G.728、G.729、G.723.1 以及 MPEG-1 音频编码标准(ISO11172-3)、MPEG-2 音频编码标准(ISO13818-3)和 AC3 音频编码等。

2. 多媒体通信终端技术

多媒体通信终端是能够集成多种媒体数据,通过同步机制将多媒体数据呈现给用户,具有交互功能的新型通信终端,是多媒体通信系统的重要组成部分。随着多媒体通信技术的发展,已经开发出一系列多媒体通信终端的相关标准和设备,它们又反过来促进多媒体通信的发展。目前多媒体终端有 H.320 终端、H.323 终端、SIP 终端以及基于 PC 的软终端等。

3. 多媒体通信网络技术

能够满足多媒体应用需要的通信网络必须具有高带宽、可提供服务质量的保证、实现媒体同步等特点。首先,网络必须有足够高的带宽以满足多媒体通信中的海量数据,并确保用户与网络之间交互的实时性;其次,网络应提供服务质量的保证,从而能够满足多媒体通信的实时性和可靠性的要求;最后,网络必须满足媒体同步的要求,包括媒体间同步和媒体内同步。由于多媒体信息具有时空上的约束关系,例如图像及其伴音的同步,因此要求多媒体通信网络应能正确反映媒体之间的这种约束关系。

在多媒体通信发展初期,人们尝试着用已有的各种通信网络(包括 PSTN、ISDN、B-ISDN、有线电视网、Internet)作为多媒体通信的支撑网络。每一种网络均是为传送特定的媒体而建设的,在提供多媒体通信业务上各具特点,同时也存在一些问题。随着大量的多媒体业务的涌现,已有的各种网络显然无法满足人们的需求。为了满足人们对多媒体通信业务不断发展的要求,世界各国均在研究如何建立一个适合多媒体通信的综合网络以及如何从现有的网络演进,实现多业务网络,为人们提供服务。

以软交换为核心的 NGN 网络为多媒体通信开辟了更广阔的天地。NGN 网络所涉及的内容十分广泛,几乎涵盖了所有新一代的网络技术,形成了基于统一协议的由业务驱动的分组网络。它采用开放式体系结构来实现分布式的通信和管理。电信网络向 NGN 过渡将成为必然趋势,这是众多标准化组织研究的重点,也是各大运营商和设备厂商讨论的热点。

4. 多媒体信息存储技术

多媒体信息对存储设备提出了很高的要求,既要保证存储设备的存储容量足够大,还要保证存储设备的速度要足够快,带宽要足够宽。通常使用的存储设备包括磁带、光盘、硬盘等。

磁带是以磁记录方式来存储数据的,它适用于需要大容量的数据存储,但对数据读取速度要求不是很高的某些应用,主要用于对重要数据的备份。光盘则是以光学介质来存储信息,光盘的种类有很多,例如 CD-ROM、CD-R、CD-WR、DVD、DVD-RAM 等。硬盘及磁盘阵列则具有更快速的数据读取速度。虽然硬盘的存取速度已经得到了很大提高,但仍然满足不了处理器的要求。为了解决这个问题,人们采取了多种措施,其中一种就是由美国加州大学伯克利分校的 D. A. Patterson 教授于 1988 年提出的廉价冗余磁盘阵列(Redundant Array of Inexpensive Disks,RAID)。RAID 将普通 SCSI 硬盘组成一个磁盘阵列,采用并行读写操作来提高存储系统的存取速度,并且通过镜像、奇偶校验等措施提高系统的可靠性。为了进一步提高数据的读取速度,同时获得大容量的存储,存储区域网络(Storage Area Network,SAN)技术应运而生。SAN 是一种新型网络,由磁盘阵列连接光纤通道组成,以数据存储为中心,采用可伸缩的网络拓扑结构,利用光纤通道有效地传送数据,将数据存储管理集中在相对独立的存储区域网内。SAN 极大地扩展了服务器和存储设备之间的距离,拥有几乎无限的存储容量以及高速的存储,真正实现了高速共享存储的目标,满足了多媒体应用的需求。

5. 多媒体数据库及其检索技术

随着多媒体数据在 Internet、计算机辅助设计(Computer Aided Design,CAD)系统和各种企事业信息系统中被越来越多地使用,用户不仅要存取常规的数字、文本数据,还包括声音、图形、图像等多媒体数据。传统的常规关系型数据库管理系统可以管理多媒体数据。但从 20 世纪 70 年代开始,人们将目光集中在基于图像内容的查询上,即通过人工输入图像的各种属性建立图像的元数据库来支持查询,由此开展图像数据库的研究。但是随着多媒体技术的发展,由于图像和其他多媒体数据越来越多,对数据库容量要求也越来越大,此时以传统的数据库管理系统管理多媒体数据的方法逐渐暴露出了它的局限性,基于内容的多媒体信息检索研究方案也应运而生。

目前,基于内容的多媒体检索在国内外尚处于研究、探索阶段,诸如算法处理速度慢、漏检误检率高、检索效果无评价标准等都是未来需要研究的问题。毫无疑问,随着多媒体内容的增多和存储技术的提高,对基于内容的多媒体检索的需求将更加迫切。

6. 多媒体数据的分布式处理技术

随着多媒体应用在 Internet 上的广泛开展,其应用环境由原来的单机系统转变为地理上和功能上分散的系统,需要由网络将它们互连起来共同完成对数据的一系列处理过程,从而构成了分布式多媒体系统。分布式多媒体系统涉及了计算机领域和通信领域的多种技术,包括数据压缩技术、通信网络技术、多媒体同步技术等,并需考虑如何实现分布式多媒体系统的 QoS 保证,在分布式环境下的操作系统如何处理多媒体数据,媒体服务器如何存储、捕获并发布多媒体信息等问题,与这些问题相关的技术复杂而多样,目前仍存在大量亟待解决的技术问题。

流媒体技术也是一种分布式多媒体技术,它主要解决了在多媒体数据流传输过程中所占带宽较宽,用户下载数据等待时间长的问题。为了提高流媒体系统的效率,提出了流媒体的调度技术、流媒体的拥塞控制技术、代理服务器及缓存技术等。在互联网迅速发展的时代,流媒体技术也日新月异,它的发展必然将给人们的生活带来深远影响。

1.4　多媒体通信的应用

多媒体通信系统的应用非常广泛,可以提供 VOD 视频点播、远程教学、远程办公、远程医疗、多媒体电子邮件、可视电话、桌面视频会议、数字图书馆、电子百科书等多种多样的业务,下面简要介绍几种典型应用。

1. 视频会议系统

视频会议又称会议电视或视讯会议,它是一种实时的、点到多点的多媒体通信系统。视频会议系统基于计算机网络使在异地的多个会场召开视频会议,从而减少出差经费开支。在召开会议时,不同会场的与会者既可以听到对方的声音,又能看到对方的形象以及对方展示的文件、实物等,同时还能看到对方所处的环境,使与会者具有身临其境的感觉。

Internet 的迅猛发展使 IP 网络几乎遍及世界的每一个角落。IP 视频会议是目前研究的热点,成为视频会议发展的主流。为了保证音视频数据在 Internet 上的实时传输,下一代 Internet 采用了若干协议,例如 IPv6、RTP/RTCP、RSVP 等。其面向的人群逐渐向个人化方向延伸,最终将发展到家庭,功能也不仅限于单纯的会议功能,而是向远程教学系统、远程监控系统等方面发展。

2. 远程教育系统

远程教育系统是以现代传媒技术为基础的多媒体应用系统,学生通过通信网络实时或非实时地接收教师上课的内容,包括教师的声音、图像以及电子教案。如果是实时的远程教学,学生还可以随时向教师提出疑问,教师可以马上回答,并且根据需要,教师也可以看到学生的图像和声音,从而模拟学校的课堂授课方式。对于非实时的教学,教师可以将自己授课的内容做成课件放到网上,学生可以在自己希望的任何时间和地点按照自己的学习速度和方式来学习。

3. 多媒体电子邮件

多媒体电子邮件不同于目前使用的 E-mail。E-mail 只有文字,而多媒体电子邮件除了包含文字之外,还包含其他媒体,例如一段音频或视频。

多媒体电子邮件是一种非实时的存储转发系统,对传输信道要求不高,发送时可以采用低速率,等待信道空闲时传送。

4. 可视电话系统

可视电话系统是较早提出的一种多媒体通信系统,其目的是使电话网能够传送视频信号,使用户在打电话的同时能够看到对方。可视电话与传统电话机相比,除了具有语音处理部分以外,还应包括图像的输入/输出部分以及对图像信号的处理部分。可以通过在普通电话机上加装屏幕,利用专用芯片和专用电路来提供可视化功能,也可以通过个人电脑,加以相应的软硬件来完成可视电话的功能,或者通过电视机加装机顶盒来提供图像的输入/输出及处理功能。

据专家推测,可视电话将在近几年内普及,它不仅能给家庭生活带来方便和乐趣,还是其他多媒体通信应用(如远程医疗会诊、远程教学、新闻采访、推销采购、远程购物、远程安全监控等)的好帮手。

5. 视频点播系统

传统的有线电视系统其模式为电视台单向播放节目,用户被动接收。视频点播系统则可以为用户提供不受时空限制的交互点播,使用户能够随时点播自己希望收看的节目。该系统将节目内容存储在视频服务器中,随时根据用户的点播要求取出相应的节目传送给用户。用户点播终端可以是多媒体计算机,也可以是电视机配机顶盒。

视频点播系统是一个开放式平台,可以集成多种多媒体应用,广泛应用于远程教育、数字图书馆、新闻点播和网上购物等。

6. 虚拟现实

虚拟现实也称虚拟环境,它是由计算机模拟的三维环境,使介入其中的人产生身临其境的感觉,给人以各种感观刺激,如视觉、听觉、触觉等。虚拟现实技术通过将计算机加上先进的外围设备来模拟生活中的一切,包括过去发生的事、正在发生的事或将要发生的事。它是一种全新的人机交互系统,可以应用于驾车模拟训练、军事演习、航天仿真、教育、娱乐等多个领域,具有巨大发展潜力。

20 世纪 80 年代初,欧美及日本的一些计算机公司开始多媒体技术的研究,并将该技术应用于 PC,出现多媒体计算机。同时建立基于局域网的多媒体通信系统,如美国 Xerox 公司建立的 Etherphone 系统,为最早的多媒体通信系统。进入 20 世纪 90 年代,随着社会信息化进程的推进,一方面,人们对多媒体的需求日益增长;另一方面,多媒体通信也成为现代运营商以及企业新的利润增长点。

我国的三大网络——电信网、有线电视网和计算机网——也遵循这一规律,开发出各种先进技术,最终实现三网合一,而在实现融合的过程中又会出现许多高新技术,从而加速网络的进一步发展。目前许多专家认为,三网合一后的网络所使用的协议是 IP 协议,而基于 ATM 的多媒体通信网也备受关注。此外,宽带交换技术也在不断地向前发展。最近,国内外有关研究部门正在研究一种新的交换方式——DTM 动态同步传输模式,该方式能够更好地适应未来宽带实时通信传输的需要。总之,宽带化、IP 化、无线化是多媒体通信的发展方向。

本章小结

本章首先介绍了多媒体通信技术中的基本概念,包括媒体的定义及类型,多媒体与多媒体技术、超文本与超媒体技术的定义及相关概念;其次简要介绍了多媒体通信技术,包括多媒体通信的体系结构、多媒体通信的特征;然后详细探讨了多媒体通信涉及的各项关键技术;最后对网络多媒体技术的应用进行了分析、介绍。后面章节将陆续介绍多媒体通信技术所涉及的各种技术。

思考练习题

1. 什么是媒体？根据原 CCITT 的定义，媒体可划分为哪几大类？它们是如何描述的？

2. 如何理解多媒体技术？

3. 简述多媒体通信的体系结构。

4. 多媒体通信的特征有哪些？

5. 论述多媒体通信涉及的各种关键技术。

6. 试举出一两种多媒体通信系统的具体应用，并从中分析多媒体通信对人类社会的影响。

数字音频处理技术

第 2 章

音频是多媒体信息的重要组成部分。音频信息涉及人耳所能听到的声音信息,包括语声和乐声。据统计,人类从外界获得的信息大约有 16% 是从耳朵得到的,由此可见音频信息在人类获得信息方面的重要性。随着多媒体信息处理技术的发展和计算机数据处理能力的增强,音频处理技术受到重视,并得到了广泛的应用。本章在对音频信息进行概述的基础上,介绍音频信号的数字化、音频信息编码方法、音频信息编码标准以及其他音频处理技术。

2.1 音频概述

2.1.1 音频信号的特性

声音是通过空气传播的一种连续的波,叫声波。声音的强弱体现在声波压力的大小上。音调的高低体现在声音的频率上。声音用电表示时,声音信号在时间和幅度上都是连续的模拟信号。声波具有普通波所具有的特性,例如反射(reflection)、折射(refraction)和衍射(diffraction)等,利用这些特点我们可以制造环绕声场。

对声音信号的分析表明,声音信号由许多频率不同的信号组成,是一种复合信号。音频信号的一个重要参数就是带宽,用来描述组成复合信号的频率范围。如高保真声音(high-fidelity audio)的频率范围为 $10 \sim 20\,000$ Hz,它的带宽约为 20 kHz,而视频信号的带宽是 6 MHz。

人们把频率小于 20 Hz 的信号称为亚音信号,或称为次音信号(subsonic);频率范围为 20 Hz~20 kHz 的信号称为音频(audio)信号;虽然人的发音器官发出的声音频率是 $80 \sim 3\,400$ Hz,但人说话的信号频率通常为 $300 \sim 3\,000$ Hz,人们把在这种频率范围的信号称为话音(speech)信号;高于 20 kHz 的信号称为超音频信号,或称超声波(ultrasonic)信号。超音频信号具有很强的方向性,而且可以形成波束,在工业上得到广泛的应用。例如,超声波探测仪,超声波焊接设备等就是利用这种信号。在多媒体技术中,处理的信号主要是音频信号,它包括音乐、话音、风声、雨声、鸟叫声、机器声等。

人们是否能听到音频信号,主要取决于各个人的年龄和耳朵的功能。一般来说。人的听觉器官能感知的声音频率在 $20 \sim 20\,000$ Hz 之间,在这种频率范围里感知的声音幅度在 $0 \sim 120$ dB 之间。除此之外,人的听觉器官对声音的感知还有一些重要特性,下面将进行叙述。

2.1.2　听觉系统的感知特性

1. 响度

声音的响度就是声音的强弱。在物理上,声音的响度使用客观测量单位来度量,即 dyn/cm² (达因/厘米²,声压)或 W/cm² (瓦特/厘米²,声强)。在心理上,主观感觉的声音强弱使用响度级"方"(phon)或者"宋"(sone)来度量。这两种感知声音强弱的计量单位是完全不同的两种概念,但是它们之间又有一定的联系。一般来说,声压大的声音其响度级也会较大,但并不完全一致。人耳主观感觉的响度级与声音的频率有关,其中对 2~4 kHz 范围的信号最为敏感,幅度很低的信号都能被人耳听到。此外,响度级还与人耳听到的声音持续时间有关,当声音的持续时间缩短时,人耳感觉到声音的响度会有所下降。

当声音弱到人的耳朵刚刚可以听见时,称此时的声音强度为"听阈"。另一种极端的情况是声音强到使人耳感到疼痛,这个阈值称为"痛阈"。人耳的听阈和痛阈分别对应的声压级为 0 dB 和 120 dB。

2. 音高

客观上用频率来表示声音的音高,其单位是 Hz。而主观感觉的音高单位则是"Mel"(美尔)。主观音高与客观音高的关系是

$$\text{Mel} = 1\ 000\ \log_2(1+f) \tag{2-1}$$

其中 f 的单位为 Hz,这也是两个既不相同又有联系的单位。从公式中可看出音高与频率之间也不是线性关系。

3. 掩蔽效应

一种频率的声音阻碍听觉系统感受另一种频率的声音的现象称为掩蔽效应。前者称为掩蔽声音(masking tone),后者称为被掩蔽声音(masked tone)。掩蔽可分成频域掩蔽和时域掩蔽。

(1)频域掩蔽

一个强纯音会掩蔽在其附近同时发声的弱纯音,这种特性称为频域掩蔽,也称同时掩蔽(simultaneous masking)。例如,当人耳听两个频率的声音的时候,其中一个频率的声音很响,而另一个频率的声音较弱,尽管从声强来说都超过了听阈,但此时,人们只能听到很响的那个频率的声音,不很响的频率的声音是听不到的,也就是说弱声被强声掩蔽掉了。

(2)时域掩蔽

除了同时发出的声音之间有掩蔽现象之外,在时间上相邻的声音之间也有掩蔽现象,并且称为时域掩蔽。时域掩蔽又分为超前掩蔽(pre-masking)和滞后掩蔽(post-masking),产生时域掩蔽的主要原因是人的大脑处理信息需要花费一定的时间。一般来说,超前掩蔽很短,只有 5~20 ms,而滞后掩蔽可以持续 50~200 ms,这个区别也是很容易理解的。

2.1.3　音频类别与数据率

根据音频的频带,通常把音频的质量分成 5 个等级,由低到高分别是电话(telephone)、调幅(Amplitude Modulation,AM)广播、调频(Frequency Modulation,FM)广播、激光唱盘(CD-Audio)和数字录音带(Digital Audio Tape,DAT)的声音。在这 5 个等级中,使用的采样频率、样本精度、通道数和数据率列于表 2-1。

表 2-1　音频质量和数据率

音频类别	采样频率/kHz	样本精度/bit·s⁻¹	单声道/立体声	数据率/kbit·s⁻¹ (未压缩)	频率范围/Hz
电话	8	8	单声道	64.0	200～3 400
AM	11.025	8	单声道	88.2	20～15 000
FM	22.050	16	立体声	705.6	50～7 000
CD	44.1	16	立体声	141.2	20～20 000
DAT	48	16	立体声	1 536.0	20～20 000

2.2　音频信号数字化

音频信息处理主要包括音频信号的数字化和音频信息的压缩两大技术,图 2-1 是音频信息处理结构框图。音频信息的压缩是音频信息处理的关键技术,而音频信号的数字化是为音频信息的压缩做准备的。音频信号的数字化过程就是将模拟音频信号转换成有限个数字表示的离散序列,即数字音频序列,在这一处理过程中涉及模拟音频信号的采样、量化和编码。对同一音频信号采用不同的采样、量化和编码方式就可形成多种形式的数字化音频。

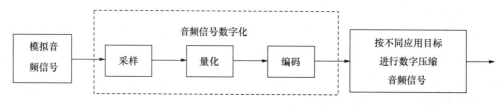

图 2-1　音频信息处理框图

1. 采样

采样就是在时间上将连续信号离散化的过程,采样一般是按均匀的时间间隔进行的。每秒钟采样的次数称采样频率,单位为 Hz。显然,采样频率越高,所取的一系列值就越能精确地反映原来的模拟信号。否则,采样频率越低,就会使原信号失真。

根据不同的音频信源和应用目标,可采用不同的采样频率,如 8 kHz、11.025 kHz、22.05 kHz、16 kHz、37.8 kHz、44.1 kHz 或 48 kHz 等都是典型的采样频率值。那么采样频率该如何确定呢?

采样频率的高低是根据奈奎斯特理论(Nyquist Theory)和声音信号本身的最高频率决定的。奈奎斯特理论指出:采样频率不应低于声音信号最高频率的两倍,这样就能把以数字表达的声音还原成原来的声音,这叫作无损数字化。采样定律用公式表示为:

$$f_s \geqslant 2f \quad 或者 \quad T_s \leqslant T/2 \tag{2-2}$$

其中 f 为被采样信号的最高频率。例如,电话话音的信号频率约为 3.4 kHz,采样频率就选为 8 kHz。

2. 量化

量化是指将每个采样值在幅度上进行离散化处理。量化可分为均匀量化(量化值的分布是均匀的或者说每个量化阶距是相同的)和非均匀量化。量化会引入失真,并且量化失真是一种不可逆失真,这就是通常所说的量化噪声。

在量化过程中,设定的量化间隔数越多,即量化级越多,近似效果则越好,就越接近模拟值。但是误差总是存在的,因为有限的量化级数永远不可能完全地表示量化间隔内拥有无限幅度值的模拟信号。同时,量化级数越多,需要的存储空间就越大。在实际应用中,应综合考虑声音质量要求和存储空间的限制,以达到综合最优化。

3. 编码

编码过程是指用二进制数来表示每个采样的量化值。如果是均匀量化,又采用二进制数表示,这种编码方法就是脉冲编码调制(Pulse Code Modulation,PCM),这是一种最简单、最方便的编码方法。在实际过程中量化和编码是同时进行的。

经过编码后的声音信号就是数字音频信号,音频压缩编码就是在它的基础上进行的。

2.3　音频信息压缩编码分类

从第一个音频编码方法产生到现在,出现了很多的压缩编码方法。可以将它们分为 3 类:波形编码、参数编码和混合编码。

2.3.1　波形编码

波形编码是基于对语音信号波形的数字化处理,试图使处理后重建的语音信号波形与原语音信号波形保持一致。波形编码的优点是实现简单、语音质量较好、适应性强等;缺点是话音信号的压缩程度不是很高,实现的码速率比较高。常见的波形压缩编码方法有脉冲编码调制(PCM)、增量调制编码(DM)、差值脉冲编码调制(DPCM)、自适应差分脉冲编码调制(ADPCM)、子带编码(SBC)和矢量量化编码(VQ)等。波形编码的比特率一般在 $16 \sim 64$ kbit/s 之间,它有较好的话音质量与成熟的技术实现方法。当数码率低于 32 kbit/s 的时候,音质明显降低,低于 16 kbit/s 时音质就非常差了。

由于波形压缩编码的保真度高,目前 AV 系统中的音频压缩都采用这类方案。采用PCM 编码,每个声道 1 秒钟声音数据在 64 kbit 以上。由于在多媒体应用中使用立体声甚至使用更多的声道数,这样所产生的数据量仍旧是很大的。若录制立体声音乐 74 分钟,载体存储空间大约要 70 MB。所以对存储容量和信道要求严格的很多应用场合来说,就要采用比波形编码低得多的编码方法,如参量编码和混合编码方法。

采用波形编码时,编码信号的速率可以用下面的公式来计算:

$$编码速率＝采样频率×编码比特数$$

若要计算播放某个音频信号所需要的存储容量,可以用下面的公式:

$$存储容量＝播放时间×速率÷8(字节)$$

2.3.2　参数编码

参数编码又称声源编码,它是通过构造一个人发声的模型,以发声机制的模型作为基础,用一套模拟声带频谱特性的滤波器系数和若干声源参数来描述这个模型,在发送端从模拟语音信号中提取各个特征变量并对这些变量进行量化编码,以实现语音信息的数字化。实现这种编码的方式也称为声码器。这种编码的特点是语音编码速率较低,基本上在 2～9.6 kbit/s 之间,可见其压缩的比特率较低。但是也有其缺点:首先是合成语音质量较差,往往清晰度满足要求而自然度不好,难于辨认说话人是谁;其次是电路实现的复杂度比较高。目前,编码速率小于 16 kbit/s 的低比特话音编码大都采用参数编码,参数编码在移动通信、多媒体通信和 IP 网络电话应用中都起到了重要的作用。参数编码的典型代表是线性预测编码(LPC)。

2.3.3　混合编码

波形编码和参数编码方法各有特点:波形编码保真度好,计算量不大,但编码后的速率很高;参数编码速率较低,保真度欠佳,计算复杂。混合编码将波形编码和参数编码结合起来,力图保持波形编码话音的高质量与参数编码的低速率,混合编码信号中既包含若干语音特征变量又包含部分波形编码信息。混合编码方法就是克服了波形编码和参数编码的弱点,并且很好地结合了上述两种方法的优点。为获得比较好的处理结果,混合编码方法是同时采用上述两种方法甚至两种以上的编码方法来进行编码的。这样做可以优势互补,克服某些方法的不足,进而既可获得很好的语音信号质量,又可以很好地压缩语音信号。压缩信号的质量和压缩率是语音信号压缩处理的两个方面,它们又是相互矛盾的,需要进行权衡。混合压缩编码自身的优点使得这种编码方法在音频信号的压缩处理中得到了较为广泛的应用。其压缩比特率一般在 4～16 kbit/s。由于采用不同的激励方式,比较客观地模拟了激励源的特性,从而使重构语音的质量有了很大的提高。采用混合编码的编码器有多脉冲激励线性预测编码器(MPELPC)、规则脉冲激励线性预测编码器(RPE-LPC)、码激励线性预测编码器(CELP)、矢量和激励线性预测编码器(VSELP)和多带激励线性预测编码器。

以上 3 种压缩编码的性能比较可以用图 2-2 来说明。

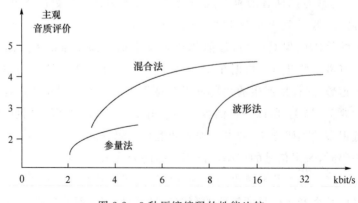

图 2-2　3 种压缩编码的性能比较

实际应用的语音编码算法应综合考虑各种因素,以期得到特定条件下最佳编码性能。经过多年的发展,目前已有多个技术标准,并应用于不同的领域。表 2-2 给出了 3 种不同编码分类所涉及的编码方法、使用标准及用途。

表 2-2 音频编码方法及标准

分类	具体算法	中文名称	速率/kbit·s^{-1}	对应标准	应用领域	质量等级
波形编码	PCM(μ/A)	脉冲编码调制	64	G.711	PSTN ISDN 配音	4.3
	ADPCM	自适应差值脉冲编码调制	32	G.721		4.1
			64/56/48	G.722		4.5
	SB-ADPCM	子带自适应差值脉冲编码调制	5.3 6.3	G.723		
参数编码	LPC	线性预测编码	2.4	—	保密语音	2.5
混合编码	CELPC	码激励 LPC	4.8	—	移动通信	3.2
	VSELPC	矢量和码激励 LPC	8	GIA	语音信箱	3.8
	RPE-LTP	长时预测规则码激励	13.2	GSM	ISDN	3.8
	LD-CELP	低延时码激励 LPC	16	G.728 G.729	—	4.1
	MPEG	多子带感知编码	128	MPEG	CD	5.0
	AC-3	感知编码	—	—	音响	5.0

2.4 音频信息压缩编码

2.4.1 音频信息压缩的可行性

音频信号数字化后,数据量很大。以 CD 为例,其采样率为 44.1 kHz,量化精度为 16 bit,则一分钟的立体声音频信号约占 10 MB 的存储容量,这对于音频信息的存储和传输处理来讲都难以实现。为了便于音频信号的存储和传输,需要对音频信号进行压缩编码。音频信号能够进行压缩编码的原因如下。

- 语音信号中存在大量冗余信息,即:语音信号样本间具有很强的相关性;浊音语音段具有准周期特性;声道的形状及其变化的速率有限;传输码元的概率分布非均匀。
- 人耳对声音信号中的部分信息不敏感,即人耳对声音中的低频成分比高频成分敏感;人耳对语音信号的相位特征不敏感。
- 人耳中存在"听觉掩蔽"(Auditory Masking)效应,即某一声音引起听觉器对另一声音的敏感度下降。掩蔽的程度取决于掩蔽声的强度及掩蔽声与被掩蔽声之间的频率关系。

正是由于这些原因的存在,我们才可以对音频信号进行各种各样的处理,理论研究和实际应用中出现的各种编码技术都是以此为基础的。

2.4.2 音频编码技术的评价指标

编码速率、合成语音质量、编解码延时以及算法复杂度这 4 个因素是评价一个语音编码算法性能的基本指标,这 4 个因素之间有着密切的联系,在具体评价某种语音编码算法的优劣时,需要根据具体的实际情况,综合考虑 4 个因素进行性能评价。

1. 编码速率

编码速率直接反映了语音编码对语音信息的压缩程度。在保证语音质量的前提下,我们希望编码速率越小越好。

2. 合成语音质量

合成语音质量可以说是语音编码性能的最根本指标。评价合成语音质量的方法很多,多年来人们提出的许多方法归纳起来可以分为两类:主观评价方法和客观评价方法。

(1)主观评价方法

主观评价方法是基于一组测试者对原始语音和合成语音进行对比试听的基础上,根据某种预先约定的尺度来对失真语音划分质量等级,它比较全面地反映了人们听音时对合成语音质量的感觉。常用的主观评价方法有 3 种:平均意见得分(Mean Opinion Score,MOS)、判断韵字测试(Diagnostic Rhyme Test,DRT)和判断满意度测量(Diagnostic Acceptability Measure,DAM)。目前国际上最通用的主观评价方法是 MOS 评分,如表 2-3 所示。它采用五级评分标准,由数十名试听者在相同信道环境中试听合成语音并给评分,然后对评分进行统计处理,求出平均得分情况。

表 2-3　MOS 音频质量评分标准

平均观点分	质量等级	主观感觉
5	极好	觉察不到
4	好	觉察得到,但不难听
3	一般	有点难听
2	差	难听,但不反感
1	极差	难以忍受

(2)客观评价方法

客观评价方法建立在原始语音和合成语音的数学对比之上。常用的方法可分为时域客观评价和频域客观评价两大类。时域客观评价常用的方法有信噪比、加权信噪比和平均分段信噪比等;频域客观评价常用的方法有巴克谱失真测度(Bark Spectral Distortion,BSD)和美尔谱失真测度(Mel Spectral Distortion Measure,Mel-SD)等。

3. 编解码延时

编解码延时一般用单次编解码所需时间来表示。在实时语音通信系统中必须对语音编解码算法的编解码延时提出一定的要求。对于公用电话网,编解码延时通常要求不超过5~10 ms。而对于移动蜂窝通信系统,允许最大延时不超过 100 ms。

4. 算法复杂度

算法复杂度主要影响到语音编解码器的硬件实现。它决定了硬件实现的复杂程度、体积、功耗以及成本等。

总的来说,一个理想的语音编码算法应该是低速率、高合成语音质量、低时延、低运算复杂度并具有良好的编码顽健性、可扩展性的编码算法。由于这些性能之间存在着互相制约的关系,实际的编码算法都是这些性能的折中。事实上,正是这些相互矛盾的要求推动了音频编码技术的不断发展。

2.4.3　常用音频信息压缩编码算法

1. 非均匀 PCM(μ/A 律压扩方法)

在音频的数字化过程中,如果是均匀量化,又采用二进制数表示,这种编码方法就是脉冲编码调制(Pulse Code Modulation,PCM),这是一种最简单、最方便的编码方法。例如,输入的音频信号是话音信号,使用 8 kHz 采样频率进行均匀采样,而后再将每个样本编码为 8 位二进制数字信号,则我们就可以得到数据率为 64 kbit/s 的 PCM 信号。

PCM 编码方式对输入的音频信号进行均匀量化,不管输入的信号是大还是小,均采用同样的量化间隔。但是,对音频信号而言,大多数情况下信号幅度都很小,出现大幅度信号的概率很小。然而,为了适应这种很少出现的大信号,在均匀量化时不得不增加二进制码位。对大量的小信号来说,这样多的码位是一种浪费。因此,均匀量化 PCM 效率不高,有必要进行改进。

采用非均匀量化编码能够减少表示采样的位数,从而达到数据压缩的目的。其基本思路是:当输入信号幅度小时,采用较小的量化间隔;当输入信号幅度大时,采用较大的量化间隔。即对小信号扩展,大信号压缩。这样就可以做到在一定的精度下,用更少的二进制码位来表示采样值。非均匀量化特性如图 2-3 所示。

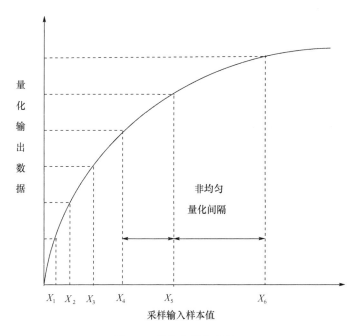

图 2-3　非均匀量化特性

在非线性量化中,采样输入信号幅度和量化输出数据之间定义了两种对应关系:一种称为 μ 律压扩(companding)算法,另一种称为 A 律压扩算法。

（1）μ 律压扩

μ 律压扩主要用在北美和日本等地区的数字电话通信中，按下面的式子确定量化输入和输出的关系：

$$y = \mathrm{sgn}(x)\frac{\ln(1+\mu\,|\,x\,|)}{\ln(1+\mu)} \tag{2-3}$$

式中，x 为输入电压与 A/D 变换器满刻度电压之比，其取值范围为 $-1\sim+1$；$\mathrm{sgn}(x)$ 为 x 的极性；μ 为压扩参数，其取值范围为 $100\sim500$，μ 越大，压扩越厉害。由于 μ 律压扩的输入和输出关系是对数关系，所以这种编码又称为对数 PCM。

在实际应用中，规定某个 μ 值，采用数段折线来逼近图压扩特性。这样就大大地简化了计算并保证了一定的精度。例如，当选择 $\mu=255$ 时，压扩特性用 8 段折线来代替。当用 8 位二进制表示一个采样时，可以得到无压扩的 13 位二进制数码的音频质量。这 8 位二进制数中，最高位表示符号位，其后 3 位用来表示折线编号，最后 4 位用来表示数据位。μ 律压扩数据格式如图 2-4 所示。

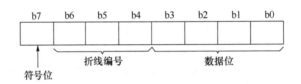

图 2-4 μ 律压扩数据格式

在解码恢复数据时，根据符号和折线即可通过预先做好的表恢复原始数据。

（2）A 律压扩

另外一种常用的压扩特性为 A 律 13 折线，它实际上是将 μ 律压扩特性曲线以 13 段直线代替而成的。我国和欧洲采用的是 A 律 13 折线压扩法，美国和日本采用的是 μ 律。对于 A 律 13 折线，一个信号样值的编码由两部分构成：段落码（信号属于 13 折线哪一段）和段内码。

2. 增量调制与自适应增量调制

（1）增量调制

增量调制也称 Δ 调制（Delta Modulation，DM），是一种比较简单且有数据压缩功能的波形编码方法。增量调制的系统结构框图如图 2-5 所示。

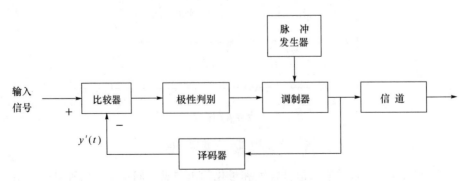

图 2-5 增量调制的系统结构框图

在编码端,由前一个输入信号的编码值经解码器解码可得到下一个信号的预测值。输入的模拟音频信号与预测值在比较器上相减,从而得到差值。差值的极性可以是正也可以是负。若为正,则编码输出为 1;若为负,则编码输出为 0。这样,在增量调制的输出端可以得到一串 1 位编码的 DM 码。增量调制编码过程示意图如图 2-6 所示。

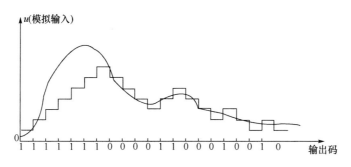

图 2-6 增量调制编码过程示意图

在图 2-6 中,纵坐标表示输入的模拟电压,横坐标表示随时间增加而顺序产生的 DM 码。图中曲线表示输入的音频模拟信号。从图 2-6 可以看到,当输入信号变化比较快时,编码器的输出无法跟上信号的变化,从而会使重建的模拟信号发生畸变,这就是所谓的"斜率过载"。可以看出,当输入模拟信号的变化速度超过了经解码器输出的预测信号的最大变化速度时,就会发生斜率过载。增加采样速度,可以避免斜率过载的发生。但采样速度的增加又会使数据的压缩效率降低。

从图 2-6 中还能发现另一个问题:当输入信号没有变化时,预测信号和输入信号的差会十分接近,这时,编码器的输出是 0 和 1 交替出现的,这种现象就叫作增量调制的"散粒噪声"。为了减少散粒噪声,就希望使输出编码 1 位所表示的模拟电压 Δ(又叫量化阶距)小一些,但是,减少量化阶距 Δ 会使在固定采样速度下产生更严重的斜率过载。为了解决这些矛盾,促使人们研究出了自适应增量调制(ADM)方法。

(2)自适应增量调制

从前面分析可以看出,为减少斜率过载,希望增加阶距;为减少散粒噪声,又希望减少阶距。于是人们就想,若要使 DM 的量化阶距 Δ 适应信号变化的要求,必须是既降低了斜率过载又减少了散粒噪声的影响。也就是说,当发现信号变化快时,增加阶距;当发现信号变化缓慢时,减少阶距。这就是自适应增量调制的基本出发点。

在 ADM 中,常用的规则有两种。

• 控制可变因子 M,使量化阶距在一定范围内变化

对于每一个新的采样,其量化阶距为其前面数值的 M 倍。而 M 的值则由输入信号的变化率来决定。如果出现连续相同的编码,则说明有发生过载的危险,这时就要加大 M。当 0、1 信号交替出现时,说明信号变化很慢,会产生散粒噪声,这时就要减少 M 值。其典型的规则为:

$$M=\begin{cases} 2 & y(k)=y(k-1) \\ 1/2 & y(k)\neq y(k-1) \end{cases} \tag{2-4}$$

• 连续可变斜率增量(CVSD)调制

其工作原理如下:如果调制器(CVSD)连续输出 3 个相同的码,则量化阶距加上一个大的增量,也就是说,因为三个连续相同的码表示有过载发生;反之,则量化阶距增加一个小的增量。CVSD 的自适应规则为

$$\Delta(k) = \begin{cases} \beta\Delta(k-1)+P & y(k)=y(k-1)=y(k-2) \\ \beta\Delta(k-1)+Q \end{cases} \tag{2-5}$$

式中,β 可在 $0\sim1$ 之间取值。可以看到,β 的大小可以调节增量调制适应输入信号变化所需时间的长短。P 和 Q 为增量,而且 P 要大于等于 Q。

3. 自适应差分脉冲编码调制

(1)自适应脉冲编码调制

自适应脉冲编码调制(Adaptive Pulse Code Modulation, APCM)是根据输入信号幅度大小来改变量化阶大小的一种波形编码技术。这种自适应可以是瞬时自适应,即量化阶的大小每隔几个样本就改变;也可以是音节自适应,即量化阶的大小在较长时间周期里发生变化。

改变量化阶大小的方法有两种:一种称为前向自适应(forward adaptation),另一种称为后向自适应(backward adaptation)。前者是根据未量化的样本值的均方根值来估算输入信号的电平,以此来确定量化阶的大小,并对其电平进行编码作为边信息(side information)传送到接收端。后者是从量化器刚输出的过去样本中来提取量化阶信息。由于后向自适应能在发、收两端自动生成量化阶,所以它不需要传送边信息。

(2)差分脉冲编码调制

差分脉冲编码调制(Differential Pulse Code Modulation, DPCM)的中心思想是对信号的差值而不是对信号本身进行编码。这个差值是指信号值与预测值的差值。由于此差值比较小,可以为其分配较少的比特数,进而起到了压缩数码率的目的。预测值可以由过去的采样值进行预测,其计算公式如下所示:

$$\hat{y}_N = a_1 y_1 + a_2 y_2 + \cdots + a_{N-1} y_{N-1} = \sum_{i=1}^{N-1} a_i y_i \tag{2-6}$$

式中,$\hat{y}_N$ 为当前值 y_N 的预测值,$y_1, y_2, \cdots, y_{N-1}$ 为当前值前面的 $N-1$ 个样值,$a_1, a_2, \cdots, a_{N-1}$ 为预测系数。当前值 y_N 与预测值 $\hat{y}_N$ 的差值表示为:

$$e_0 = y_N - \hat{y}_N \tag{2-7}$$

差分脉冲编码调制就是将上述每个样点的差值量化编码,而后用于存储或传送。由于相邻采样点有较大的相关性,预测值常接近真实值,故差值一般都比较小,从而可以用较少的数据位来表示,这样就减少了数据量。

在接收端或数据回放时,可用类似的过程重建原始数据。差分脉冲调制系统的方框图如图 2-7 所示。

为了求出预测值 $\hat{y}_N$,要先知道先前的样值 $y_1, y_2, \cdots, y_{N-1}$,所以预测器端要有存储器,以存储所需的系列样值。只要求出预测值,用这种方法来实现编码就不难了。而要准确得到 $\hat{y}_N$,关键是确定预测系数 a_i。如何求 a_i 呢?我们定义 a_i 就是使估值的均方差最小的 a_i。估值的均方差可由下式决定:

$$E[(y_N - \hat{y}_N)^2] = E\{[y_N - (a_1 y_1 + a_2 y_2 + \cdots + a_{N-1} y_{N-1})]^2\} \tag{2-8}$$

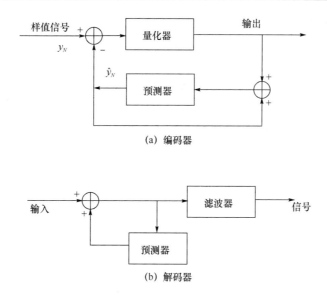

(a) 编码器

(b) 解码器

图 2-7　差分脉冲编码调制系统

为了求得均方差最小,就需对式(2-8)中各个 a_i 求导数并使方程等于 0,最后解联立方程可以求出 a_i。

预测系数与输入信号特性有关,也就是说,采样点同其前面采样点的相关性有关。只要预测系数确定,问题便可迎刃而解。通常一阶预测系数 a_i 的取值范围为 0.8~1。

(3)自适应差分脉冲编码调制

为了进一步提高编码的性能,人们将自适应量化技术和自适应预测技术结合在一起用于差分脉冲编码调制中,从而实现了自适应差分脉冲编码调制(Adaptive Difference Pulse Code Modulation,ADPCM)。ADPCM 的简化编码原理如图 2-8 所示。

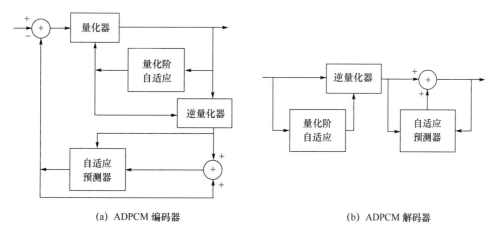

(a) ADPCM 编码器　　　　　　　(b) ADPCM 解码器

图 2-8　自适应差分脉冲编码调制编码原理

自适应量化的基本思路是:使量化间隔 Δ 的变化与输入语音信号的方差相匹配,也就是使量化器阶距随输入信号的方差而变化,且量化阶距正比于量化器输入信号的方差。自适应量化的方式可以采用所谓的前向自适应量化,也可以采用后向自适应量化。无论使用哪种方式,都可以改善语音信号的动态范围和信噪比。

4. 子带编码

子带编码(Subband Coding,SBC)理论最早是由 Crochiere 等人于 1976 年提出的,首先是在语音编码中得到应用,其压缩编码的优越性,使它后来也在图像压缩编码中得到很好的应用。其基本思想是将输入信号分解为若干子频带,然后对各子带分量根据其不同的统计特性采取不同的压缩策略,以降低码率。其原理如图 2-9 所示。

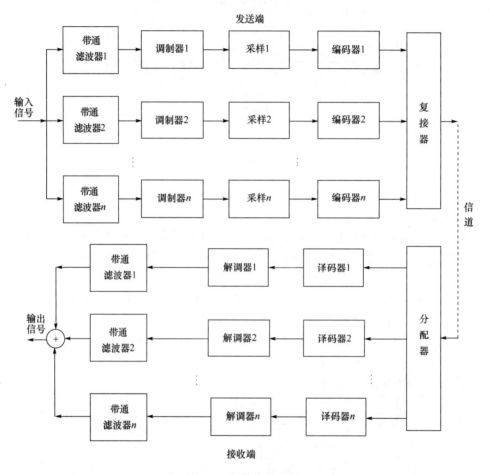

图 2-9 子带编码原理

图中发送端的 n 个带通滤波器将输入信号分为 n 个子频带,对各个对应的子带带通信号进行调制,将 n 个带通信号经过频谱搬移变为低通信号;对低通信号进行采样、量化和编码,得到对应各个子带的数字流;再经复接器合成为完整的数字流。经过信道传输到达接收端。在接收端,由分配器将各个子带的数字流分开,由译码器完成各个子带数字流的译码,由解调器完成信号的频移,将各子带搬移到原始频率的位置上。各子带相加就可以恢复出原来的语音信号。

在音频子带编码中,子带划分的依据是与话音信号自身的特性分不开的。人所发出的语音信号的频谱不是平坦的,人的耳朵从听觉特性上来说,其频率分布也是不均匀的。语音信号的能量主要是集中在 500~3 000 Hz 的范围内,并且随频率的升高衰减很迅速。从人耳能够听懂说话人的话音内容来讲,只保留频率范围是 400 Hz~3 kHz 的语音成分就可以了。根据语音的这些特点,可以对语音信号的频带采用某种方法进行划分,将其语音信号频带分成一些子频带;对各个频带根据其重要程度区别对待。

将语音信号分为若干个子带后再进行编码有几个突出的优点:

- 对不同的子带分配不同的比特数,不仅可以很好地控制各个子带的量化电平数,还可很好地控制在重建信号时的量化误差方差值,进而获得更好的主观听音质量。
- 由于各个子带相互隔开,这就使各个子带的量化噪声也相互独立,互不影响,量化噪声被束缚在各自的子带内。这样,某些输入电平比较低的子带信号不会被其他子带的量化噪声所淹没。
- 子带划分的结果使各个子带的采样频率大大降低。

使用子带编码技术的编译码器已开始用于话音存储转发和语音邮件,采用两个子带和 ADPCM 的编码系统也已由 CCITT 作为 G.722 标准向全世界推荐使用。子带编码方法常与其他一些编码方法混合使用,以实现混合编码。

5. 变换编码

变换编码是有失真编码的一种重要的编码类型。在变换编码中,原始数据从初始空间或者时间域进行数学变换,使得信号中最重要的部分(如包含最大能量的最重要的系数)在变换域中易于识别,并且集中出现,可以重点处理;相反使能量较少的部分较分散,可以进行粗处理。例如将时域信号变换到频域,因为音频信息大部分都是低频信号,在频域中比较集中,再进行采样编码可以压缩数据。该变换过程是可逆过程,使用反变换可以恢复原始数据。

变换编码系统中压缩数据有 3 个步骤:变换、变换域采样和量化。变换是可逆的,本身并不进行数据压缩,它只把信号映射到另一个域,使信号在变换域里容易进行压缩,变换后的样值更独立和有序。在变换编码系统中,用于量化一组变换样值的比特总数是固定的,它总是小于对所有变换样值用固定长度均匀量化进行编码所需的总数,所以量化使数据得到压缩,是变换编码中不可缺少的一步。为了取得满意的结果,某些重要系数的编码位数比其他的要多,某些系数干脆就被忽略了。在对量化后的变换样值进行比特分配时,要考虑使整个量化失真最小。这样,该过程就称为有损压缩了。

数据压缩对变换矩阵的选择有两方面的要求:一要能准确地再现信源向量,即要求再现误差尽量地小;二要尽可能地去除信息相关性。基于这两条原则,找到了很多适合数据压缩的变换,其中 K-L 变换是在均方误差最小意义下导出的最优变换,其基向量是输入数据向量协方差矩阵的特征向量,但 K-L 变换矩阵随输入数据的不同而变化,又没有快速算法,不利于实现。离散余弦变换(DCT)是仅次于 K-L 变换的次优变换,又有快速算法,因此得到了广泛的应用。

6. 矢量量化编码

20 世纪 80 年代初期,国际学术界开展了矢量量化(Vector Quantization,VQ)技术的研究。矢量量化的理论基础是香农的速率失真理论,其基本原理是用码书中与输入矢量最匹配的码字的索引(下标)代替输入矢量进行传输和存储,而解码时只需简单地查表操作。矢量量化的三大关键技术是码书设计、码字搜索和码字(下标)索引分配。

矢量量化编码的原理如图 2-10 所示。在发送端,先将语音信号的样值数据序列按某种方式进行分组,每个组假定是 k 个数据。这样的一组数据就构成了一个 k 维矢量。每个矢量有对应的下标,下标是用二进制数来表示的。把每个数据组所形成的矢量视为一个码字;这样,语音数据所分成的组就形成了各自对应的码字。把所有这些码字进行排列,可以形成一个表,这样的表就称为码本或码书。

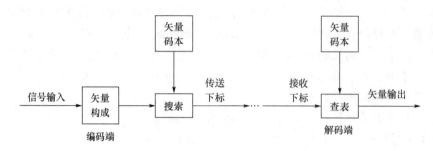

图 2-10 矢量量化编码及解码原理

在矢量量化编码方法中,所传输的不是对应的矢量,而是对应每个矢量的下标。由于下标的数据相比于矢量本身来说要小得多,所以这种方式就实现了数据的压缩。可以将矢量量化编码方法和汉字的电报发送过程作一对比。电报里要发送的汉字对应矢量量化中的原始语音数据;电报号码本对应矢量量化的码书。在用电码发送汉字信息时,发送的不是汉字本身,而是在电报号码本中与汉字对应的 4 位阿拉伯数字表示的号;到接收端要根据收到的号码去查电报号码本,再译成汉字。电报中所发送的阿拉伯数字就对应矢量量化方法中每组数据所对应的下标。在电报里,译码的过程就是一个对比查找的过程,只不过是由人来完成的;而在矢量量化中,接收端根据下标要恢复对应的矢量是根据某种算法由计算机来实现的。

在图 2-10 中,对应编码端的输入信号序列是待编码的样值序列。将这些样值序列按时间顺序分成相等长度的段,每一段含有若干个样值,每一段就构成了一组数据;这样一组数据就形成了一个矢量,对应的很多组就会有很多的矢量。搜索的目的是要在事先计算(或叫训练)好的矢量码本中找到一个与输入矢量最接近的码字。搜索就是将输入矢量与矢量码本中的码字逐个进行比较,比较的结果用某种误差的方式来表示。将比较结果误差最小的码字来代替输入的矢量,就是输入的最佳量化值。每一个输入矢量都用搜索到的最佳量化值来表示,进行编码时,只需对码本中每一个码字(最佳量化值)的位置(用下标来表示)进行编码就可以了,也就是说在信道中传输的不是码本中对应的码字本身,而是对应码字的下标。显然,与传送原始数据相比,传送下标时数据量要小很多。这样,就实现了数据压缩的目的。在解码端,有一个与编码端完全一样的矢量码本;当解码端收到发送端传来的矢量下标时,就可以根据下标的数值,在解码端的矢量码本中搜索到相应的码字,以此码字作为重建语音的数据。

在对码本的描述中,构成码本的码字的数量称为码本的长度,用 N 来表示这个长度,则每个码字的位置(即其下标)可以用 $\log_2 N$ 的二进制位来表示,每个码字是由 k 个原始数据构成的。所以,矢量量化编码的编码速率可以低到 $\frac{1}{k}\log_2 N$。假设 $k=16$,表示是由 16 个样值数据构成的一个矢量;$N=256$,表示码本的长度是 256,码本的下标用二进制来表示,共

有 $\log_2 256 = 8$ bit。由于对每组数据只需要传送下标，假定此时码本已经构造好，则比特率
为 $R_b = \dfrac{1}{k}\log_2 N = \dfrac{1}{16}\log_2 256 = 0.5$ bit/sample。

实现矢量量化的关键技术有两个：一个是如何设计一个优良的码本，另一个是量化编码
准则。

采用矢量量化技术可以对待编码的信号码速率进行大大的压缩，它在中速率和低速率
语音编码中得到了广泛应用。例如在语音编码标准 G.723.1、G.728 和 G.729 中都采用了
矢量量化编码技术。矢量量化编码除了对语音信号的样值进行处理外，也可以对语音信号
的其他特征进行编码。如在语音标准 G.723.1 中，在合成滤波器的系数被转化为线性谱对
(Linear Spectrum Pair，LSP)系数后就采用矢量量化编码方法。

7. 感知编码

感知编码基于人耳的听觉特性，通过消除不被感知的冗余信息来实现对音频数据压缩
的编码方法。它基于心理声学模型，利用人的听觉阈值特性和掩蔽效应，通过给不同频率处
的信号分量分配以不同量化比特的方法来控制量化噪声，使得噪声能量低于掩蔽阈值，即把
压缩带来的失真控制在听阈以下，使人耳觉察不到失真的存在，从而实现更高效率的音频压
缩。目前，在高质量音频编码标准中，心理声学模型是一个最为有效的算法模型。在此类编
码中，以 MPEG 音频编码(MPEG layer 1、2、3 和 AAC 标准)和 Dolby Digital 的应用最为广
泛。

图 2-11 是采用感知编码的 MPEG 通用音频编解码系统结构框架。

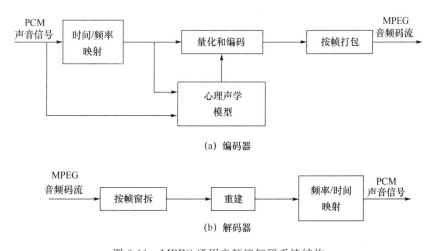

图 2-11　MPEG 通用音频编解码系统结构

图中的时间/频率映射完成将输入的时间域音频信号转变为亚取样的频率分量，这可以
使用不同的滤波器组来实现，其输出的频率分量也称为子带值或者频率线。心理声学模型
利用滤波器组的输出和输入的数字声音信号计算出随输入信号而变化的掩蔽门限估值。量
化和编码按照量化噪声不超过掩蔽门限的原则对滤波器组输出的子带值(或频率线)进行量
化、编码，目的是使量化的噪声不会被人耳感觉到。可以采用不同算法来实现量化和编码，
编码的复杂程度也会随分析/综合系统的变化有所不同。按帧打包来完成最后的编码码流。
编码码流中除了要包括量化和编码映射后的样值外，还包括如比特分配等的信息。

8. 线性预测编码

线性预测编码(Linear Predictive Coding,LPC)方法为参数编码方式。参数编码的基础是人类语音的生成模型,通过这个模型,提取语音的特征参数,然后对特征参数进行编码传输。

线性预测编码的原理如图 2-12 所示。在线性预测编码中,将语声激励信号简单地划分为浊音信号和清音信号。清音信号可以用白色随机噪声激励信号来表示,浊音信号可以用准周期脉冲序列激励信号来表示。由于语音信号是短时平稳的,根据语音信号的短时分析和基音提取方法,可以用若干的样值对应的一帧来表示短时语音信号。这样,逐帧将语音信号用基音周期 T_p,清/浊音(u/v)判决,声道模型参数 a_i 和增益 G 来表示。对这些参数进行量化编码,在接收端再进行语声的合成。

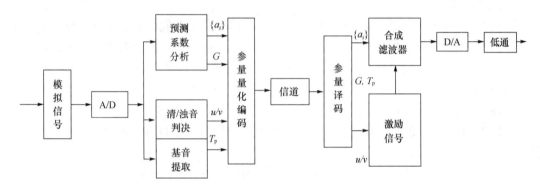

图 2-12　线性预测编译码原理

在 LPC 原理框图的发送端,原始话音信号送入 A/D 变换器,以 8 kHz 速率抽样变成数字化语音信号。以 180 个抽样样值为一帧,对应帧周期为 22.5 ms,以一帧为处理单元进行逐帧处理。完成每一帧的线性预测系数分析,并作相应的清/浊音(u/v)处理、基音 T_p 提取,再对这些参量进行量化、编码并送入信道传送。在接收端,经参量译码分出参量 a_i、G、T_p、u/v,以这些参数作为合成语音信号的参量,最后将合成产生的数字化语音信号经 D/A 变换还原为语音信号。按照线性预测编码原理实现的 LPC-10 声码器已经用于美国第三代保密电话中,其编码速率只有 2.4 kbit/s。虽然其编码速率很低,但由于其信号源只采用简单的二元激励,在噪声环境下其语音质量不好,所以目前已被新的编码器替代。

9. 码激励线性预测

码激励线性预测(Code Excited Linear Prediction,CELP)是典型的基于合成分析法的编码器,包括基于合成分析法的搜索过程、感知加权、矢量量化和线性预测技术。它从码本中搜索出最佳码矢量,乘以最佳增益,代替线性预测的残差信号作为激励信号源。CELP 采用分帧技术进行编码,帧长一般为 20～30 ms,并将每一语音帧分为 2～5 个子帧,在每个子帧内搜索最佳的码矢量作为激励信号。

CELP 的编码原理如图 2-13 所示,图中虚线框内是 CELP 的激励源和综合滤波器部分。CELP 通常用一个自适应码本中的码字来逼近语音的长时周期性(基音)结构,用一个固定码本中的码字来逼近语音经过短时和长时预测后的差值信号。从两个码本中搜索出来的最佳码字,乘以各自的最佳增益后再相加,其和作为 CELP 的激励信号源。将此激励源信号输入到合成滤波器,得到合成语音信号 S(n),S(n) 与原始语音信号之间的误差经过感知加权滤波器 W(z),得到感知加权误差 e(n)。通过感知加权最小均方误差准则,选择均方值最小的码字作为最佳的码字。CELP 编码器的计算量主要取决于码本中最佳码字的搜索,而计算复杂度和合成语音质量则与码本的大小有关。

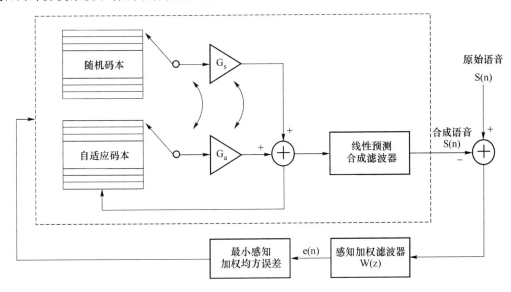

图 2-13 CELP 的编码原理

CELP 的解码示意图如图 2-14 所示,解码器一般由两个主要部分组成:合成滤波器和后置滤波器。合成滤波器生成的合成语音一般要经过后置滤波器,以达到去除噪声的目的。解码的操作也按子帧进行。首先对编码中的索引值执行查表操作,从激励码本中选择对应的码矢量,通过相应的增益控制单元和合成滤波器生成合成语音。由于这样得到的重构语音信号往往仍旧包含可闻噪声,在低码率编码的情况下尤其如此。为了降低噪声,同时又不降低语音质量,一般在解码器中要加入后置滤波器,它能够在听觉不敏感的频域对噪声进行选择性抑制。

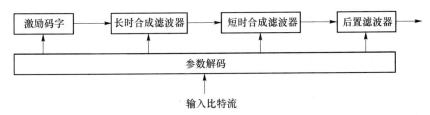

图 2-14 CELP 的解码原理

2.5 音频压缩编码标准

音频信号的压缩编码主要包括 ITU 制定的 G.7XX 系列和 ISO/IEC 制定的 MPEG-X 系列标准。

2.5.1　G.7XX 系列中的波形编码标准

采用波形编码的编码标准有 G.711 标准、G.721 标准和 G.722 标准。

1. G.711 标准

G.711 标准是在 1972 年提出的,它是为脉冲编码调制(PCM)制定的标准。从压缩编码的评价来看,这种编码方法的语音质量最好,算法延迟几乎可以忽略不计,但缺点是压缩率很有限。G.711 是针对电话质量的窄带话音信号,频率范围是 0.3～3.4 kHz,采样频率采用 8 kHz,每个采样样值用 8 位二进码编码,其速率为 64 kbit/s。标准推荐采用非线性压缩扩张技术,压缩方式有 A 律和 μ 律两种。由于使用了压缩扩张技术,其编码方式为非线性编码,而其编码质量却与 11 比特线性量化编码质量相当。在 5 级的 MOS 评价等级中,其评分等级达到 4.3,话音质量很好。编解码延时只有 0.125 ms,可以忽略不计。算法的复杂度是最低的,定为 1,其他编码方法的复杂度都与此做对比。

2. G.721 标准

G.721 标准用于速率是 64 kbit/s(A 律或 μ 律压扩技术)的 PCM 语音信号与速率是 32 kbit/s 的 ADPCM 语音信号之间的转换,由 ITU-T 在 1984 年制定。利用 G.721 可以实现对已有 PCM 的信道进行扩容,即把 2 个 2 048 kbit/s(30 路)PCM 基群信号转换成一个 2 048 kbit/s(60 路)ADPCM 信号。此标准采用自适应脉冲编码调制技术,语音信号的采样频率为 8 kHz,对样值与其预测值的差值进行 4 bit 编码,其速率为 32 kbit/s。语音评价等级达到 4.0(MOS),质量也很好。系统延时 0.125 ms,可忽略不计,复杂度达到 10。

3. G.722 标准

G.722 标准是针对调幅广播质量的音频信号制定的压缩标准,音频信号质量高于 G.711 和 G.721 标准。调幅广播质量的音频信号其频率范围是 50 Hz～7 kHz。此标准是在 1988 年由 CCITT 制定的,此标准采用的编码方法是子带自适应差分脉冲编码调制(SB-ADPCM)编码方法,将话音频带划分为高和低两个子带,高、低子带间以 4 kHz 频率为界限。在每个子带内采用自适应差值脉冲编码调制方式。其采样频率为 16 kHz,编码比特数为 14 bit,编码后的信号速率为 224 kbit/s。G.722 标准能将 224 kbit/s 的调幅广播质量信号速率压缩为 64 kbit/s,而质量又保持一致,可以在多媒体和会议电视方面得到应用。G.722 编码器所引入的延迟时间限制在 4 ms 之内。

2.5.2　G.7XX 系列中的混合编码标准

采用混合编码方法的编码标准有 G.728 标准、G.729 标准和 G.723.1 标准。

1. G.728 标准

CCITT 于 1992 年制定了 G.728 标准,该标准所涉及的音频信息主要是应用于公共电话网中的。G.728 是 LPAS 声码器,编码速率为 16 kbit/s,质量与速率是 32 kbit/s 的 G.721 标准相当。该标准采用的压缩算法是低延时码激励线性预测(LD-CELP)方式。线性预测器使用的是反馈型后向自适应技术,预测器系数是根据上帧的语声量化数据进行更新的,因此算法延时较短,只有 625 μm,即 5 个抽样点的时间,此即为 G.728 声码器码流的帧长。由于使用反馈型自适应方法,不需要传送预测系数,唯一需要传送的就是激励信号的量化值。此编码方案是对所有取样值以矢量为单位进行处理的,并且采用了线性预测和增益自适应方法。G. 728 的码本总共有 1 024 个矢量,即量化值需要 10 bit,因此其比特率为 10/0. 625＝16 kbit/s。

G. 728 也是低速率的 ISDN 可视电话的推荐语音编码器标准,速率为 56～128 kbit/s。由于这一标准具有反向自适应的特性,可以实现低的时延,但其复杂度较高。

2. G. 729 标准

G. 729 是 ITU-T 为低码率应用而制定的语音压缩标准。G. 729 标准的码率只有 8 kbit/s,其压缩算法相比其他算法来说比较复杂,采用的基本算法仍然是码激励线性预测(Code Excitation Linear Prediction,CELP)技术。为了使合成语音的质量有所提高,在此算法中也采取了一些新措施,所以其具体算法也比 CELP 方法复杂。G. 729 标准采用的算法称为共轭结构代数码激励线性预测(Conjugate Structure A1gebraic Code Excited Linear Prediction,CS-ACELP)。ITU-T 制定的 G. 729 标准,其主要应用目标是第一代数字移动蜂窝移动电话,对不同的应用系统,其速率也有所不同,日本和美国的系统速率为 8 kbit/s左右,GSM 系统的速率为 13 kbit/s。由于应用在移动系统,因此复杂程度要比 G. 728 低,为中等复杂程度的算法。由于其帧长时间加大了,所需的 RAM 容量比 G. 728 多一半。

3. G. 723. 1 标准

G. 723. 1 音频压缩标准是已颁布的音频编码标准中码率较低的,G. 723. 1 语音压缩编码是一种用于各种网络环境下的多媒体通信标准,编码速率根据实际的需要有两种,分别为 5. 3 kbit/s 和 6. 3 kbit/s。G. 723. 1 标准是国际电信联盟(ITU-T)于 1996 年制定的多媒体通信标准中的一个组成部分,可以应用于 IP 电话、H. 263 会议电视系统等通信系统中。其中,5. 3 kbit/s 码率编码器采用多脉冲最大似然量化技术(MP-MLQ),6. 3 kbit/s 码率编码器采用代数码激励线性预测技术(ACELP)。G. 723. 1 标准的编码流程比较复杂,但基本概念仍基于 CELP 编码器,并结合了分析/合成(A/S)的编码原理,使其在高压缩率情况下仍保持良好的音质。

2.5.3　MPEG 音频编码标准

1. MPEG-1

MPEG-1 Audio (ISO/IEC 11172-3)压缩算法是世界上第一个高保真声音数据压缩国际标准,并得到了极其广泛的应用。声音压缩标准只是 MPEG 标准的一部分,但可以独立地应用。MPEG-1 声音编码标准规定其音频信号采样频率可以有 32 kHz、44.1 kHz 或 48 kHz三种,音频信号的带宽可以选择 15 kHz 和 20 kHz。其音频编码分为 3 层:Layer-1、Layer-2 和 Layek-3。Layer-1 的压缩比为 1∶4,编码速率为 384 kbit/s;Layer-2 的压缩比为 1∶6～1∶8,编码速率为 192～256 kbit/s;Layer-3 的压缩比为 1∶10～1∶12,压缩码率可以达到 64 kbit/s。MPEG-1 标准于 1992 年完成。

MPEG 音频编码采用了子带编码,共分为 32 个子带。MPEG 编码的音频数据是按帧安排的。Layer-1 的每帧包含 32×12＝384 个样本数据,Layer-2 和 Layer-3 每帧包含有 32 ×3×12＝1 152 个样本数据,是 Layer-1 的 3 倍。

(1)Laver-1 编码

Layer-1 的子带划分采用等带宽划分,分为 32 个子带,每个子带有 12 个样本,心理声学模型只使用频域掩蔽特性。Layer-1 的帧结构如图 2-15 所示。

在图 2-15 的帧结构中,各个部分的内容如下:

- 同步头。由每帧开始的前 32 bit 组成,这 32 bit 包含同步信息和状态信息,同步码由 12 个全 1 码组成、所有的三层音频信息编码在这部分都是一样的。

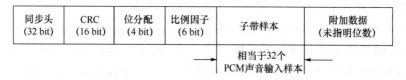

图 2-15　Layer-1 的帧结构图

- 帧校验码(CRC)。帧校验码占 16 bit,用来检测传输后比特流的差错,所有三层的这一部分也都是相同的。
- 音频数据。由位分配、比例因子和子带样值组成。其中子带样值是音频数据的最大部分,不同层的音频数据是不同的。
- 附加数据。用来传输相关的辅助信息。

帧是音频数据的组织单位,用于同步、纠错,而且也有利于对音频信息的存取、编辑。在每一帧的开始都安排一个完成帧同步的同步码,为了保证传输的可靠性,还有 CRC 的循环冗余纠错码。帧是 MPEG-1 处理的最小信息单元,一帧信号处理 384 个 PCM 的样值,因为要检测每个样值的大小后才能开始处理,所以延时时间 384/48K＝8 ms。一帧相当于 8 ms 的声音样本。

MPEG 音频 Layer-1 的设计是为了在数字录音带 DCC 方面的应用,使用的编码速率是 384 kbit/s。MPEG 音频 Layer-1 可以实现的压缩比是 1∶4,立体声是通过分成左(L)、右(R)两个声道实现的。

(2)Layer-2 编码

Layer-2 编码在 Layer-1 的基础上进行了改进。32 个子带的划分是不等宽划分,其划分依据是临界频段。每个子带分为 3 个 12 样本组,这样,每帧共有 1 152 个样本。在掩蔽特性方面除保留原有的频域掩蔽外,还增加了时域掩蔽。另外,在低频、中频和高频段对位分配作了重新安排,低频段使用 4 位,中频段使用 3 位,高频段使用 2 位。其帧格式如图 2-16所示。考虑到人耳对声音的低频段最为敏感,所以对低频段划分得更细,分配更多的比特数,高频段分配较少的比特数。为此,就需要较复杂的滤波器组。心理声学模型使用 1 024点的 FFT,提高了频率分辨率,可以得到比原信号更加准确的瞬时频谱特性。

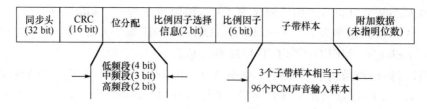

图 2-16　Layer-2 的帧结构图

(3)Layer-3 编码(MP3)

Layer-3 仍然使用不等长子带划分。心理声学模型在使用频域掩蔽和时域掩蔽特性之外又考虑到了立体声信息数据的冗余,还增加了哈夫曼编码器。滤波器组在原有的基础上增加了改进离散余弦(MDCT)特性,可以部分消除由多相滤波器组引入的混叠效应。其编解码结构如图 2-17 所示。

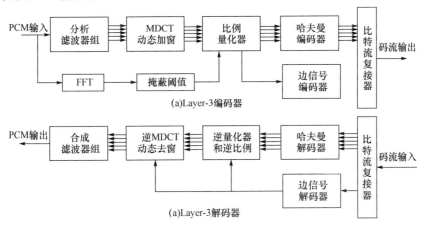

图 2-17　Layer-3 编码器和解码器结构

MDCT 采用了两种块长:18 个样本组成的长块长和 6 个样本组成的短块长。3 个短块长正好等于 1 个长块长。对一帧样本信号可以全部使用长块、全部使用短块或长短块混合使用。对于平稳信号使用长块可以获得更好的频域分辨率,对于跳变信号使用短块可以获得更好的时域分辨率。

MPEG 音频 Layer-3 就是现在广为流传的 MP3,是 MPEG 音频系列中性能最好的一个。实际上,MP3 是 MUSICAM 方案和 ASPEC 方案的结合。MP3 最大的好处在于它可以大幅度降低数字声音文件的体积容量,而从人耳的感觉来讲,不会感觉到有什么失真,音质的主观感觉很令人满意。经过 MP3 的压缩编码处理后,音频文件可以被压缩到原来的 1/10～1/12。1 分钟 CD 音质的音乐,未经压缩需要 10 MB 的存储空间,而经过 MP3 压缩编码后只有 1 MB 左右。

2. MPEG-2

MPEG-2 保持了对 MPEG-1 音频兼容并进行了扩充,提高低采样率下的声音质量,支持多通道环绕立体声和多语言技术。MPEG-2 标准定义了两种音频压缩算法。MPEG-2 BC 和 MPEG-2 AAC。

MPEG-2 BC 是 MPEG-2 向后兼容多声道音频编码标准。它保持了对 MPEG-1 音频的兼容,增加了声道数,支持多声道环绕立体声,并为适应某些低码率应用需求(体育比赛解说)增加了 16 kHz、22.05 kHz、24 kHz 三种较低的采样频率。此外为了在低码率下进一步提高声音质量,MPEG-2 BC 还采用了许多新技术,如动态传输声道切换、动态串音、自适应多声道预测、中央声道部分编码等。但它为了与 MPEG-1 兼容,不得不以牺牲码率的代价来换取较高的音质。这一缺憾制约了它在世界范围内的推广和应用。

MPEG-2 AAC 则是真正的第二代通用音频编码,它放弃了对 MPEG-1 音频的兼容性,扩大了编码范围,支持 1～48 个通道和 8～96 kHz 采样率的编码,每个通道可以获得 8～160 kbit/s 高质量的声音,能够实现多通道、多语种、多节目编码。AAC 即先进音频编码,是一种灵活的声音感知编码,是 MPEG-2 和 MPEG-4 的重要组成部分。在 AAC 中使用了强度编码和 MS 编码两种立体声编码技术,可根据信号频谱选择使用,也可混合使用。

MPEG-2 可提供较大的可变压缩比,以适应不同画面质量,存储容量以及带宽的应用要求。MPEG-2 特别适用于广播级的数字电视编码和传送,被认定为 SDTV 和 HDTV 的编码标准。MPEG-2 音频在数字音频广播、多声道数字电视声音以及 ISDN 传输等系统被广泛使用。

3. MPEG-4

MPEG-4 是第一个真正的多媒体内容表示标准,其音频标准允许采用音频对象(AO)对真实世界对象进行语义级描述。MPEG-4 音频对象可以描述自然或合成的声音。与前两个音频标准不同,MPEG-4 音频的设计并非面向单一应用,因此它不再单纯追求高压缩比,而是力图尽量多地覆盖现存的音频应用并充分考虑到可扩展性需求。

MPEG-4 声音编码标准包括语音的编码、高质量声音编码、合成声音编码以及自然语音编码。MPEG-4 音频按照工具箱的方法建立,包括自然语音、通用音频、结构化音频、音频合成等工具。分别为自然音频、合成音频等提供了极低比特率的编码合成方法。不同的 MPEG-4 终端可针对具体应用环境选择实现一个子集。

结构化音频(SA),这一概念可作为研究声音合成、音频编码和声音识别的途径。在 SA 中,每个参数化的声音表示可看成是对声音进行理解、传输和渲染的工具,不仅包括频率、幅值等常用参数,也包括其他更复杂的感知编码等参数。MPEG-4 结构化音频是第一个将算术结构化音频应用于多媒体环境中声音传输的标准,其基本思想是使用通用软件合成语言和用该语言写的程序来表示声音并进行传输。

为了保证比特率间的平滑过渡以及比特率和带宽的分级性,MPEG-4 定义了一个通用框架,从低码率的编码器开始,通过增加增强部分,编码质量和带宽都有了提高,支持从可懂语音到高质量的多声道音乐编码,所有增强在单一编码器内或者通过组合各种不同技术实现,额外的功能也可在单独的编码器内或通过编码器周围添加其他工具实现。

对普通用户来说,MPEG-4 在目前来说最有吸引力的地方还在于它能在普通 CD-ROM 上基本实现 DVD 的质量。MPEG-4 音频的比特率低、能将相互分离的高质量音频编码、计算机音乐及合成语音等合成在一起,可在 Internet 和其他网络上进行交互操作,因而广泛应用于 Internet 上的交互式多媒体应用、移动通信、HDTV 上的联合广播等领域。

2.6　其他音频技术

2.6.1　语音合成技术

语音合成是人机语音交互的一个重要组成部分,它赋予了机器"说"的功能,并且目的是让机器像人那样说话。在 20 世纪 60 年代后期到 70 年代后期,实用的英语语音合成技术系统就已经首先被开发出来,随后各种语言的语音合成系统也相继被开发出来,包括中文,如清华大学的新华音霸 KingVoice 1.0。现在语音合成技术已经能够实现任意文本的语音合成。语音合成技术的应用领域十分广泛,如电信服务、自动报时、报警、公共汽车或电车自动报站、电话查询服务业务、语音咨询应答系统、打印出版过程中的文本校对、电子邮件、各种电子出版物的语音阅读等。这些应用都已经发挥了很好的社会效益。

文语转换技术 TTS(Text to Speech)是语音合成技术中的一类,也是语音合成技术的主要方向。TTS 是指通过一定的硬件、软件将文本转换为语音,并由计算机或电话语音系统等输出语音的过程,并尽量使合成的语音具有良好的自然度与可懂度。使用该技术,业务提供者不用预先录制业务语音,就可以自接播放文本信息,满足信息的动态性和实时性的需求。文语转换系统能够提供一个良好的人机交互界面,可以用于各种智能系统,如信息查询系统,自动售票系统;也可作为残疾人的辅助交流工具,如可以用作盲人的阅读工具或作为聋哑人的代言工具;从长远看,文语转换系统还可以用于通信设备或一些数字产品中,如手机和 PDA 等,而且韩国已经推出了 TTS 功能手机。

文语转换系统的核心部分是文本分析、韵律控制和语音合成这 3 个模块。文本分析的主要功能就是使计算机能够识别文字,并根据文本的上下文关系在一定程度上对文本进行理解,并知道要发什么音、怎样发音,并将发音的方式告诉计算机,甚至还需要让计算机知道文本中的词、短语、句子,以及抑扬顿挫。韵律控制模块用来控制语音信号合成的具体韵律参数,如基频、音长、音强等。语音合成模块采用波形拼接来合成语音。

在市场需求和科技发展的联合推动下,语音合成发展得到了越来越多的关注。高质量语音合成系统的发展目标为:确保可懂度;提高清晰度;完善自然度;丰富表现力;增加智能性;减少音库容量;降低计算复杂度。现阶段,自然度的完善是高质量合成系统迫切需要解决的问题。随着计算机技术、信号处理技术、生理学、语音学等学科的发展,人类对于合成系统的研究也越来越充分,正逐步实现人类期望的合成"人"声的梦想。

2.6.2　语音识别技术

语音识别是试图使机器能"听懂"人类语音的技术。语音识别的作用是将语音转换成等价的书面信息,也就是让计算机听懂人说话。作为一门交叉学科,语音识别又是以语音为研究对象,是语音信号处理的一个重要研究方向,是模式识别的一个分支,涉及计算机信号处理、生理学、语言学、神经心理学人工智能等诸多领域,甚至还涉及人的体态语言(如人在说话时的表情、手势等行为动作可帮助对方理解),其最终目标是实现人与机器进行自然语言通信。

语音识别的研究工作可以追溯到 20 世纪 50 年代。1952 年 AT&T 贝尔实验室的 Audry 系统是第一个可以识别 10 个英文数字的语音识别系统。20 世纪 60 年代末、70 年代初出现了语音识别方面的几种基本思想,其中的重要成果是提出了信号线性预测编码(LPC)技术和动态时间规整(DTW)技术,有效地解决了语音信号的特征提取和不等长语音匹配问题;同时提出了矢量量化(VQ)和隐马尔可夫模型(HMM)理论。90 年代,在计算机技术、电信应用等领域飞速发展的带动下,迫切要求语音识别系统从实验室走向实用。最具代表性的是 IBM 的 ViaVoice 和 Dragon 公司的 Dragon Dictate 系统。这些系统具有说话人自适应能力,新用户不需要对全部词汇进行训练,便可在使用中不断提高识别率。

语音识别本质上是一种模式识别的过程,其基本原理框图如图 2-18 所示。主要包括语音信号预处理、特征提取、特征建模、相似性度量和后处理等几个功能模块,其中后处理模块为可选模块。

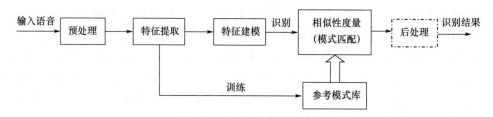

图 2-18　语音识别基本原理框图

　　预处理模块,对输入的原始语音信号进行处理,滤除掉其中的不重要的信息以及背景噪声,并进行语音信号的端点检测、语音分帧以及预加重等处理。特征提取模块负责计算语音的声学参数,并进行特征的计算,以便提取出反映信号特征的关键特征参数,以降低维数并便于后续处理。在训练阶段,用户输入若干次训练语音,系统经预处理和特征提取后得到特征矢量参数,由此建立或修改训练语音的参考模式库。在识别阶段,将输入的语音的特征矢量参数和参考模式库中的模式进行相似性度量比较,将相似度最高的模式所属的类别作为识别的中间候选结果输出。后处理模块对候选识别结果继续处理,通过语言模型、词法、句法和语义信息的约束,得到最终的识别结果。

　　尽管语音识别的研究已有半个世纪了,但现有的语音识别系统仍存在如下问题。

- 语言模型和声学模型的建立要有进一步的突破。需把语音知识和语言知识结合起来,以高层知识作为建模和识别的引导,以适应不同人在不同时刻的语音识别。
- 语音识别系统的适应性差,主要体现在对环境依赖性强,因此要提高系统健壮性和自适应能力。
- 噪声环境下语音识别进展困难,因此必须寻找新的信号分析处理方法,包括语音特征提取、声学模型、语言模型等诸多方面理论的突破。
- 多语言混合识别以及无限词汇识别方面还存在很多问题需要解决,缺乏海量语音库和语料库、汉语的字词不分、灵活自由的语言表述、大量的同音字词都给汉语语言理解与处理以及语音识别带来了困难。

　　此外,语音识别系统要真正商品化,还有许多具体问题需要解决。例如识别速度、拒识问题以及关键词(句)检测等等。

　　语音识别技术是 2000—2010 年信息技术领域十大重要技术之一,语音识别正逐步成为信息技术中人机接口的关键技术,语音识别技术的应用已经成为一个具有竞争性的新兴高技术产业。

2.6.3　音频检索技术

　　音频是多媒体中的一种重要媒体,而对于人们来说最重要的是语音和音乐。人是通过听觉特征来感知声音的,所以人们希望能通过这些自然的听觉特征来检索声音信息。为了解决该问题,就需要研究一种新的技术 ——基于内容的音频检索技术。

　　由于原始音频数据除了含有采样频率、量化精度、编码方法等有限的注册信息外,本身仅仅是一种非语义符号表示和非结构化的二进制流,缺乏内容语义的描述和结构化的组织,因而音频检索受到极大的限制。相对于日益成熟的图像与视频检索,音频检索相对滞后。

在 20 世纪 90 年代末,基于内容的音频检索才成为多媒体检索技术的研究热点。国外研究机构对这方面进行了多方面的研究。例如:MuscleFish 是一个商业化的基于音频感知特征的音频检索引擎;Carnegie Mellon 大学的 Informedia 项目结合语音识别、视频分析和文本检索技术支持视频广播的检索;Cambridge 大学的 VMR(视频邮件检索)小组利用基于网格的词组发现技术检索视频邮件中的消息。

国内早期在音频检索方面的研究并不多,最早的研究成果是一套基于内容的音频信息检索与分类系统 ARS。但近几年来发展迅速,例如:台湾"清华大学"开发的基于语音识别的语音检索系统 Sovide;上海交通大学开发的基于内容的音乐检索系统;中科院开发的"嵌入式语音识别系统";罗骏等人提出的基于拼音图的语音关键词检索系统。近年来,我国语音识别技术的研究水平已经基本上与国外同步,由此也推动了音频检索研究的迅速发展。

与传统的信息检索相比,基于内容的音频信息检索有如下特点。

- 对音频信息进行深层次地分析、挖掘。不拘泥于信息的外部表层特征,对信息的内容(如音色、音调、旋律、节奏等)进行分析,以达到更深的检索层次。
- 是一种相似性匹配。以相似性作为标准,而不是以绝对的精确匹配作为标准。是一个逐步求精的迭代过程,直到用户获得满意的查询结果为止。
- 检索方式直观形象。突破了传统的基于表达式检索的局限,可为用户提供易于理解的可视化检索方式,如示例查询、更人性化的检索界面。
- 是一种交互式检索。通常是按照与用户输入的查询信息相似程度来排列查询结果,往往还需要用户参与,在所给出的查询结果中做出进一步选择,以便获得最终结果。
- 数据库的结构复杂、容量大。不仅包括文字等结构化信息,而且还包括数据巨大、种类繁多的非结构化的音频信息等。

基于内容的音频信息检索一般包括 4 个步骤:特征提取、音频分割、识别分类以及音频检索,如图 2-19 所示。

图 2-19　基于内容音频信息检索流程

音频特征是指描述一段音频内容、属性特点的参数。一般可以分为时域特征向量和频域特征向量。特征提取是指通过分析和计算音频信号,将特征参数提取出来,以上特征参数通常被称为音频信号的物理特征,属于信号的底层特征参数,易于处理。另外一类是基于感知的特征参数,它们直接与音频信号的人耳感知特性与底层物理特征相关,虽然易于分类,但是处理起来比较困难。如何找到上层听觉感知特征参数与底层的物理特征参数之间的关系是目前音频特征参数研究的关键和难点。

音频分割是利用连续音频信号流在发生转变时听觉特征之间存在差异的现象,把变化出现的地方作为分割点将音频流切分开,从而将连续音频信号分割成长短不一的音频例子,然后再进行后续处理。

分类(Classification)用于预测音频对象的所属类别。而聚类(Clustering)是一个将数据集划分为若干组或类的过程,通常可以定义为音频的归类问题。分类用于判别用户提交的示例音频或音频文本属于哪个类别,也可用于将一段新的音频归入已有的分类中(音频识别)。

音频检索即按照一定查询过程在音频数据库中进行查询,再根据相应的检索方法给出检索结果。

音频信息检索随着社会需求的不断增长,取得了长足的进展。但基于内容的音频信息检索技术并不成熟,仍是一个新兴的研究领域,目前还面临许多挑战,今后解决问题的方向主要集中在以下4个方面。

(1)直接压缩域音频检索

目前大多数检索方法都是在非压缩域中进行的,而越来越多的音频信息都是以压缩域形式出现,直接从压缩域中进行音频信息的检索可以方便、快捷地得到检索结果。

(2)基于高层听觉感知模型的音频信息检索

尤其是针对音乐等信息检索,需要考虑高层感知特征,这样容易进行分类检索,但是如何确定高层感知特性的结构以及它们与底层物理特征之间的关系,是一个值得进一步研究的问题。

(3)音频类别的确定

音频分类检索中存在准确类别定义问题,尤其是音乐分类研究中,一个普遍能够接受的分类类别是分类检索研究的基础。

(4)基于情感的分类研究

根据音频信号中包含的情感进行分类研究是未来分类检索研究的一个令人兴奋的研究方向,在高智能人机交互、音乐情感内容分类检索中都有重要的应用意义。

随着多媒体信息的海量增长,音频信息检索的重要性已不言而喻。音频检索是一个非常宽泛的研究领域,想要达到人脑那样对音频语义的自动理解还要有很长的路要走,这是一个从实际认识向抽象理解发展的过程,是基于知识理解的,也是多学科交叉的研究领域。

本章小结

本章在对音频信息进行概述的基础上,重点讲解了音频信号的数字化、音频信息编码的分类以及音频信息的常用的编码方法;详细讨论了音频信息编码标准;最后对其他音频处理技术也进行了介绍。音频处理技术是多媒体通信技术的重要基础,通过本章的学习,使读者对多媒体通信中的音频处理技术有一个全面深入的了解,并为后续图像、视频信息的处理奠定基础。

思考练习题

1. 请分析音频信号的数字化方法及影响因素。

2. 简要说明参数编码和混合编码基本原理,并进行比较。

3. 常用的音频压缩编码有哪几种? 简要说明各自的特点。

4. 说明感知编码的基本原理。

5. 评估一种语音编码器的性能有哪些方法?

6. 分析音频检索技术的应用及特点。

数字图像压缩技术

图像信息的数据量非常大,为了便于对其进行存储和传输,非常有必要使用图像压缩技术。本章在对图像信号概述的基础上,首先介绍了图像信号数字化、图像压缩方法及分类,然后重点讲述了无失真及限失真图像压缩编码方法、新型图像编码技术等,最后详细介绍了静态和动态图像压缩标准。

3.1　图像信号概述

3.1.1　图像的分类

图像就是用各种观测系统以不同形式和手段观测客观世界而获得的,可以直接或间接作用于人眼而产生视知觉的实体。科学研究和统计表明,人类从外界获得的信息约有75%来自于视觉系统,也就是说,人类的大部分信息都是从图像中获得的。图像是人们体验到的最重要、最丰富、信息量获取最大的信息。

图像能够以各种各样的形式出现,例如:可视的和不可视的,抽象的和实际的,适于计算机处理的和不适于计算机处理的。就其本质来说,可以将图像分为两大类:模拟图像和数字图像。

传统的图像处理方式为模拟方式,例如目前我们在电视上所见到的图像就是以一种模拟电信号的形式来记录,并依靠模拟调幅的手段在空间传播的。在生物医学研究中,人们在显微镜下看到的图像也是一幅光学模拟图像,照片、用线条画的图、绘画也都是模拟图像。模拟图像的处理速度快,但精度和灵活性差,不易查找和判断。

将模拟图像信号经 A/D 变换后就得到数字图像信号,数字图像信号便于进行各种处理,例如最常见的压缩编码处理就是在此基础上完成的。本书介绍的图像信息处理技术就是针对数字图像信号的。与模拟图像相比,数字图像具有精度高、处理方便、重复性好等显著优点。

图像信号还可以按照其他规则分类。图像信号按其内容变化与时间的关系分类,主要包括静态图像和动态图像两种。静态图像的信息密度随空间分布,且相对时间为常量;动态图像也称时变图像,其空间密度特性是随时间而变化的。人们经常用静态图像的一个时间序列来表示一个动态图像。图像信号按其亮度等级的不同可分为二值图像和灰度图像;按其色调的不同可分为黑白图像和彩色图像;按其所占空间的维数不同可分为平面的二维图像和立体的三维图像等。

3.1.2　彩色的形成

在自然界中,当阳光照射到不同的景物上时,所呈现的色彩不同,这是因为不同的景物在太阳光的照射下,反射(或透射)了可见光谱中的不同成分而吸收了其余部分,从而引起人眼的不同彩色视觉。例如,当一张纸受到阳光照射后,如果主要反射蓝光谱成分,而吸收白光中的其他光谱成分,那么,当反射的蓝光射入到人眼时,则引起蓝光视觉效果,因此人们说这是一张蓝纸。可见,彩色是与物体相关联的,但是彩色并不只是物体本身的属性,也不只是光本身的属性,所以同一物体在不同光源照射下所呈现的彩色效果不同。例如当绿光照射到蓝纸上时,这时的纸将呈现黑色。可见彩色的感知过程包括了光照、物体的反射和人眼的机能 3 方面的因素。它是一个心理物理学的概念,既包含主观成分(人眼的视觉功能),又包含客观的成分(物体属性与照明条件的综合效果)。

从视觉的角度描述彩色会用到亮度、色度和饱和度 3 个术语。亮度表示光的强弱;色度是指彩色的类别,如黄色、绿色、蓝色等;饱和度则代表颜色的深浅程度,如浅紫色、粉红色。当然,在描述上述参数时,还必须考虑照射光的光谱成分、物体表面的反射系数的光谱特性以及人眼的光谱灵敏度 3 方面的影响。

色调与饱和度又合称为色度,可见它既表示彩色光的颜色类别,又表示颜色的深浅程度。

尽管不同波长的光波所呈现的颜色不同,但人们会经常观察到这样的现象:由适当比例的红光和绿光混合起来,可以产生与黄单色光相同的彩色视觉效果。又如日光也可以由红、绿、蓝三种不同波长的单色光以适当的比例组合而成。实际上自然界中的任何一种颜色都能由这三种单色光混合而成,因而称红、绿、蓝为三基色。

正是根据这一现象,从人眼的彩色视觉特性角度进行分析,提出这样一种设想,并通过解剖实验得以证实。人眼视网膜是由大量的光敏细胞组成的,按其形状可分为杆状细胞和锥状细胞。杆状细胞能够起到感光作用,只是杆状细胞对弱光的灵敏度要比锥状细胞高。锥状细胞也只能在正常光照条件才能产生视觉和色感。锥状细胞分别为红敏细胞、绿敏细胞和蓝敏细胞。红光、绿光和蓝光分别能够激励红敏细胞、绿敏细胞和蓝敏细胞。换句话说,就是当红光、绿光、蓝光以适当的比例混合起来,并同时作用在视网膜上时,将分别激励红敏细胞、绿敏细胞和蓝敏细胞,从而产生彩色感觉。这说明自然界中任何一种色彩都可以通过红、绿、蓝三基色混合而成。因此人们研制出相关器件,成功地利用三基色实现各种色彩的合成。

3.1.3　彩色图像信号的分量表示

对于黑白图像信号,每个像素点用灰度级来表示,若用数字表示一个像素点的灰度,有8 bit 就够了,因为人眼对灰度的最大分辨力为 2^6。对于彩色视频信号(如常见的彩色电视信号)均基于三基色原理,每个像素点由红(R)、绿(G)、蓝(B)三基色混合而成。若三个基色均用 8 bit 来表示,则每个像素点就需要 24 bit,由于构成一幅彩色图像需要大量的像素点,因此,图像信号采样、量化后的数据量就相当大,不便于传输和存储。为了解决此问题,人们找到了相应的解决方法:利用人的视觉特性降低彩色图像的数据量,这种方法往往把RGB 空间表示的彩色图像变换到其他彩色空间,每一种彩色空间都产生一种亮度分量和两种色度分量信号。常用的彩色空间表示法有 YUV、YIQ 和 YC_bC_r 等。

1. YUV 彩色空间

通常我们用彩色摄像机来获取图像信息,摄像机把彩色图像信号经过分色棱镜分成 R_0、G_0、B_0 三个分量信号,分别经过放大和 γ 校正得到 RGB,再经过矩阵变换电路得到亮度信号 Y 和色差信号 U、V,其中亮度信号表示了单位面积上反射光线的强度,而色差信号(所谓色差信号,就是指基色信号中的三个分量信号 R、G、B 与亮度信号之差)决定了彩色图像信号的色调。最后发送端将 Y、U、V 三个信号进行编码,用同一信道发送出去,这就是在 PAL 彩色电视制式中使用的 YUV 彩色空间。YUV 与 RGB 彩色空间变换的对应关系如式(3-1)所示。

$$\begin{bmatrix} Y \\ U \\ V \end{bmatrix} = \begin{bmatrix} 0.229 & 0.587 & 0.114 \\ -0.147 & -0.289 & 0.436 \\ 0.615 & -0.515 & -0.100 \end{bmatrix} \begin{bmatrix} R \\ G \\ B \end{bmatrix} \tag{3-1}$$

YUV 彩色空间的一个优点是,它的亮度信号 Y 和色差信号 U、V 是相互独立的,即 Y 信号分量构成的黑白灰度图与用 U、V 两个色彩分量信号构成的两幅单色图是相互独立的。因为 YUV 是独立的,所以可以对这些单色图分别进行编码。此外,利用 YUV 之间的独立性解决了彩色电视机与黑白电视机的兼容问题。YUV 表示法的另一个优点是,可以利用人眼的视觉特性来降低数字彩色图像的数据量。人眼对彩色图像细节的分辨能力比对黑白图像细节的分辨能力低得多,因此就可以降低彩色分量的分辨率而不会明显影响图像质量,即可以把几个相同像素不同的色彩值当作相同的色彩值来处理(即大面积着色原理),从而减少了所需的数据量。在 PAL 彩色电视制式中,亮度信号的带宽为 4.43 MHz,用以保证足够的清晰度,而把色差信号的带宽压缩为 1.3 MHz,达到了减少带宽的目的。

在数字图像处理的实际操作中,就是对亮度信号 Y 和色差信号 U、V 分别采用不同的采样频率。目前常用的 Y、U、V 采样频率的比例有 4:2:2 和 4:1:1,当然,根据要求的不同,还可以采用其他比例。例如要存储 $R:G:B=8:8:8$ 的彩色图像,即 R、G、B 分量都用 8 bit 表示,图像的大小为 640×480 像素,那么所需要的存储容量为 640×480×3×8/8=921 600 B;如果用 $Y:U:V=4:1:1$ 来表示同一幅彩色图像,对于亮度信号 Y,每个像素仍用 8 bit 表示,而对于色差信号 U、V,每 4 个像素用 8 bit 表示,则存储量变为 640×480×(8+4)/8=460 800 B。尽管数据量减少了一半,但人眼察觉不出有明显变化。

2. YIQ 彩色空间

在 NTSC 彩色电视制式中选用 YIQ 彩色空间,其中 Y 表示亮度,I、Q 是两个彩色分量。I、Q 与 U、V 是不相同的。人眼的彩色视觉特性表明,人眼对红、黄之间颜色变化的分辨能力最强;而对蓝、紫之间颜色变化的分辨能力最弱。在 YIQ 彩色空间中,色彩信号 I 表示人眼最敏感的色轴,Q 表示人眼最不敏感的色轴。在 NTSC 制式中,传送人眼分辨能力较强的 I 信号时,用较宽的频带(1.3~1.5 MHz);而传送人眼分辨能力较弱的 Q 信号时,用较窄的频带(0.5 MHz)。YIQ 与 RGB 彩色空间变换的对应关系如式(3-2)所示。

$$\begin{bmatrix} Y \\ I \\ Q \end{bmatrix} = \begin{bmatrix} 0.229 & 0.587 & 0.114 \\ 0.596 & -0.275 & -0.312 \\ 0.212 & -0.523 & 0.311 \end{bmatrix} \begin{bmatrix} R \\ G \\ B \end{bmatrix} \tag{3-2}$$

3. YC_bC_r 彩色空间

YC_bC_r 彩色空间是由 ITU-R(国际电联无线标准部,原国际无线电咨询委员会 CCIR)制定的彩色空间。按照 CCIR601-2 标准,将非线性的 RGB 信号编码成 YC_bC_r,编码过程开始是先采用符合 SMPTE-CRGB(它定义了三种荧光粉,即一种参考白光,应用于演播室监视器及电视接收机标准的 RGB)的基色作为 γ 校正信号。非线性 RGB 信号很容易与一个常量矩阵相乘而得到亮度信号 Y 和两个色差信号 C_b、C_r。YC_bC_r 通常在图像压缩时作为彩色空间,而在通信中是一种非正式标准。YC_bC_r 与 RGB 彩色空间变换的对应关系如式(3-3)所示,可以看到,数字域中的彩色空间变换与模拟域中的彩色空间变换是不同的。

$$\begin{bmatrix} Y \\ C_b \\ C_r \end{bmatrix} = \begin{bmatrix} 0.229 & 0.587 & 0.114 \\ -0.169 & -0.331 & 0.500 \\ 0.500 & -0.419 & -0.081 \end{bmatrix} \begin{bmatrix} R \\ G \\ B \end{bmatrix} + \begin{bmatrix} 0 \\ 128 \\ 128 \end{bmatrix} \tag{3-3}$$

3.2　图像信号数字化

图像信号数字化主要包括两方面的内容:取样和量化。

图像在空间上的离散化称为取样,即使空间上连续变化的图像离散化,也就是用空间上部分点的灰度值来表示图像,这些点称为样点(或像素、像元、样本)。一幅图像应取多少样点呢? 其约束条件是:由这些样点采用某种方法能够正确重建原图像。取样的方法有两类:一类是直接对表示图像的二维函数值进行取样,即读取各离散点上的信号值,所得结果就是一个样点值阵列,所以也称为点阵取样;另一类是先将图像函数进行正交变换,用其变换系数作为取样值,故称为正交系数取样。

对样点灰度级值的离散化过程称为量化,也就是对每个样点值数字化,使其和有限个可能电平数中的一个对应,即使图像的灰度级值离散化。量化也可分为两种:一种是将样点灰度级值等间隔分档取整,称为均匀量化;另一种是将样点灰度级值不等间隔分档取整,称为非均匀量化。

3.2.1　取样点数和量化级数的选取

假定一幅图像取 $M \times N$ 个样点,对样点值进行 Q 级分档取整。那么对 M、N 和 Q 如何取值呢?

首先,M、N、Q 一般总是取 2 的整数次幂,如 $Q = 2^b$,b 为正整数,通常称为对图像进行 b 比特量化,M、N 可以相等,也可以不相等。若取相等,则图像矩阵为方阵,分析运算方便一些。

其次,关于 M、N 和 b(或 Q)数值大小的确定。对 b 来讲,取值越大,重建图像失真越小。若要完全不失真地重建原图像,则 b 必须取无穷大,否则一定存在失真,即所谓的量化误差。一般供人眼观察的图像,由于人眼对灰度分辨能力有限,用 5~8 比特量化即可。对 $M \times N$ 的取值主要依据取样的约束条件,也就是在 $M \times N$ 大到满足取样定理的情况下,重建图像就不会产生失真,否则就会因取样点数不够而产生所谓混淆失真。为了减少表示图像的比特数,应取 $M \times N$ 点数刚好满足取样定理。这种状态的取样即为奈奎斯特取样。$M \times N$ 常用的尺寸有 512×512、256×256、64×64、32×32 等。

最后,在实际应用中,如果允许表示图像的总比特数 $M \times N \times b$ 给定,对 $M \times N$ 和 b 的分配往往是根据图像的内容和应用要求以及系统本身的技术指标来选定的。例如,若图像中有大面积灰度变化缓慢的平滑区域(如人图像的特写照片等),则 $M \times N$ 取样点可以少些,而量化比特数 b 多些,这样可使重建图像灰度层次多些。若 b 太少,在图像平滑区往往会出现"假轮廓"。反之,对于复杂景物图像,如群众场面的照片等,量化比特数 b 可以少些,而取样点数 $M \times N$ 要多些,这样就不会丢失图像的细节。究竟 $M \times N$ 和 b 如何组合才能获得满意的结果,很难讲出一个统一的方案,但是有一点是可以肯定的:不同的取样点数和量化比特数组合可以获得相同的主观质量评价。

3.2.2　图像信号量化

经过取样的图像只是在空间上被离散为像素(样本)的阵列,而每一个样本灰度值还是一个有无穷多个取值的连续变化量,必须将其转化为有限个离散值,赋予不同码字才能真正成为数字图像,再由计算机或其他数字设备进行处理运算,这样的转化过程称为量化。将样本连续灰度等间隔分层量化方式称为均匀量化,不等间隔分层量化方式称为非均匀量化。量化既然以有限个离散值来近似表示无限多个连续量,就一定会产生误差,这就是所谓的量化误差。由此产生的失真叫量化失真或量化噪声,对均匀量化来讲,量化分层越多,量化误差越小,但编码时占用比特数就越多。在一定比特数下,为了减少量化误差,往往要用非均匀量化,如按图像灰度值出现的概率大小不同进行非均匀量化,即对灰度值经常出现的区域进行细量化,反之进行粗量化。在实际图像系统中,由于存在着成像系统引入的噪声及图像本身的噪声,因此量化等级取得太多(量化间隔太小)是没有必要的,因为如果噪声幅度值大于量化间隔,量化器输出的量化值就会产生错误,得到不正确的量化。在应用屏幕显示其输出图像时,灰度邻近区域边界会出现"忙动"现象。假设噪声是高斯分布,均值为 0,方差为 σ^2,在有噪声情况下,最佳量化层选取有两种方法:一是令正确量化的概率大于某一个值,二是使量化误差的方差等于噪声方差。

针对输出图像是专供人观察评价的应用,研究出了一些按人的视觉特性进行非均匀量化方式,如图像灰度变化缓慢部分细量化,而图像灰度变化快的细节部分粗量化,这是由于视觉掩盖效应被发现而产生的。又如按人的视觉灵敏度特征进行对数形式量化分层等。

3.3　数字图像压缩的必要性和可行性

3.3.1　图像压缩的必要性

数字化后的图像和视频信息数据量非常大,与当前硬件技术所能提供的计算机存储资源和网络带宽之间有很大差距。这样,就对图像信息的存储和传输造成了很大困难,成为阻碍人们有效获取和利用信息的一个瓶颈问题。不对图像数据进行有效的压缩,就难以保证通信的顺利进行。下面列举例子来说明。

在地球的周围有很多围绕地球旋转的卫星。通常卫星获取一帧图像的数据量为几百兆比特到几吉比特,卫星在旋转的过程中每天要获取很多帧图像,并在通过卫星接收站时将图像传送回地面。如果不进行压缩,如此大的数据量是很难存储和顺利传输的。

以一般彩色电视信号为例,设代表光强、色彩和色饱和度的 YIQ 空间中各分量的带宽分别为 4 MHz、1.3 MHz 和 0.5 MHz。根据采样定理,仅当采样频率大于或等于 2 倍的原始信号的频率时,才能保证采样后的信号可被保真的恢复为原始信号。再设各样点均被数字化为 8 bit,从而 1 秒钟的电视信号的数据量为

$$(4+1.3+0.5)\times 2\times 8 \text{ bit}=92.8 \text{ Mbit}$$

因而一张 640 MB 容量的 CD -ROM 能够存放的原始电视数据(每字节附有 2 位效验位)为

$$640\times 8/[92.8\times(1+0.25)]=44 \text{ s}$$

也就是说,一张普通光盘只能存放 44 s 的原始数据。

表 3-1 列出了图像、视频信号高质量存储和传输所必需的未压缩速率以及信号特性。

表 3-1　各种信号的特性和未压缩速率

图　　像	像素/帧	比特/像素	未压缩信号大小
传真	1 700×2 200	1	3.74 MB
VGA	640×480	8	2.46 MB
XVGA	1 024×768	24	18.8 MB

视　　频	像素/帧	画面比	帧/秒	比特/像素	未压缩速率
NTSC	480×483	4 : 3	29.97	16	111.2 Mbit/s
PAL	576×576	4 : 3	25	16	132.7 Mbit/s
CIF	352×288	4 : 3	14.98	12	18.2 Mbit/s
QCIF	176×144	4 : 3	9.99	12	3.0 Mbit/s
HDTV	1 280×720	16 : 9	59.94	12	622.9 Mbit/s
HDTV	1 920×1 080	16 : 9	29.97	12	745.7 Mbit/s

从以上两个例子以及表 3-1 可以看出:未进行任何形式的编码和压缩的图像信息数据量庞大,传输速率高,如果不进行压缩处理,计算机系统几乎无法对其进行存取和交换,因此,对数字图像进行压缩十分必要。

3.3.2　图像压缩的可行性

从信息论观点来看,描述图像的数据是信息量(信源熵)和信息冗余量之和。图像数据压缩编码的本质就是减少这些冗余量,从而可以减少数据量而不是减少信源的信息量。因此,冗余是图像压缩的着眼点。一般而言,图像数据中存在的数据冗余类型主要有以下一些。

1. 数据间冗余

数据间冗余可分为空间冗余和时间冗余。在同一幅图像中,规则物体和规则背景的表面物理特性具有相关性,这些相关性的光成像结果在数字化图像中就表现为空间冗余。例如,图 3-1 是一张俯视图,图中央的黑色是一块表面均匀的积木块,在图中,黑色区域所有点的光强和色彩以及饱和度都是相同的,因而黑色区域的数据表达有很大的冗余。对空间冗余的压缩方法就是把这种集合块当成一个整体,用极少的数据量来表示它,从而节省了存储空间。这种压缩方法叫空间压缩或帧内压缩,它的基本点就在于减少邻近像素之间的空间(或空域)相关性。

图 3-1　空间冗余

　　时间冗余反映在图像序列中就是相邻帧图像之间有较大的相关性,一帧图像中的某物体或场景可以由其他帧图像中的物体或场景重构出来。图 3-2 给出了时间冗余的示例。图中 F1 帧中有一辆汽车和一个路标 P,再经过时间 T 后的图像 F2 仍包含以上两个物体,只是小车向前行驶了一段路程。此时,F1 和 F2 是时间相关的,后一幅图像 F2 在参照图像 F1 的基础上只需很少数据量即可表示出来,从而减少了存储空间,实现了数据压缩。这种压缩对运动图像往往能得到很高的压缩比,这也称为时间压缩或帧间压缩。

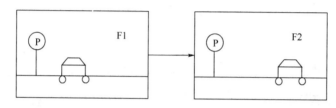

图 3-2　时间冗余

2. 信息熵冗余

　　信息熵冗余也称为编码冗余。信源编码时,当分配给第 i 个码元类的比特数 $b(y_i) = -lbP_i$ 时(P_i 为第 i 个码元类的概率),才能使编码后单位数据量等于其信源熵,即达到其压缩极限。但实际中各码元类的先验概率很难预知,比特分配不能达到最佳,从而使实际单位数据量大于信源熵,即存在信息熵冗余。图 3-3 给出了一个信息熵冗余的示例。图 3-3(a)和图 3-3(b)是大小相同的两幅图像,均为 300×300 像素。其中图 3-3(a)每个像素用 16 位进行编码,而图 3-3(b)每个像素用 8 位进行编码,因此图像大小分别为 1 440 000 bit 和 720 000 bit,虽然图像大小相差一倍,可是它们的视觉效果却基本相同。因此,图 3-3(a)存在较大的信息熵冗余。

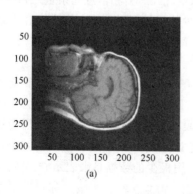
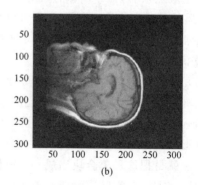

(a)　　　　　　　　　　　　(b)

图 3-3　信息熵冗余

3. 视觉冗余

人类视觉系统具有非均匀和非线性的特点,所感知的图像亮度不仅仅与该点的反射光强有关,同时也会受到相邻区域光强的影响。此外,人类视觉系统并不是对所有视觉信息都具有相同的敏感度,如图像信息在一定幅度内的微小变化是不能被人眼所感知的。这些特性都可以认为是心理视觉冗余,根据心理视觉冗余的特点,可以采取一些有效的措施来压缩图像数据量,在实际的图像编码技术中被经常使用的有:

- 人类视觉系统对于亮度信息敏感,而对于色度信息则相对不敏感,因此在编码中应当加以区别对待,亮度信息应采用更多的比特数进行表示;
- 人类视觉系统能够分辨的图像灰度等级约为 2^6 ,因此在模拟信号量化时通常只需采用 8 bit 或 16 bit 的灰度值就能够满足观看的需要;
- 人类视觉系统对于图像变换后的低频信号较为敏感,对于高频信号不敏感,因此在编码时为提高压缩比,可以去除频域中的部分高频信息而对于主观视觉效果没有大的影响;
- 人类视觉系统对于静止或运动平缓的视频信息具有较高的分辨率,而对于快速运动的物体的分辨能力则大大下降;
- 人类视觉系统具有亮度暂留特性,如广播电视系统中采用的隔行扫描就是利用这一特点。

图 3-4 给出了视觉冗余的示例。图 3-4(a)和图 3-4(b)分别是两条从黑色到白的灰度级带,图 3-4(a)把黑色和白色间均匀分为 64 个灰度等级,图 3-4(b)把黑色和白色间均匀分为 128 个灰度等级,但是由于人眼的局限性,不能觉察到这种区别。因此,灰度等级超过人眼的分辨能力就会导致视觉冗余。

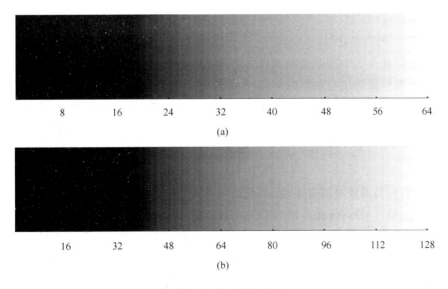

图 3-4　视觉冗余示例

随着对人类视觉系统和图像模型的进一步研究,人们可能会发现更多的冗余性,使图像数据压缩编码的可行性越来越大,从而推动图像压缩技术的进一步发展。

3.4　图像压缩算法的分类及性能评价

3.4.1　压缩算法的分类

图像的压缩编码是信源编码问题。1948 年,Oliver 提出了第一个编码理论——脉冲编码调制(Pulse Coding Modulation,PCM);同年,Shannon 的经典论文——"通信的数学原理"首次提出并建立了信息率失真函数概念;1959 年,Shannon 进一步确立了码率失真理论,以上工作奠定了信息编码的理论基础。预测编码、变换编码和统计编码,称为三大经典编码方法。这些经典编码技术也被称为"第一代"图像压缩编码技术,它们能够在中等压缩率的情况下,提供非常好的图像质量,但在非常低的压缩率情况下,无法提供令人满意的质量。20 世纪 80 年代初期,"第一代"编码技术已经达到了顶峰,这类技术去除客观和视觉冗余信息的能力已接近极限。究其原因是由于这些技术都没有利用图像的结构特点,因此它们也就只能以像素或块作为编码的对象,另外,这些技术在设计编码器时也没有考虑人类视觉系统的特性、视觉信息的具体含义和重要程度,只是力图去除图像中的各类冗余。

为了克服"第一代"压缩编码技术的局限性,Kunt 等人于 1985 年提出了"第二代"图像压缩编码技术,"第二代"编码方法主要有:基于分形的编码,基于模型的编码,基于区域分割的编码和基于神经网络的编码等。"第二代"编码方法不局限于信息论的框架,充分利用人的视觉生理、心理和图像信源的各种特征,实现从"波形"编码到"模型"编码的转换,以便获得更高的压缩比。但是由于"第二代"编码方法增加了分析的难度,所以大大增加了实现的复杂性。

20 世纪 90 年代以来,出现了一类充分利用人类视觉特性的"多分辨率编码"方法,如子带编码、塔形编码和基于小波变换的编码方法。这类方法使用不同类型的一维或二维线性数字滤波器,对视频图像进行整体的分解,然后根据人类视觉特性对不同频段的数据进行粗细不同的量化处理,以达到更好的压缩效果。这类方法原理上仍属于线性处理,属于"波形"编码,可归入经典编码方法,但它们又充分利用了人类视觉系统的特性,因此可以被看作是"第一代"编码技术向"第二代"编码技术过渡的桥梁,也是目前正在逐步投入使用的编码算法之一。

对于上述的各类图像编码方案,从不同的角度出发,有不同的分类方法。根据解码后的数据与原始数据是否一致,压缩方法可分为无损压缩和有损压缩两大类。

无损压缩,又称冗余度压缩、信息保持编码或熵编码,是一种可逆编码方法。该方法利用数据的统计冗余进行压缩,去除信源在空间和时间上的相关性,解码时可以完全恢复原始数据而不引入任何失真,但压缩率受到数据统计冗余度的理论限制。目前,常用的无损压缩方法主要有:Shannon-Fano 编码、Huffman 编码、行程(Run-length)编码、LZW(Lempel-Ziv-Welch)编码和算术编码等。

有损压缩,又称信息量压缩、失真度编码或熵压缩编码。该方法利用了人类视觉和听觉对某些频率成分不敏感的特性,允许压缩过程中损失一定的信息。解码时,虽然不能完全恢复原始数据,但是所损失的信息对理解原始信息影响较小,却能够获得很大的压缩比。有损压缩适用于重构信号不一定和原始信号完全相同的场合。如图像和声音的压缩就可以采用有损压缩,因为其中包含的数据往往多于视觉和听觉系统所能接收的信息,丢掉一些数据不会影响对声音或者图像的理解。常见的有损压缩方法主要有:预测编码、变换编码、子带编码、统计编码、基于模型的压缩编码、神经网络编码、分形编码和小波编码等。

3.4.2　压缩算法的性能评价

1. 图像熵

设数字图像像素灰度级集合为$(W_1, W_2, \cdots, W_k, \cdots, W_M)$,其对应的概率分别为$P_1, P_2, \cdots, P_k, \cdots, P_M$。按信息论中信源信息熵(Entropy)定义,数字图像的熵H(bit)为

$$H = -\sum_{k=1}^{M} P_k \log_2 P_k \tag{3-4}$$

由此可见,一幅图像的熵就是这幅图像的平均信息量度,也是表示图像中各个灰度级比特数的统计平均值。式(3-4)所表示的熵值是在假定图像信源无记忆(即图像的各个灰度级不相关)的前提下获得的,这样的熵值常称为无记忆信源熵值,记为$H_0(\cdot)$。对于有记忆信源,假如某一像素灰度级与前一像素灰度级相关,那么式(3-4)中的概率要换成条件概率$P(W_i/W_{i-1})$和联合概率$P(W_i, W_{i-1})$,则图像信息熵公式变为

$$H(W_i/W_{i-1}) = -\sum_{k=1}^{M} \sum_{k=1}^{M} P(W_i, W_{i-1}) \log_2 P(W_i/W_{i-1}) \tag{3-5}$$

式中,$P(W_i, W_{i-1}) = P(W_i) P(W_i/W_{i-1})$,则称$H(W_i/W_{i-1})$为条件熵。因为只与前面一个符号相关,故称为一阶熵$H_1(\cdot)$。如果与前面两个符号相关,求得的熵值就称为二阶熵$H_2(\cdot)$。依此类推可以得到三阶和四阶等高阶熵,并且可以证明

$$H_0(\cdot) > H_1(\cdot) > H_2(\cdot) > H_3(\cdot) > \cdots$$

香农信息论已证明:信源熵是进行无失真编码的理论极限。低于此极限的无失真编码方法是不存在的,这是熵编码的理论基础。而且可以证明,如果考虑像素间的相关性,使用高阶熵一定可以获得更高的压缩比。

2. 性能评价

评价一种数据压缩技术的性能好坏主要有 3 个关键的指标:压缩比、重现质量、压缩和解压缩的速度。除此之外,主要考虑压缩算法所需要的软件和硬件环境。

(1)压缩比

压缩性能常常用压缩比来定义,也就是压缩过程中输入数据量和输出数据量之比。压缩比越大,说明数据压缩的程度越高。在实际应用中,压缩比可以定义为比特流中每个样点所需要的比特数。对于图像信息,压缩比可使用公式(3-6)计算:

$$C = \frac{L_S}{L_C} \tag{3-6}$$

式中,L_S为原图像的平均码长,L_C为压缩后图像的平均码长。

其中平均码长L的计算公式为

$$L = \sum_{i=1}^{m} \beta_i P_i \quad \text{(bit)} \tag{3-7}$$

式中,β_i 为数字图像第 i 个码字的长度(二进制代数的位数),其相应出现概率为 P_i。

除压缩比之外,编码效率和冗余度也是衡量信源特性以及编解码设备性能的重要指标,定义如下。

$$\text{编码效率}: \eta = \frac{H}{L} \tag{3-8}$$

其中,H 为信息熵,计算公式如式(3-4)所示,L 为平均码长。

$$\text{冗余度}: \xi = 1 - \eta \tag{3-9}$$

由信源编码理论可知,当 $L \geqslant H$ 条件时,可以设计出某种无失真编码方法。如果所设计出编码的 L 远大于 H,则表示这种编码方法所占用的比特数太多,编码效率很低。例如,在图像信号数字化过程中,采用 PCM 对每个样本进行的编码,其平均码长 L 就远大于图像的熵 H。

因此,编码后的平均码长 L 等于或很接近 H 的编码方法就是最佳编码方案。此时并未造成信息的丢失,而且所占的比特数最少,例如熵编码。

如果 $L < H$ 时,必然会造成一定信息的丢失,从而引起图像失真,这就是限失真条件下的编码方案。

(2)重现质量

重现质量是指比较重现时的图像与原始的图像之间有多少失真,这与压缩的类型有关。压缩方法可以分为无损压缩和有损压缩。无损压缩是指压缩和解压缩过程中没有损失原始图像的信息,所以对无损系统不必担心重现质量。有损压缩虽然可获得较大的压缩比,但压缩比过高,还原后的图像质量就可能降低。图像质量的评估常采用客观评估和主观评估两种方法。

图像的主观评价采用 5 分制,其分值在 1~5 分情况下的主观评价如表 3-2 所示。

表 3-2　图像主观评价性能表

主观评价分	质量尺度	妨碍观看尺度
5	非常好	丝毫看不出图像质量变坏
4	好	能看出图像质量变坏,但不妨碍观看
3	一般	清楚地看出图像质量变坏,对观看稍有妨碍
2	差	对观看有妨碍
1	非常差	非常严重地妨碍观看

而客观尺度通常有以下几种:

均方误差:$E_n = \dfrac{1}{n} \sum_i \left[x(n) - \hat{x}(n) \right]^2$

信噪比:$\text{SNR(dB)} = 10 \lg \dfrac{\sigma_x^2}{\sigma_r^2}$

峰值信噪比：$PSNR(dB) = 10\lg\dfrac{x_{max}^2}{\sigma_r^2}$

其中，$x(n)$ 为原始图像信号序列，$\hat{x}(n)$ 为重建图像信号，x_{max} 为 $x(n)$ 的峰值，$\sigma_x^2 = E[x^2(n)]$，$\sigma_r^2 = E\{[\hat{x}(n) - x(n)]^2\}$。

(3)压缩和解压缩的速度

压缩与解压缩的速度是两项单独的性能度量。在有些应用中，压缩与解压缩都需要实时进行，这称为对称压缩，如电视会议的图像传输；在有些应用中，压缩可以用非实时压缩，而只要解压缩是实时的，这种压缩称为非对称压缩，如多媒体 CD-ROM 的节目制作。从目前开发的压缩技术看，一般压缩的计算量要比解压缩要大。在静止图像中，压缩速度没有解压缩速度要求严格。但对于动态视频的压缩与解压缩，速度问题是至关重要的。动态视频为保证帧间变化的连贯要求，必须有较高的帧速。对于大多是情况来说动态视频至少为 15 帧/秒，而全动态视频则要求有 25 帧/秒或 30 帧/秒。因此，压缩和解压缩速度的快慢直接影响实时图像通信的完成。

此外，还要考虑软件和硬件的开销。有些数据的压缩和解压缩可以在标准的 PC 硬件上用软件实现，有些则因为算法太复杂或者质量要求太高而必须采用专门的硬件。这就需要在占用 PC 上的计算资源或者另外使用专门硬件的问题上做出选择。

3.5　信息熵编码

信息熵编码又称为统计编码，它是根据信源符号出现的概率的分布特性而进行的压缩编码。其目的在于在信源符号和码字之间建立明确的一一对应的关系，以便在恢复时能准确地再现原信号，同时要使平均码长或码率尽量小。本节介绍熵编码中的哈夫曼编码、行程编码和算术编码。

3.5.1　哈夫曼编码

哈夫曼编码是由哈夫曼(D. S. Huffman)于 1952 年提出的一种不等长编码方法，这种编码的码字长度的排列与符号的概率大小的排列是严格逆序的，理论上已经证明其平均码长最短，因此被称为最佳码。

1. 编码步骤

(1)将信源符号的概率由大到小排列；

(2)将两个最小的概率组合相加，得到新概率；

(3)对未相加的概率及新概率重复(2)，直到概率达到 1.0；

(4)对每对组合概率小的指定为 1，概率大的指定为 0(或相反)；

(5)记下由概率 1.0 处到每个信源符号的路径，对每个信源符号都写出 1、0 序列，得到非等长的哈夫曼码。

下面以一个具体的例子来说明其编码方法，如图 3-5 所示。

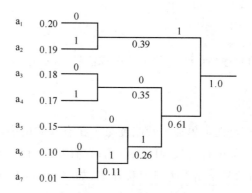

图 3-5 哈夫曼编码的示例

表 3-3 列出了各个信源符号的概率、哈夫曼编码及码长。

表 3-3 信源符号的概率、哈夫曼编码及码长

输入灰度级	出现概率	哈夫曼编码	码长
a_1	0.20	10	2
a_2	0.19	11	2
a_3	0.18	000	3
a_4	0.17	001	3
a_5	0.15	010	3
a_6	0.10	0110	4
a_7	0.01	0111	4

2. 前例哈夫曼编码的编码效率计算

根据式(3-4)求出前例信息熵为

$$H = -\sum_{k=1}^{7} P_i \log_2 P_i$$

$$= -(0.2 \log_2 0.2 + 0.19 \log_2 0.19 + 0.18 \log_2 0.18 + 0.17 \log_2 0.17$$

$$+ 0.15 \log_2 0.15 + 0.10 \log_2 0.10 + 0.01 \log_2 0.01)$$

$$= 2.61$$

根据式(3-7)求出平均码字长度为

$$L = \sum_{k=1}^{7} \beta_i P_i$$

$$= 0.2 \times 2 + 0.19 \times 2 + 0.18 \times 3 + 0.17 \times 3 + 0.15 \times 3 + 0.10 \times 4 + 0.01 \times 4$$

$$= 2.72$$

根据式(3-8)求出编码效率为

$$\eta = \frac{H}{L} = \frac{2.61}{2.72} = 95.9\%$$

可见哈夫曼编码效率很高。

3. 哈夫曼编码实例

使用哈夫曼编码算法对实际图像进行编码,使用的图像为 Couple 和 Lena,这两幅图像均为 256 级灰度图像,大小 256×256 像素。图像如图 3-6 所示。

(a)Couple　　　　　　　　　　　　　(b)Lena

图 3-6　图像 Couple 和 Lena

编码结果如表 3-4 所示,限于篇幅,给出了部分结果。

表 3-4　Couple 和 Lena 的哈夫曼编码结果(部分)

文　件	Couple. bmp		Lena. bmp	
灰度值	概率值	哈夫曼编码	概率值	哈夫曼编码
0	0.000015	00100101000000101	0.000000	
1	0.057877	0111	0.000000	
2	0.023636	11100	0.000000	
3	0.036606	01001	0.000015	0101100110001111
4	0.042953	00010	0.000061	01011001100010
5	0.020279	001011	0.000244	100010101000
6	0.016998	010101	0.000305	001011111010
7	0.012070	110101	0.000626	00001111001
8	0.011642	111100	0.000610	00101111100
9	0.011780	111010	0.000900	1000101011
10	0.009842	0011001	0.001526	110111001
11	0.009811	0011010	0.001663	110001010
12	0.011017	0000110	0.002289	001011110
…	…	…	…	…

　　从表 3-4 中可以看出,Couple 图像的色调比较暗,因此低灰度值像素较多,低灰度值像素点概率比 Lena 图像相同灰度值像素的大,因此,哈夫曼编码也相对短一些。而整个哈夫曼编码的长度严格地和概率成反比。

　　表 3-5 给出了对 Couple 和 Lena 两幅图像哈夫曼编码后的性能指标计算。

表 3-5　图像哈夫曼编码的性能指标

文　件	Couple. bmp	Lena. bmp
信息熵	6.22	7.55
原平均码字长度	8	8
压缩后平均码长	6.26	7.58
压缩比	1.28	1.06
原文件大小	65.0 KB	65.0 KB
压缩后文件大小	50.78 KB	61.32 KB
编码效率	99.41%	99.63%

从表 3-5 中可以看出,哈夫曼的编码效率还是很高的,但由于哈夫曼编码是无损的编码方法,所以压缩比不高。从表中还发现 Couple 图像的压缩比较大,但是编码效率却较小,这主要是由于该幅图像的信息熵较小,其冗余度较高造成的。

4. 哈夫曼编码的特点

(1)编码不唯一,但其编码效率是唯一的。

由于在编码过程中,分配码字时对 0、1 的分配的原则可不同,而且当出现相同概率时,排序不固定,因此哈夫曼编码不唯一。但对于同一信源而言,其平均码长不会因为上述原因改变,因此编码效率是唯一的。

(2)编码效率高,但是硬件实现复杂,抗误码力较差。

哈夫曼编码是一种变长码,因此硬件实现复杂,并且在存储、传输过程中,一旦出现误码,易引起误码的连续传播。

(3)编码效率与信源符号概率分布相关。

编码效率与信源符号概率分布相关,编码前必须有信源的先验知识,这往往限制了哈夫曼编码的应用。当信源各符号出现的概率相等时,此时信源具有最大熵 $H_{max} = \log_2 n$,编码为定长码,其编码效率最低。当信源各符号出现的概率为 2^{-n}(n 为正整数)时,哈夫曼编码效率最高,可达 100%。由此可知,只有当信源各符号出现的概率很不均匀时,哈夫曼编码的编码效果才显著。

(4)只能用近似的整数位来表示单个符号。

哈夫曼编码只能用近似的整数位来表示单个符号而不是理想的小数,因此无法达到最理想的压缩效果。

3.5.2　算术编码

算术编码出现于 20 世纪 80 年代,1987 年 Witten 等人开发出第一个成熟的图像算术编码方法,并应用于随后制定的 H.263 编码标准中。算术编码是一种能够逼近熵极限的最优编码算法,其思想是从整个信源序号序列出发,采用递推形式进行连续编码。整个信源符号序列使用 1 个算术码字表示,而码字本身只确定一个介于 0 和 1 之间的实数区间。随着信源符号序列中符号数目的增加,该区间长度不断减小。与哈夫曼编码不同,算术编码可以使用小数表示信源符号,所以在理论上能够达到熵的极限。特别是在信源概率分布比较均匀的情况下,哈夫曼编码的效率较低,而此时算术编码的编码效率要高于哈夫曼编码,同时又无须像变换编码那样,要求对数据进行分块,因此在 JPEG 扩展系统中以算术编码代替哈夫曼编码。

算术编码也是一种熵编码。当信源为二元平稳马尔可夫源时,可以将被编码的信息表示成实数轴 0~1 之间的一个间隔,这样,如果一个信息的符号越长,编码表示它的间隔就越小,同时表示这一间隔所需的二进制位数也就越多。下面对此做一具体分析。

1. 码区间的分割

设在传输任何信息之前信息的完整范围是[0,1],算术编码在初始化阶段预置一个大概率 p 和一个小概率 q。如果信源所发出的连续符号组成序列为 Sn,那么其中每个 Sn 对应一个信源状态,对于二进制数据序列 Sn,可以用 $C(S)$ 来表示其算术编码,可以认为它是一个二进制小数。随着符号串中"0"、"1"的出现,所对应的码区间也发生相应的变化。

如果信源发出的符号序列的概率模型为 m 阶马尔可夫链,那么表明某个符号的出现只与前 m 个符号有关,因此其所对应的区间为 $[C(S), C(S) + L(S))$,其中 $L(S)$ 代表子区间的宽度,$C(S)$ 是该半开子区间中的最小数,而算术编码的过程实际上就是根据符号出现的概率进行区间分割的过程,如图 3-7 所示。

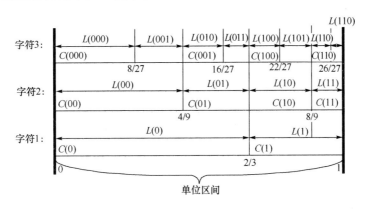

图 3-7 码区间的分割

假设"0"码出现的概率为 $\frac{2}{3}$,"1"码出现的概率为 $\frac{1}{3}$,因而 $L(0) = \frac{2}{3}$,$L(1) = \frac{1}{3}$。如果在"0"码后面出现的仍然是"0"码,这样,"00"出现的概率 $= \frac{2}{3} \times \frac{2}{3} = \frac{4}{9}$,即 $L(00) = \frac{4}{9}$,并位于图 3-7 中所示的区域。同理,如果第三位码仍然为"0"码,"000"出现的概率 $= \frac{2}{3} \times \frac{2}{3} \times \frac{2}{3} = \frac{8}{27}$,该区间的范围 $\left[0, \frac{8}{27}\right)$。

2. 算术编码规则

在进行编码过程中,随着信息的不断出现,子区间按下列规律减小:

- 新子区间的左端＝前子区间的左端＋当前子区间的左端×前子区间长度
- 新子区间长度＝前子区间长度×当前子区间长度

下面以一个具体的例子来说明算术编码的编码过程。

例 3-1 已知信源分布 $\begin{Bmatrix} 0 & 1 \\ \frac{1}{4} & \frac{3}{4} \end{Bmatrix}$,如果要传输的数据序列为 1011,写出算术编码过程。

解:(1)已知小概率事件 $q = \frac{1}{4}$,大概率事件 $p = 1 - q = \frac{3}{4}$。

(2)设 C 为子区间左端起点,L 为子区间的长度。

根据题意,符号"0"的子区间为 $\left[0, \frac{1}{4}\right)$,因此 $C = 0$,$L = \frac{1}{4}$;符号"1"的子区间为 $\left[\frac{1}{4}, 1\right)$,因此 $C = \frac{1}{4}$,$L = \frac{3}{4}$。

3. 编码计算过程

步骤	符号	C	L
①	1	$\dfrac{1}{4}$	$\dfrac{3}{4}$
②	0	$\dfrac{1}{4}+0\times\dfrac{3}{4}=\dfrac{1}{4}$	$\dfrac{3}{4}\times\dfrac{1}{4}=\dfrac{3}{16}$
③	1	$\dfrac{1}{4}+\dfrac{1}{4}\times\dfrac{3}{16}=\dfrac{19}{64}$	$\dfrac{3}{16}\times\dfrac{3}{4}=\dfrac{9}{64}$
④	1	$\dfrac{19}{64}+\dfrac{1}{4}\times\dfrac{9}{64}=\dfrac{85}{256}$	$\dfrac{9}{64}\times\dfrac{3}{4}=\dfrac{27}{256}$

子区间左端起点 $C=\left(\dfrac{85}{256}\right)_D=(0.01010101)_B$

子区间长度 $L=\left(\dfrac{27}{256}\right)_D=(0.00011011)_B$

子区间右端 $M=\left(\dfrac{85}{256}+\dfrac{27}{256}\right)_D=\left(\dfrac{7}{16}\right)_D=(0.0111)_B$

子区间:$[0.01010101,0.0111]$

编码的结果应位于区间的头尾之间的取值为 0.011。

算术编码　　　　011　　　　占三位

原码　　　　　　1011　　　　占四位

4. 算术编码效率

(1)算术编码的模式选择直接影响编码效率

算术编码的模式有固定模式和自适应模式两种。固定模式是基于概率分布模型的,而在自适应模式中,其各符号的初始概率都相同,但随着符号顺序的出现而改变,在无法进行信源概率模型统计的条件下,非常适于使用自适应模式的算术编码。

(2)在信道符号概率分布比较均匀情况下,算术编码的编码效率高于哈夫曼编码

从算术编码规则可以看出,随着信息码长度的增加,表示间隔越小,而且每个小区间的长度等于序列中各符号概率 $p(S)$,算术编码是用小区间内的任意点来代表这些序列,设取 L 位,则

$$L=\left[\log_2\frac{1}{p(S)}\right]$$

其中,$[X]$代表取小于或等于 X 的最大整数。例如,在例 3-1 中,$L=\left[\log_2\dfrac{1}{\left(\dfrac{3}{4}\right)^3\left(\dfrac{1}{4}\right)}\right]=$ $[3.25]=3$。

由上面的分析可见,对于长序列,$p(S)$必然很小,因此概率倒数的对数与 L 值几乎相等,即取整数后所造成的差别很小,平均码长接近序列的熵值,因此可以认为概率达到匹配,其编码效率很高。

(3)硬件实现时的复杂程度高

算术编码的实际编码过程也与上述计算过程有关,需设置两个存储器,起始时一个为"0",另一个为"1",分别代表空集和整个样本空间的积累概率。随后每输入一个信源符号,

更新一次,同时获得相应的码区间,按前述的方法求出最后的码区间,并在此码区间上选定 L 值,解码过程也是逐位进行的,可见计算过程要比哈夫曼编码的计算过程复杂,因而硬件实现电路也要复杂。

3.5.3　行程编码

现实中有许多这样的图像,在一幅图像中具有许多颜色相同的图块。在这些图块中,许多行上都具有相同的颜色,或者在一行上有许多连续的像素都具有相同的颜色值。在这种情况下就不需要存储每一个像素的颜色值,而仅仅存储一个像素的颜色值,以及具有相同颜色的像素数目就可以,或者存储一个像素的颜色值,以及具有相同颜色值的行数。这种压缩编码称为行程编码,常用(Run Length Encoding,RLE)表示,具有相同颜色并且是连续的像素数目称为行程长度。

下面以两值图像为例进行说明。两值图像是指图像中的像素值只有两种取值,即"0"和"1",因而在图像中这些符号会连续地出现,通常将连"0"这一段称为"0"行程,而连"1"的一段则称为"1"行程,它们的长度分别为 $L(0)$ 和 $L(1)$,往往"0"行程与"1"行程会交替出现,即第一行程为"0"行程,第二行程为"1"行程,第三行程又为"0"行程。

以一个具体的二值序列为例进行说明。已知一个二值序列 00101110001001…,根据行程编码规则,可知其行程序列为 21133121…,如果已知二值序列的起始比特为"0",而且占 2 个比特,则行程序列的首位为 2,又因为 2 个"0"行程之后必定为"1"行程,上述给出的二值序列只有一个 1,因此第二位为 1,后面紧跟的应该是"0"行程,0 的个数为一个,故第三位也为 1,接下去是"1"行程,1 的个数为 3,所以第四位为 3……依此下去,最终获得行程编码序列。

以上是一个二值序列的行程编码的例子。对于多元序列也同样存在行程编码,假定有一幅灰度图像,第 n 行的像素值如图 3-8 所示。

图 3-8　灰度图像第 n 行的像素值

用 RLE 编码方法得到的代码为:**8**0**3**1**50**8**4**1**8**0。代码中用黑体表示的数字是行程长度,黑体字后面的数字代表像素的颜色值。例如,黑体字 **50** 代表有连续 50 个像素具有相同的颜色值,它的颜色值是 8。

对比 RLE 编码前后的代码数可以发现,在编码前要用 73 个代码表示这一行的数据,而编码后只需要用 11 个代码表示原来的 73 个代码,压缩前后的数据量之比约为 7∶1。这说明 RLE 实现了压缩,而且这种编码技术相当直观,也非常经济。RLE 所能获得的压缩比大小主要是取决于数据本身的特点。即图像中具有相同灰度(或颜色)的图像块越大、越多时,压缩的效果就越好,反之当图像越复杂,即其中的颜色层次越多时,则其压缩效果越不好。

译码时按照与编码时采用的相同规则进行,还原后得到的数据与压缩前的数据完全相同。因此,RLE 是无损压缩技术。

RLE 编码尤其适用于计算机生成的图像,对减少图像文章的存储空间非常有效。然而,RLE 对颜色丰富的自然图像就显得力不从心,因为在同一行上具有相同颜色的连续像素往往较少,而连续几行都具有相同颜色值的连续函数就更少。如果仍然使用 RLE 编码方法,不仅不能压缩图像数据,反而可能使原来的图像数据变得更大。因此对于复杂的图像,通常采用行程编码与哈夫曼编码的混合编码方式,即首先进行二值序列的行程编码,然后根据"0"行程与"1"行程长度的分布概率,再进行哈夫曼编码。

3.6 预测编码

预测编码的基本思想是分析信号的相关性,利用已处理的信号预测待处理的信号,得到预测值;然后仅对真实值与预测值之间的差值信号进行编码处理和传输,达到压缩的目的,并能够正确恢复。如在视频编码中,预测编码可以去掉相邻像素之间的冗余度,只对不能预测的信息进行编码。相邻像素指在同一帧图像内上、下、左、右的像素之间的空间相邻关系,也可以指该像素与相邻的前帧、后帧图像中对应于同一位置上的像素之间时间上的相邻关系。预测编码的方法易于实现,编码效率高,应用广泛,可以达到大比例压缩数据的目的。预测编码又可细分为帧内预测和帧间预测。

3.6.1 帧内预测

帧内预测编码是针对一幅图像以减少其空间上的相关性来实现数据压缩的。通常采用线性预测法,也称为差分脉冲编码调制(Differential Pulse Code Modulation,DPCM)来实现,这种方法简单且易于硬件实现,得到广泛应用。差分脉冲编码调制的中心思想是对信号的差值而不是对信号本身进行编码。这个差值是指信号值与预测值的差值。DPCM 系统的原理如图 3-9 所示。

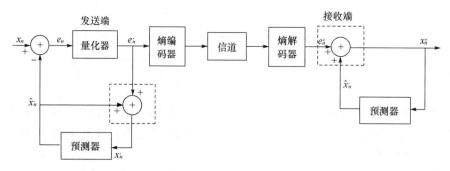

图 3-9 DPCM 系统原理

设输入信号 x_n 为 t_n 时刻的取样值。$\hat{x}_n$ 是根据 t_n 时刻以前已知的 m 个取样值对所做的预测值 $x_{n-m},\cdots,x_{n-1}$,即

$$\hat{x}_n = \sum_{i=1}^{m} a_i x_{n-i} = a_1 x_{n-1} + \cdots + a_n x_{n-m} \tag{3-10}$$

式中,$a_i(i=1,\cdots,m)$ 称为预测系数,m 为预测阶数。

e_n 为预测误差信号,显然

$$e_n = x_n - \hat{x}_n \tag{3-11}$$

设 q_n 为量化器的量化误差，e'_n 为量化器的输出信号，可见

$$q_n = e_n - e'_n$$

接收端解码输出为 x''_n，如果信号在传输中不产生误差，则有 $e'_n = e''_n, x'_n = x''_n, \hat{x}_n = \hat{x}'_n$。此时发送端的输入信号与接收端的输出信息 x''_n 之间的误差为

$$x_n - x''_n = x_n - x'_n = x_n - (e'_n + \hat{x}_n) = (x_n - \hat{x}_n) - e'_n = e_n - e'_n = q_n \tag{3-12}$$

可见，接收端和发送端的误差由发送端量化器产生，与接收端无关。

对于 DPCM 编码有如下结论。

（1）发送端必须使用本地编码器（图 3-9 发送端虚框中所示部分），以保证预测器对当前输入值的预测。

（2）接收端解码器（图 3-9 所示接收端虚框部分）必须与发送端的本地编码器完全一致，换句话说，就是要保持收发两端具有相同的预测条件。

（3）由式（3-10）可知，预测值是以 x_n 前面的 m 个样值（$x_{n-m}, \cdots, x_{n-1}$）为依据做出的，因此要求接收端的预测器也必须使用同样的 m 个样本，这样才能保证收、发之间的同步关系。

（4）如果式（3-10）中的各预测系数 a_i 是固定不变的，这种预测被称为线性预测，而根据均匀误差最小准则来获得的线性预测则被称为最佳线性预测，即确定 $a_i(i=1,\cdots,m)$，使 e_n 的方差 $\sigma^2_{e_n}$ 最小，此时相关性最大，所能达到的压缩比也最大。

（5）存在误码扩散现象。由于在预测编码中，接收端是以所接收的前 m 个样本为基准来预测当前样本，因而如果信号传输过程中一旦出现误码，就会影响后续像素的正确预测，从而出现误码扩散现象。可见采用预测编码可以提高编码效率，但它是以降低其系统性能为代价的。

下面介绍一种简单的图像有损预测编码方法：德尔塔调制。

其预测器为 $\hat{f}_n = a f_{n-1}$，即采用一阶预测。

对预测误差的量化器为 $e_n = \begin{cases} +\delta & \text{当 } e_n > 0 \\ -\delta & \text{其 他} \end{cases}$，图 3-10 给出了图像的原图，预测编码结果及解码结果。

(a)　　　　　　　　　(b)　　　　　　　　　(c)

图 3-10　德尔塔调制编解码示例

在图 3-10（b）所示的编码图中，误差大于 0 的用白色像素点表示，误差小于 0 的用黑色像素点表示，图 3-10（c）为解码结果，与 3-10（a）所示的原图相比，由于预测算法简单，整个图像目标边缘模糊和且产生纹状表面，有一定的失真。

3.6.2 帧间预测

对于视频图像,当图像内容变化或摄像机运动不剧烈时,前后帧图像基本保持不变,相邻帧图像具有很强的时间相关性。如果能够充分利用相邻帧图像像素进行预测,将会得到比帧内像素预测更高的预测精度,预测误差也更小,可以进一步提高编码效率。这种基于时间相关性的相邻帧预测方法就是帧间预测编码。在采用运动补偿技术后,帧间预测的准确度相当高。

1. 运动估计与补偿

在帧间预测编码中,为了达到较高的压缩比,最关键的就是要得到尽可能小的帧间误差。在普通的帧间预测中,实际上仅在背景区进行预测时可以获得较小的帧间差。如果要对运动区域进行预测,首先要估计出运动物体的运动矢量 V,然后再根据运动矢量进行补偿,即找出物体在前一帧的区域位置,这样求出的预测误差才比较小。

这就是运动补偿帧间预测编码的基本机理。简而言之,通过运动补偿,减少帧间误差,提高压缩效率。理想的运动补偿预测编码应由以下 4 个步骤组成。

(1)图像划分:将图像划分为静止部分和运动部分。

(2)运动检测与估值:即检测运动的类型(平移、旋转或缩放等),并对每一个运动物体进行运动估计,找出运动矢量。

(3)运动补偿:利用运动矢量建立处于前后帧的同一物体的空间位置对应关系,即用运动矢量进行运动补偿预测。

(4)预测编码:对运动补偿后的预测误差、运动矢量等信息进行编码,作为传送给接收端的信息。

由于实际的序列图像内容千差万别,把运动物体以整体形式划分出来是极其困难的,因此有必要采用一些简化模型。例如把图像划分为很多适当大小的小块,再设法区分是运动的小块还是静止的小块,并估计出小块的运动矢量,这种方法称为块匹配法。目前块匹配算法已经得到广泛应用,在 H.261、H.263、MPEG-1 以及 MPEG-4 等国际标准中都被采用,下面详细介绍。

2. 块匹配运动估计

运动估计从实现技术上可以将分为像素递归法(Pixel Recursive Algorithm,PRA)和块匹配法(Block Matching Motion Estimation,BMME)。像素递归法的基本思想是对当前帧的某一像素在前一帧中找到灰度值相同的像素,然后通过该像素在两帧中的位置差求解出运动位移。块匹配的思想是将图像划分为许多互不重叠的子图像块,并且认为子块内所有像素的位移幅度都相同,这意味着每个子块都被视为运动对象。对于 k 帧图像中的子块,在 $k-1$ 帧图像中寻找与其最相似的子块,这个过程称为寻找匹配块,并认为该匹配块在第 $k-1$ 帧中所处的位置就是 k 帧子块位移前的位置,这种位置的变化就可以用运动矢量来表示。

在一个典型的块匹配算法中,一帧图像被分割为 $M \times N$ 或者是更为常用的 $N \times N$ 像素大小的块。在 $(N+2W) \times (N+2W)$ 大小的匹配窗中,当前块与前一帧中对应的块相比较。基于匹配标准,找出最佳匹配,得到当前块的替代位置。常用的匹配标准有平均平方误差(Mean Square Error,MSE)和平均绝对误差(Mean Absolute Error,MAE),定义如下:

$$\text{MSE}(i,j) = \frac{1}{N^2} \sum_{m=1}^{N} \sum_{n=1}^{N} \left[f(m,n) - f(m+i,n+j) \right]^2 \quad -W \leqslant i,j \leqslant W \quad (3\text{-}13)$$

$$\text{MAE}(i,j) = \frac{1}{N^2} \sum_{m=1}^{N} \sum_{n=1}^{N} \left| f(m,n) - f(m+i,n+j) \right| \quad -W \leqslant i,j \leqslant W \quad (3\text{-}14)$$

其中 $f(m,n)$ 表示当前块在位置 (m,n)，$f(m+i,n+j)$ 表示相应的块在前一帧中位置为 $(m+i,n+j)$。

全搜索算法(Full Search Algorithm,FSA)在搜索窗 $(N+2W) \times (N+2W)$ 内计算所有的像素来寻找具有最小误差的最佳匹配块。对于当前帧一个待匹配块的运动向量的搜索要计算 $(2W+1) \times (2W+1)$ 次误差值,如图 3-11 所示。由于全搜索算法的计算复杂度过大,近年来,快速算法的研究得到了广泛的关注,研究人员提出了很多快速算法。

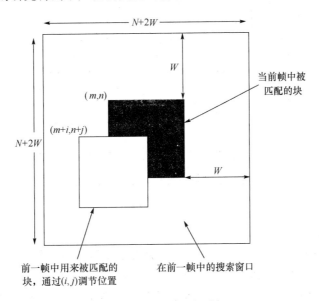

图 3-11　块匹配原理图

很多运动估计的快速算法从降低匹配函数复杂度和降低搜索点数等方面进行了改进,早期的运动估计改进算法主要有三步搜索法(Three-Step Search,TSS)、二维对数搜索法(Two-Dimensional Logarithm Search,TDLS)和变方向搜索法(Conjugate Direction Search,CDS),这些快速算法主要建立在误差曲面呈单峰分布,存在唯一的全局最小点假设上;后来为了进一步提高计算速度和预测矢量精度,利用运动矢量的中心偏移分布特性来设计搜索样式,相继又提出了新三步法(New Three-Step Search,NTSS)、四步法(Four-Step Search,FSS)、梯度下降搜索法(Block-Based Gradient Descent Search,BBGDS)、菱形搜索法(Diamond Search,DS)和六边形搜索法(Hexagon-Based Search,HEXBS)等算法,而运动矢量场自适应搜索技术(Motion Vector Field Adaptive Search Technique,MVFAST)、预测运动矢量场自适应搜索技术(Predictive Motion Vector Field Adaptive Search Technique,PMVFAST)等算法是目前较为成功的运动估计算法。MPEG 组织推荐 MVFAST 和 PM-VFAST 算法作为 MPEG-4 视频编码标准中主要使用的运动估计算法。

实际上,快速运动估计算法就是在运动矢量的精确度和搜索过程中的计算复杂度之间进行折中,寻找最优平衡点。下面介绍简单、常用的典型搜索算法。

3. 运动估计中的搜索算法

(1)三步搜索算法

三步搜索(Three-Step Search,TSS)算法:第一步以 $W/2$ 为步长,测试以原点为中心的8点;第二步,以最小匹配误差点为中心,步长折半,测试新的8点;第三步,重复第二步得到最后的运动向量。TSS 算法对于每一块的测试点为固定的 $(9+8+8)=25$ 个。当位移大小 $W=7$ 时,TSS 相对于全搜索算法的加速因子为9。算法示意图如图 3-12 所示,其中数字表示搜索顺序。

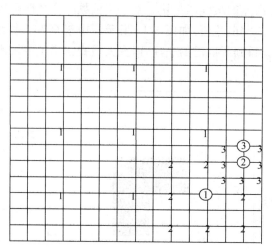

图 3-12　TSS 算法示意图

(2)交叉搜索算法

二维对数搜索(2D logarithmic search),以跟踪最小均方差所在的方向为主要思想。初始化计算 5 点,一点为原点,其他 4 点为 $(\pm W/2, \pm W/2)$。再以相同的步长,以上一步搜索到的最小点为中心测试 3 点,然后,步长折半重复以上步骤,直到步长大小变为 1 停止。基于对数步长搜索策略,交叉搜索算法进一步减少了测试点的个数,降低了计算的复杂度。该算法不同于其他的对数搜索方法的地方是,在每一个循环中 4 个新增候选测试点的位置成"X"交叉,而不是"十"交叉。设当前搜索块的左上角的坐标为 (i,j),前一帧相应的参考块的坐标为 $(0,0)$,具体算法如下:

①与坐标为 $(0,0)$ 的参考块计算块误差(Block Distortion Measure,BDM),如果 BDM 小于预先设定的阈值,则认为该块为静止的,否则,转入②;

②初始化最小 BDM 的位置点 $(m,n)=(0,0)$,令搜索步长 p 为最大运动范围 W 的一半;

③移动坐标 (i,j) 到最小 BDM 的位置,即 $(i,j)=(m,n)$;

④在 (i,j),$(i-p,j-p)$,$(i-p,j+p)$,$(i+p,j-p)$ 4 点当中的最小值作为 (m,n);

⑤如果 $p=1$,转(6),否则,$p=p/2$,转③;

⑥如果最后的最小值坐标 (m,n) 为 (i,j),$(i-1,j-1)$,$(i+1,j+1)$ 之一,转⑦,否则,转⑧;

⑦在 (m,n),$(m-1,n)$,$(m,n-1)$,$(m+1,n)$,$(m,n+1)$ 5 点中寻找最小值("十"交叉搜索);

⑧在(m,n),$(m-1,n-1)$,$(m-1,n+1)$,$(m-1,n+1)$,$(m+1,n-1)$5 点中寻找最小值("X"交叉搜索)。

图 3-13 给出了一个利用交叉搜索算法在 $W=8$ 的窗内进行搜索的例子。

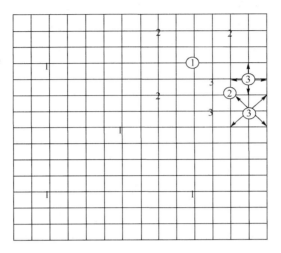

图 3-13　交叉搜索算法示意图

我们可以看到在每一步只测试 4 个新点,最后一步在多增加 4 个测试点,加上最初增加的测试点原点,总共测试了 $5+4\log_2W$ 个点。

（3）NTSS 搜索算法

图 3-14 是 NTSS 算法的原理图,图中数字表示搜索顺序,用黑圈圈出的数字表示搜索到的最小 BDM 点。

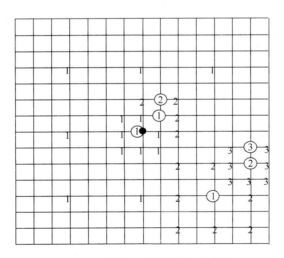

图 3-14　新的三步搜索算法示意图

NTSS 对于三步搜索算法（Three Step Search，TSS）的改进之处在于对外围大模板进行搜索时,同时对内侧的小模板进行搜索。外围大模板由原点周围步长为 4 的 8 个点组成,内侧小模板由原点以及原点周围步长为 1 的 9 个点组成。NTSS 在第 1 步就同时搜索大小模板,进行块匹配计算并比较,找到最小 BDM 点。如果最小 BDM 点是原点,则停止搜索。如果最小 BDM 点是原点外的小模板上的点,则以最小 BDM 为中心计算其 8 邻域点,找出最小 BDM 后停止搜索。如果最小 BDM 点为大模板中的点,则后面的步骤同 TSS 一样,即步长减半搜索其 8 邻域点,直到步长为 1 时,找到最小 BDM 点。

NTSS 算法最多要测试 33 个点。但是由于它采用了半途终止的策略,因此常常在第一步或是第二步就终止,即对于静止的块只要测试 17 个点,对于亚静止的块(运动范围在±2 个像素内)只要测试 20 个或 22 个点。所以说 NTSS 对于估计静止及亚静止的块的运动向量是非常有效的。NTSS 相对于 TSS 的加速因子为 18%。

运动估计是为运动补偿做准备的,运动估计精度越高,预测误差信号差值越小,帧间预测编码效率越高,所以运动估计精度是评价运动估计性能的一个重要指标。运动估计是搜索最匹配的图像块,而搜索速度决定了编码能否具有实时性,因此搜索速度也是其另一个重要指标。

以上介绍的快速搜索算法,都基于这样的一个假设:当匹配点偏离最佳匹配点时,估计误差值将呈单调上升的趋势。因此,在搜索时,总是沿着估计误差下降的方向搜索,然而,在搜索区内的误差值并不是简单的单调,它可能有多个极值点存在,这种情况更为普遍,由此可见,快速算法在减少复杂度的同时,往往容易陷入局部最小点,这就导致匹配精度的下降。

4. 帧间预测实例

图 3-14 给出了一个常用测试序列帧间预测的结果。图 3-15(a)、图 3-15(b)是第 1 帧和第 2 帧原图,图 3-15(c)、图 3-15(d)分别是未进行运动补偿和运动补偿后的帧间差分。

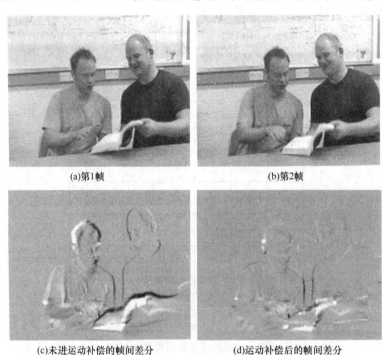

(a)第1帧　　　　　　　　　　　(b)第2帧

(c)未进运动补偿的帧间差分　　　　　(d)运动补偿后的帧间差分

图 3-15　常用测试序列的帧间差分结果

从图 3-15 中可以看出,对视频序列运动补偿后进行差分运算,能够得到较小的帧间差分值,有助于提高压缩效率。

3.7　变换编码

如果对图像数据进行某种形式的正交变换,并对变换后的数据进行编码,从而达到数据压缩的目的,这就是变换编码。无论是单色图像还是彩色图像,静止图像还是运动图像都可以用变换编码进行处理。变换编码是一种被实践证明的有效的图像压缩方法,它是所有有损压缩国际标准的基础。

变换编码不直接对原图像信号压缩编码,而首先将图像信号映射到另一个域中,产生一组变换系数,然后对这些系数进行量化、编码、传输。在空间上具有强相关性的信号,反映在频域上是能量常常被集中在某些特定的区域内,或是变换系数的分布具有规律性。利用这些规律,在不同的频率区域上分配不同的量化比特数,可以达到压缩数据的目的。变换编码的基本模型如图 3-16 所示。

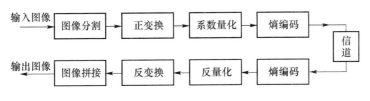

图 3-16　变换编码的基本模型

为了保证平稳性和相关性,同时也为了减少运算量,在变换编码中,一般在发送端先将原始图像分成若干个子像块,然后对每个子像块进行正交变换。后者即对每一个变换系数或主要的变换系数进行量化和编码。量化特性和变换比特数由人的视觉特性确定。前后两种处理相结合,可以获得较高的压缩率。在接收端经解码、反量化后得到带有一定量化失真的变换系数,再经反变换就可恢复图像信号。显然,恢复图像具有一定的失真,但只要系数选择器和量化编码器设计得好,这种失真可限制在允许的范围内。因此,变换编码是一种限失真编码。

经过变换编码而产生的恢复图像的误差与所选用的正交变换的类型、图像类型和变换块的尺寸、压缩方式和压缩程度等因素有关。在变换方式确定以后,还应选择变换块的大小。因为只能用小块内的相关性来进行压缩,所以变换块的尺寸选得太小,不利于提高压缩比,当 N 小到一定程度时,可能在块与块之间边界上会存在被称为"边界效应"的不连续点,对于 DCT,当 $N<8$ 时,边界效应比较明显,所以应选 $N\geq8$;变换块选得大,计入的相关像素也多,压缩比就会提高,但计算也变得更复杂,而且,距离较远的像素间的相关性减少,压缩比就提高不大。所以,一般选择变换块的大小为 8×8 或 16×16。

由于图像内容的千变万化,即图像结构的各不相同,因而变换类型和图像结构的匹配程度决定了编码的效率。非自适应变换编码与图像数据的统计平均结构特性匹配,而自适应的变换编码则与图像的局部结构特性匹配。

因为正交变换的变换核(变换矩阵)是可逆的,且逆矩阵与转置矩阵相等,能够保证解码运算有解且运算方便,所以变换编码总是选用正交变换来做。正交变换的种类有多种,例如傅氏变换、沃尔什-哈达玛变换、哈尔变换、余弦变换、正弦变换、Karhunen-Loeve 变换(简称

K-L 变换)和小波变换等。其中 K-L 变换后的各系数相关性小,能量集中,舍弃低值系数所造成的误差最小,但它存在着计算复杂、速度慢等缺点,因此一般只将它作为理论上的比较标准,即作为一种参照物,用来对一些新方法、新结果进行分析和比较,可见 K-L 变换的理论价值高于实际价值。由于离散余弦变换与 K-L 变换性质最为接近,且计算复杂度适中,具有快速算法等特点,因此在图像数据压缩编码中广为采用。下面对离散余弦变换(DCT)作简要介绍。

设 $f(x,y)$ 是 $M\times N$ 子图像的空域表示,则二维离散余弦变换定义为

$$F(u,v) = \frac{2}{\sqrt{MN}} c(u)c(v) \sum_{x=0}^{M-1} \sum_{y=0}^{N-1} f(x,y)\cos\frac{(2x+1)u\pi}{2M}\cos\frac{(2y+1)v\pi}{2N} \quad (3\text{-}15)$$

$$u=0,1,\cdots,M-1; \; v=0,1,\cdots,N-1$$

逆向余弦变换(IDCT)的公式为

$$f(x,y) = \frac{2}{\sqrt{MN}} \sum_{u=0}^{M-1} \sum_{v=0}^{N-1} c(u)c(v)F(u,v)\cos\frac{(2x+1)u\pi}{2M}\cos\frac{(2y+1)v\pi}{2N} \quad (3\text{-}16)$$

$$x=0,1,\cdots,M-1; \; y=0,1,\cdots,N-1$$

式(3-15)和式(3-16)中,$c(u)$ 和 $c(v)$ 的定义为

$$c(u) = \begin{cases} 1/\sqrt{2} & u=0 \\ 1 & u=1,2,\cdots,M-1 \end{cases}$$

$$c(v) = \begin{cases} 1/\sqrt{2} & v=0 \\ 1 & v=1,2,\cdots M-1 \end{cases}$$

维 DCT 和 IDCT 的变换核是可分离的,即可将二维计算分解成一维计算,从而解决了二维 DCT 和 IDCT 的计算问题。空域图像 $f(x,y)$ 经过式(3-15)正向离散余弦变换后得到的是一幅频域图像。当 $f(x,y)$ 是一幅 $M=N=8$ 的子图像时,其 $\boldsymbol{F}(u,v)$ 可表示为

$$\boldsymbol{F}(u,v) = \begin{bmatrix} F_{00} & F_{01} & \cdots & F_{07} \\ F_{10} & F_{11} & \cdots & F_{17} \\ \vdots & \vdots & \ddots & \vdots \\ F_{70} & F_{71} & \cdots & F_{77} \end{bmatrix} \quad (3\text{-}17)$$

其中 64 个矩阵元素称为 $f(x,y)$ 的 64 个 DCT 系数。正向 DCT 变换可以看成是一个谐波分析器,它把 $f(x,y)$ 分解成为 64 个正交的基信号,分别代表着 64 种不同频率成分。第一个元素 F_{00} 是直流系数(DC),其他 63 个都是交流系数(AC)。矩阵元素的两个下标之和小者(即矩阵左上角部分)代表低频成分,大者(即矩阵右下角部分)代表高频成分。由于大部分图像区域中相邻像素的变化很小,所以大部分图像信号的能量都集中在低频成分,高频成分中可能有不少数值为 0 或接近 0 值。图 3-17 给出了 DCT 变换示例图。

图 3-17 (a)为原图,将原图分为 8×8 的块进行 DCT 变换。图 3-17 (b)为对变换后的每个块的 64 个系数只保留 10 个低频系数,其余的设为 0,对每个块进行反变换后重建的图像。图 3-17 (c)为对变换后的每个块的 64 个系数只保留 3 个低频系数,其余的设为 0,对每个块进行反变换后重建的图像。从图像中可以看出,虽然大量的 DCT 系数被舍弃了,但是重建的图像质量只是略有下降。

(a)原图　　　　　　　　　(b)反变换图像1　　　　　　　(c)反变换图像2

图 3-17　图像 DCT 变换示例

3.8　压缩编码新技术

3.8.1　小波变换编码

1. 小波变换

近年来,小波变换作为一种数学工具广泛应用于图像纹理分析、图像编码、计算机视觉、模式识别、语音处理、地震信号处理、量子物理以及众多非线性科学领域,被认为是近年来分析工具及方法上的重大突破。原则上讲,凡是使用傅里叶分析的地方,都可以用小波分析取代。小波分析优于傅里叶分析的地方是它在时域和频域同时具有良好的局部化性质,而且由于对高频成分采用逐渐精细的时域或空域(对图像信号处理)取样步长,从而可以聚焦到分析对象的任意细节,小波分析的这一特性被誉为“数学显微镜”。不仅如此,小波变换还有许多优异的性能,总结如下。

- 小波变换是一个满足能量守恒方程的线性变换,能够将一个信号分解成其对空间和时间的独立贡献,同时又不丢失原始信号所包含的信息。
- 小波变换相当于一个具有放大、缩小和平移等功能的数学显微镜,通过检查不同放大倍数下信号的变化来研究其动态特性。
- 小波函数簇(即通过一基本小波函数在不同尺度下的平移和伸缩而构成的一簇函数,用以表示或逼近一个信号或一个函数)的时间和频率窗的面积较小,且在时间轴和频率轴上都很集中,即小波变换后系数的能量较为集中。
- 小波变换的时间、频率分辨率的分布非均匀性较好地解决了时间和频率分辨率的矛盾,即在低频段用高的频率分辨率和低的时间分辨率(宽的分析窗口),而在高频段则用低的频率分辨率和高的时间分辨率(窄的分析窗口),这种变焦特性与时变信号的特性一致。
- 小波变换可以找到正交基,从而可方便地实现无冗余的信号分解。
- 小波变换具有基于卷积和正交镜像滤波器组(QWF)的塔形快速算法,易于实现。该算法在小波变换中的地位相当于 FFT 在傅里叶变换中的地位。

小波变换也可以分为连续小波变换(有的文献中也称为积分小波变换)和离散小波变换两类。

假设一个函数 $\Psi(x)$ 为基本小波或母小波，$\hat{\Psi}(\omega)$ 为 $\Psi(x)$ 的傅里叶变换，如果满足条件 $C_\Psi = \int_{-\infty}^{\infty} \dfrac{\mid \hat{\Psi}(\omega) \mid^2}{\mid \omega \mid} \mathrm{d}\omega < \infty$，则对函数 $f(x) \in L^2(R)$ 的连续小波变换的定义为

$$(W_\Psi f)(b,a) = \int_R f(x)\overline{\Psi}_{b,a}\mathrm{d}x = \mid a \mid^{-\frac{1}{2}} \int_R f(x)\,\overline{\Psi(\dfrac{x-b}{a})}\mathrm{d}x \tag{3-18}$$

小波逆变换为

$$f(x) = \dfrac{1}{C_\Psi}\int_{-\infty}^{\infty}\int_{-\infty}^{\infty}(W_\Psi f)(b,a)\Psi_{b,a}(x)\,\dfrac{\mathrm{d}a}{a^2}\mathrm{d}b \tag{3-19}$$

式(3-18)和式(3-19)中，$a,b \in R$，$a \neq 0$，$\Psi_{b,a}(x)$ 是由基本小波通过伸缩和平移而形成的函数簇 $\Psi_{b,a} = \mid a \mid^{-\frac{1}{2}}\overline{\Psi(\dfrac{x-b}{a})}$，$\overline{\Psi}_{b,a}$ 为 $\Psi_{b,a}$ 的共轭复数。

常见的基本小波有：

①高斯小波：$\Psi(x) = \mathrm{e}^{j\omega x}\,\mathrm{e}^{-\frac{x^2}{2}}$

②Harr 小波：$\Psi(x) = \begin{cases} 1 & 0 \leqslant x < \dfrac{1}{2} \\ -1 & \dfrac{1}{2} < x \leqslant 1 \\ 0 & x \notin \left[0, \dfrac{1}{2}\right) \cup \left(\dfrac{1}{2}, 1\right) \end{cases}$

③墨西哥帽状小波：$\Psi(x) = \dfrac{1}{\sqrt{2\pi}}\mathrm{e}^{-\frac{x^2}{2}}$

如果 $f(x)$ 是离散的，记为 $f(k)$，则离散小波变换为

$$DW_{m,n} = \sum_k f(k)\overline{\Psi}_{m,n}(k) \tag{3-20}$$

相应地，小波逆变换的离散形式为

$$f(k) = \sum_{m,n} DW_{m,n}\Psi_{m,n} \tag{3-21}$$

式(3-20)和式(3-21)中 $\Psi_{m,n}(k)$ 是 $\Psi_{a,b}(x)$ 对 a 和 b 按 $a = a_0^m$，$b = nb_0 a_0^m$ 取样而得 $\Psi_{m,n}(x) = a_0^{-\frac{m}{2}}\Psi(a_0^{-m}x - nb_0)$，其中 $a_0 > 1$；$b_0 \in R$；$m,n \in Z$。

2. 小波变换图像编码

小波变换图像编码的主要工作是选取一个固定的小波基，对图像作小波分解，在小波域内研究合理的量化方案、扫描方式和熵编码方式。关键的问题是怎样结合小波变换域的特性，提出有效的处理方案。一般而言，小波变换的编/解码具有如图 3-18 所示的统一框架结构。

图 3-18　小波编/解码框图

熵编码主要有游程编码、哈夫曼编码和算术编码。而量化是小波编码的核心,其目的是为了更好地进行小波图像系数的组织。

小波变换采用二维小波变换快速算法,就是以原始图像为初始值,不断将上一级图像分解为 4 个子带的过程。每次分解得到的 4 个子带图像,分别代表频率平面上不同的区域,它们分别含有上一级图像中的低频信息和垂直、水平及对角线方向的边缘信息。从多分辨率分析出发,一般每次只对上一级的低频子图像进行再分解。图 3-19 中给出了对实际图像进行小波分解的实例。

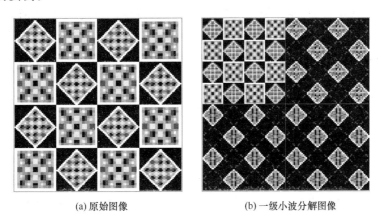

(a) 原始图像　　　　　　　　(b) 一级小波分解图像

图 3-19　实际图像进行小波分解的实例

采用可分离滤波器的形式很容易将一维小波推广到二维,以用于图像的分解和重建。二维小波变换用于图像编码,实质上相当于分别对图像数据的行和列进行一维小波变换。图 3-20 给出了四级小波分解示意图。图中 HH_j 相当于图像分解后的 $D_{2^{-j}}^3 f$ 分量,LH_j 相当于 $D_{2^{-j}}^2 f$,HL_j 相当于 $D_{2^{-j}}^1 f$。这里 H 表示高通滤波器,L 表示低通滤波器。

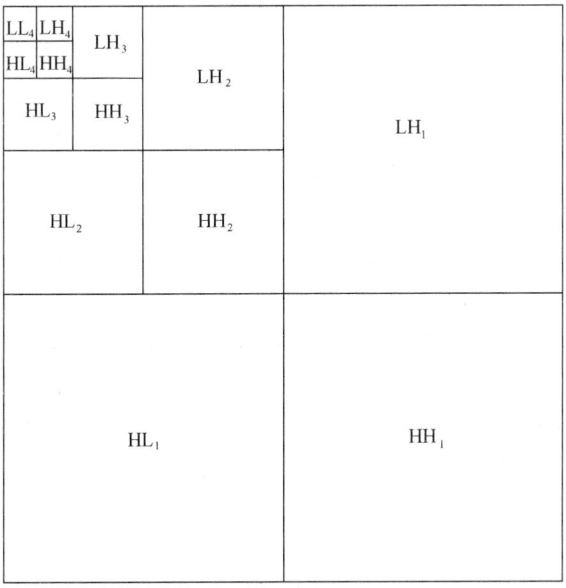

图 3-20　四级小波分解示意图

以四级小波分解为例,小波变换将图像信号分割成 3 个高频带系列 HH_j、LH_j、HL_j 和一个低频带 LL_4。图像的每一级小波分解总是将上级低频数据划分为更精细的频带。其中 HL_j 是通过先将上级低频图像数据在水平方向(行方向)低通滤波后,再经垂直方向(列方向)高通滤波而得到的,因此,HL_j 频带中包括了更多垂直方向的高频信息。相应地,在 LH_j 频带中则主要是原图像水平方向的高频成分,而 HH_j 频带是图像中对角方向高频信息的体现,尤其以 45°或 135°的高频信息为主。对一幅图像来说,其高频信息主要集中在边缘、轮廓和某些纹理的法线方向上代表了图像的细节变化。在这种意义上,可以认为小波图像的各个高频带是图像中边缘、轮廓和纹理等细节信息的体现,并且各个频带所表示的边缘、轮廓等信息的方向是不同的,其中 HL_j 表示了垂直方向的边缘、轮廓和纹理,LH_j 表示的是水平方向的边缘、轮廓和纹理,而对角方向的边缘、轮廓等信息则集中体现在 HH_j 频带中。小波变换应用于图像的这一特点表明小波变换具有良好的空间方向选择性,与 HVS(人眼的视觉特性)十分吻合,我们可以根据不同方向的信息对人眼作用的不同来分别设计量化器,从而得到很好的效果,小波变换的这种方向选择性是 DCT 变换所没有的。

经小波变换后的图像的各个频带分别对应了原图像在不同尺度、最小分辨率下的细节以及一个由小波变换分解级数决定的最小尺度和最小分辨率下对原始图像的最佳逼近。以四级分解为例,最终的低频带 LL_4 是图像在尺度为 1/16、分辨率为 1/16 时的一个逼近,图像的主要内容都体现在这个频带的数据中;HH_j、LH_j、HL_j 则分别是图像在尺度为 $1/2^j$、分辨率为 $1/2^j$($j=1$, 2, 3, 4)下的细节信息,而且分辨率越低,其中有用信息的比例也越高。从多分辨率分析的角度考虑小波图像的各个频带时,这些频带之间并不是纯粹无关的。特别是对于各个高频带,由于它们是图像同一个边缘、轮廓和纹理信息在不同方向、不同尺度和不同分辨率下由细到粗的描述,因此它们之间必然存在着一定的关系,其中很显然的是这些频带中对应边缘、轮廓的相对位置都应是相同的。此外,低频小波子带的边缘与同尺度下高频子带中所包含的边缘之间也有对应关系。小波变换应用于图像的这种对边缘、轮廓信息的多分辨率描述给我们较好的编码这类信息提供了基础。由于图像的边缘、轮廓类信息对人眼观测图像时的主观质量影响很大,因此这种机制无疑会使编码图像在主观质量上得到改善。

从以上分析可以看出,小波变换的本质是采用多分辨率或多尺度的方式分析信号,非常适合视觉系统对频率感知的对数特性。因此,从本质上说小波变换非常适合于图像信号的处理。利用小波变换对图像进行压缩的原理与子带编码方法是十分相似的,是将原图像信号分解成不同的频率区域(在对原图像进行多次分解时,总的数据量与原数据量一样,不增不减),然后根据 HVS(人眼的视觉特性)及原图像的统计特性,对不同的频率区域采取不同的压缩编码手段,从而使图像数据量减少,在保证一定的图像质量的前提下,提高压缩比。由于小波变换是一种全局变换,因此可免除 DCT 之类正交变换中产生的"方块效应",其主观质量较好。鉴于此,小彼图像编码在较高压缩比的图像编码领域很受重视,MPEG-4 和 JPEG2000 等国际图像编码标准均采用了小波编码方法。

3.8.2　分形编码

经典的几何学一般适用于处理比较规则和简单的形状。但是自然界的实际景象绝大部分却是由非常不规则的形状组成的曲线,很难用一个数学的表达式来表示。在这样的一种情况下，提出了分形几何学。

分形几何学是由数学家 Mandelbort 于 1973 年提出的。分形的含义是某种形状、结构的一个局部或片断。它可以有多种大小、尺寸的相似形。例如树，树干分为枝，枝又分枝，直至最细小的枝杈。这些分枝的方式、样子都类似，只有大小、规模不同。再如绵延无边的海岸线，无论在什么高度，何种分辨率条件下去观看它的外貌，其形状都是相似的。当在更高的分辨率条件下去观看它的外貌时，虽会发现一些前面不曾见过的新的细节，然而这些新出现的细节和整体上海岸线的外貌总是相似的。也就是说，海岸线形状的局部和其总体具有相似性。对于这类图形，自相似性是其最重要的性质。

分形就是指那些没有特征长度的图形的总称。分形还没有明确的定义，但是分形集合一般具有下述特征：

- 该集合具有精细结构，在任意小的尺度内包含整体；
- 分形集很不规则，其局部或整体均无法用传统的几何方法进行描述、逼近或度量；
- 通常分形集都有某种自相似性，表现在局部严格近似或统计意义下与整体相似；
- 分形集的分形维数一般大于其拓扑维数；
- 在很多情况下，分形可以用简单的规则逐次迭代生成。

只要符合上述特征，即可认为是一个分形图形或集合。因此从分形的角度，许多视觉上感觉非常复杂的图像其信息量并不大，可以用算法和程序集来表示，再借助计算机可以显示其结合状态，这就是可以用分形的方法进行图像压缩的原因。

分形最显著的特点是自相似性，即无论几何尺度怎样变化，景物的任何一小部分的形状都与较大部分的形状极其相似。这种尺度不变性在自然界中广泛存在。图 3-21 是用计算机生成的分形图。可以说分形图之美就在于它的自相似性，而从图像压缩的角度，正是要恰当、最大限度地利用这种自相似性。

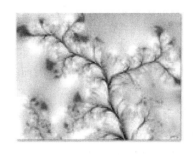

图 3-21　计算机生成的分形图

1. 分形编码的基本原理

对于一幅数字图像，通过一些图像处理技术，如颜色分割、边缘检测、频谱分析、纹理变化分析等将原始图像分成一些子图像，然后在分形集中查找这样的子图像。分形集实际上并不是存储所有可能的子图像，而是存储许多迭代函数，通过迭代函数的反复迭代可以恢复出原来的子图像。也就是说，子图像所对应的只是迭代函数，而表示这样的迭代函数一般只需要几个参数即可确定，从而达到了很高的压缩比。

2. 分形编码的压缩步骤

对于任意图形来说,如何建立图像的分形模型,寻找恰当的仿射(affine)变换来进行图像编码仍是一个复杂的过程。Bransley 观察到的所有实际图形都有丰富的仿射冗余度。也就是说,采用适当的仿射变换,可用较少的比特表现同一图像,利用分形定理,Bransley 提出了一种压缩图像信息的分形变换步骤。

①把图像划分为互不重叠、任意大小形状的 D 分区,所有 D 分区拼起来应为原图。

②划定一些可以相互重叠的 R 分区,每个 R 分区必须大于相应的 D 分区,所有 R 分区之"并"无须覆盖全图。为每个 D 分区划定的 R 分区必须在经由适当的三维仿射变换后尽可能与该 D 分区中的图像相近。每个三维仿射变换由其系数来描述和定义,从而形成一个分形图像格式文件 FIF(Fractal Image Format)。文件的开头规定 D 分区如何划分。

③为每个 D 分区选定仿射变换系数表。这种文件与原图像的分辨率毫无关系。例如为复制一条直线,如果知道了方程 $y=ax+b$ 中 a 和 b 的值就能以任意高的分辨率画出一个直线图形。类似地,有了 FIF 中给出的仿射变换系数,解压缩时就能以任意高的分辨率构造出一个与原图很像的图。

D 分区的大小需作一些权衡。划得越大,分区的总数以及所需作的变换总数就越少,FIF 文件就越小。但如果把 R 分区进行仿射变换所构造出的图像与它的 D 分区不够相像,则解压缩后的图像质量就会下降。压缩程序应考虑各种 D 分区划分方案,并寻找最合适的 R 分区以及在给定的文件大小之下,用数学方法评估出 D 分区的最佳划分方案。为使压缩时间不至太长,还必须限制为每个 D 分区寻找最合适的 R 分区的时间。

从以上阐述中可以看出,分形的方法应用于图像编码的关键在于:一是如何更好地进行图像的分割。如果子图像的内容具有明显的分形特点,如一幢房子、一棵树等,这就很容易在迭代函数系统(Iterated Function System,IFS)中寻找与这些子图像相应的迭代函数,同时通过迭代函数的反复迭代能够更好地逼近原来的子图像。但如果子图像的内容不具有明显的分形特点,如何进行图像的分割就是一个问题。二是如何更好地构造迭代函数系统。由于每幅子图像都要在迭代函数系统中寻求最合适的迭代函数,使得通过该函数的反复迭代,尽可能精确地恢复原来的子图像,因而迭代函数系统的构造显得尤为重要。

由于存在以上两方面问题,在分形编码的最初研究中,要借助于人工的参与进行图像分割等工作,这就影响了分形编码方法的应用。但现在已有了各种更加实用可行的分形编码方法,利用这些方法,分形编码的全过程可以由计算机自动完成。

3. 分形编码的解压缩步骤

分形编码的突出优点之一就是解压缩过程非常简单。首先从所建立的 FIF 文件中读取 D 分区划分方式的信息和仿射变换系数等数据,然后划定两个同样大小的缓冲区给 D 图像(D 缓冲区)和 R 图像(R 缓冲区),并把 R 图像初始化到任一初始阶段。

根据 FIF 文件中的规定,可把 D 图像划分成 D 分区,把 R 图像划分成 R 分区,再把指针指向第一个 D 分区。根据它的仿射变换系数把其相应的 R 分区作仿射变换,并用变换后的数据取代该 D 分区的原有数据。对 D 图像中所有的 D 分区都进行上述操作,全部完成后就形成一个新的 D 图像。然后把新 D 图像的内容复制到 R 图像中,再把这新的 R 图像当成 D 图像,D 图像当成 R 图像,重复操作,即进行迭代。这样一遍一遍地重复进行,直到两个缓冲区的图像很难看出差别,D 图像中即为恢复的图像。实际中一般只需迭代七八次至十几次就可完成。恢复的图像与原图像相像的程度取决于当初压缩时所选择的那些 R 分区对它们相应的 D 分区匹配的精确程度。

4. 分形编码的优点

分形编码具有以下 3 个优点。

①图像压缩比比经典编码方法的压缩比高。

②由于分形编码把图像划分成大得多、形状复杂得多的分区,因此压缩所得的 FIF 文件的大小不会随着图像像素数目的增加(即分辨率的提高)而变大。而且,分形压缩还能依据压缩时确定的分形模型给出高分辨率的清晰的边缘线,而不是将其作为高频分量加以抑制。

③分形编码本质上是非对称的。在压缩时计算量很大,所以需要的时间长;而在解压缩时却很快,在压缩时只要多用些时间就能提高压缩比,但不会增加解压缩的时间。

3.8.3　基于模型的编码

模型基编码是将图像看成三维物体在二维平面上的投影,在编码过程中,首先是建立物体的模型,然后通过对输入图像和模型的分析得出模型的各种参数,再对参数进行编码传输,接收端则利用图像综合来重建图像。可见,这种方法的关键是图像的分析和综合,而将图像分析和综合联系起来的纽带就是由先验知识得来的物体模型。图像分析主要是通过对输入图像以及前一帧的恢复图像的分析,得出基于物体模型的图像的描述参数,利用这些参数就可以通过图像综合得到恢复图像,并供下一帧图像分析使用。由于传输的内容只是数据量不大的由图像分析而得来的参数值,它比起以像素为单位的原始图像的数据量要小得多,因此这种编码方式的压缩比是很高的。

根据使用的模型不同,模型基编码又可分为针对限定景物的语义基编码和针对未知景物的物体基编码。在语义基的编码方法中,由于景物里的物体三维模型为严格已知,该方法可以有效地利用景物中已知物体的知识,实现非常高的压缩比,但它仅能处理限定的已知物体,并需要较复杂的图像分析与识别技术,因此应用范围有限。物体基编码可以处理更一般的对象,无须识别与先验知识,对于图像分析要简单得多,不受各种场合的限制,因而有更广阔的应用前景。但是,由于未能充分利用景物的先验知识,或只能在较低层次上运用有关物体的知识,因此物体基编码的效率低于语义基编码。

1. 物体基编码

物体基编码是由 Musmann 等提出的,其目标是以较低比特率传送可视电话图像序列。其基本思想是:把每一个图像分成若干个运动物体,对每一物体的基于不明显物体模型的运动 A_i、形状 M_i、和彩色纹理 S_i 三组参数集进行编码和传输。物体基图像编码原理框图如图3-22 所示。

物体基编码的特点是把三维运动物体描述成模型坐标系中的模型物体,用模型物体在二维图像平面的投影(模型图像)来逼近真实图像。这里不要求物体模型与真实物体形状严格一致,只要最终模型图像与输入图像一致即可,这是它与语义基编码的根本区别。经过图像分析后,图像的内容被分为两类:模型一致物体(MC 物体)和模型失败物体(MF 物体)。MC 物体是被模型和运动参数正确描述的物体区域,可以通过只传送运动 A_i 和形状 M_i 参数集以及利用存在存储器中的彩色纹理 S_i 的参数集重建该区域;MF 物体则是被模型描述失败的图像区域,它是用形状 M_i 和彩色纹理 S_i 参数集进行编码和重建的。从目前研究比较多的头-肩图像的实验结果可以看到:一方面,通常 MC 物体所占图像区域的面积较大,约为图像总面积的 95% 以上,而 A_i 和 M_i 参数可用很少的码字编码;另一方面,MF 通常都是很小的区域,约占图像总面积的 4% 以下。

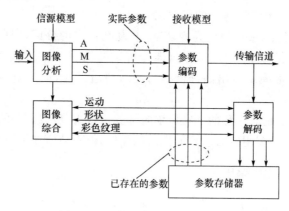

图 3-22　物体基图像编码原理框图

物体基编码中的最核心的部分是物体的假设模型及相应的图像分析。选择不同的源模型时,参数集的信息内容和编码器的输出速率都会改变。目前已出现的有二维刚体模型(2DR)、二维弹性物体模型(2DF)、三维刚体模型(3DR)和三维弹性物体模型(3DF)等。在这几种模型中,2DR 模型是最简单的一种,它只用 8 个映射参数来描述其模型物体的运动。但由于过于简单,最终图像编码效率不很高。相比而言,2DF 是一种简单有效的模型,它采用位移矢量场,以二维平面的形状和平移来描述三维运动的效果,编码效率明显提高,与3DR 相当。3DR 模型是二维模型直接发展的结果。物体以三维刚体模型描述,优点是以旋转和平移参数描述物体运动,物理意义明确。3DF 是在 3DR 的基础上加以改进的,它在3DR 的图像分析后,加入形变运动的估计,使最终的 MF 区域大为减少,但把图像分析的复杂性和编码效率综合起来衡量,2DF 则显得较为优越。

2. 语义基编码

语义基编码的特点是充分利用了图像的先验知识,编码图像的物体内容是确定的。如图 3-23 所示为语义基编码原理框图。在编码器中,存有事先设计好的参数模型,这个模型基本上能表示待编码的物体。对输入的图像,图像分析与参数估计功能块利用计算机视觉的原理,分析估计出针对输入图像的模型参数。这些参数包括形状参数、运动参数、颜色参数、表情参数等。由于模型参数的数据量远小于原图像,故用这些参数代替原图像编码可实现很高的压缩比。

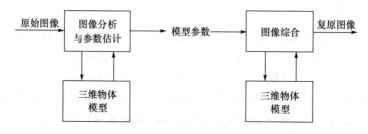

图 3-23　语义基编码原理框图

　　在解码器中,存有一个和编码器中完全相同的图像模型,解码器应用计算机图形学原理,用所接收到的模型参数修改原模型,并将结果投影到二维平面上,形成解码后的图像。

　　例如,在视频会议的语义基编码中,会议场景一般是固定不变的,运动变化的只是人的头部和肩部组成的头-肩像。根据先验知识,可以建立头-肩像模型,这时模型参数包括头与肩的大小、形状、位置等全局形状参数,以及面部表情等局部形状参数,此外,还有运动参数、颜色参数等。解码器存有一个与编码器中的模型完全一样的模型,收到模型参数后,解码器即可对模型做相应的变换,将修改后的模型投影到二维平面上,形成解码图像。

　　语义基编码能实现以数千比特每秒速率编码活动图像,其高压缩比的特点使它成为最有发展前途的编码方法之一。然而语义基编码还很不成熟,有不少难点尚未解决,主要表现为模型的建立和图像分析与参数的提取。

　　首先,模型必须能描述待编码的对象。以对人脸建模表达为例,模型要能反映各种脸部表情,如喜、怒、哀、乐等,要能表现面部,例如口、眼的各种细小变化,显然,这有大量的工作要做,数据量很大,有一定的难度。同时,模型的精度也很难确定。只能根据对编码对象的了解程度和需要,建立具有不同精度的模型。先验知识越多模型越精细,模型就越能逼真地反映待编码的对象,但模型的适应性就越差,所适用的对象就越少。反之,先验知识越少,越无法建立细致的模型,模型与对象的逼近程度就越低,但适应性反而会强一些。

　　其次,建立了适当的模型后,参数估计也是一个不可低估的难点,根本原因在于计算机视觉理论本身尚有很多基本问题没有圆满解决,如图像分割问题与图像匹配问题等。而要估计模型的参数,如头部的尺寸,就需在图像上把头部分割出来,并与模型中的头部相匹配;要估计脸部表情参数,需把与表情密切相关的器官如口、眼等分割出来,并与模型中的口、眼相匹配。

　　相比之下,图像综合部分难度低一些,由于计算机图形学等已经相当成熟,而用常规算法计算模型表面的灰度,难以达到逼真的效果,图像有不自然的感觉。现在采用的方法是,利用计算机图形学方法,实现编码对象的尺度变换和运动变换,而用"蒙皮技术"恢复图像的灰度。"蒙皮技术"通过建立经过尺度和运动变换后的模型上的点与原图像上的点之间的对应关系,求解模型表面灰度。

　　语义基编码中的失真和普通编码中的量化噪声性质完全不同。例如,待编码的对象是一幅头-肩像,则用头-肩语义基编码时,即使参数估计不准确,结果也是一幅头-肩像,不会看出有什么不正确的地方。语义基编码带来的是几何失真,人眼对几何失真不敏感,而对方块效应和量化噪声最敏感,所以不能以均方误差作为失真的度量,而参数估计又必须有一个失真度量,以建立参数估计的目标函数,并通过对目标函数的优化来估计参数。找一个能反映语义基编码失真的准则,也是语义基编码的难点之一。

3.9　图像压缩编码标准

　　图像编码技术的发展给图像信息的处理、存储、传输和广泛应用提供了可能性,但要使这种可能性变为现实,还需要做很多工作。因为图像压缩编码只是一种基本技术,所以只能把待加工的数据速率和数字图像联系起来。然而数字图像存储和传输在压缩格式上需要国际广泛接受的标准,使得不同厂家的各种产品能够兼容和互通。目前,图像压缩标准化工作主要由国际标准化组织(ISO)、国际电工委员会(IEC)和国际电信联盟(ITU-T)进行,在他们的主持下形成的专家组征求一些大的计算机及通信设备公司、大学和研究机构所提出的建议,然后以图像质量、压缩性能和实际约束条件为依据,从中选出最好的建议,并在此基础上做出一些适应国际上原有的不同制式的修改,最后形成相应的国际标准。

JPEG 是联合图像专家组(Joint Photographic Experts Group)的缩写,该专家组隶属于 ISO/IEC 的联合技术第 1 委员会第 29 研究委员会的第 1 工作组(ISO/IEC JTC1/SC29/WG1)。WG1 已经制定了几种图像压缩编码的国际标准,其中包括 JPEG 和 JPEG 2000。

3.9.1 JPEG

JPEG 成立于 1986 年,该标准于 1992 年正式通过,它的正式名称为"信息技术连续色调静止图像的数字压缩编码"。在 JPEG 算法中,共包含 4 种运行模式,其中一种是基于 DPCM 的无损压缩算法,另外 3 种是基于 DCT 的有损压缩算法。其要点如下。

- 无损压缩编码模式。采用预测法和哈夫曼编码(或算术编码)以保证重建图像与原图像完全相同(设均方误差为零),可见无失真。
- 基于 DCT 的顺序编码模式。根据 DCT 变换原理,按从上到下、从左到右的顺序对图像数据进行压缩编码。当信息传送到接收端时,首先按照上述规律进行解码,从而还原图像。在此过程中存在信息丢失,因此这是一种有损图像压缩编码。
- 基于 DCT 的累进编码模式。它也是以 DCT 变换为基础的,但是其扫描过程不同。它通过多次扫描的方法来对一幅图像进行数据压缩。其描述过程采取由粗到细逐步累加的方式进行。图像还原时,在屏幕上首先看到的是图像的大致情况,而后逐步地细化,直到全部还原出来为止。
- 基于 DCT 的分层编码模式。这种模式是以图像分辨率为基准进行图像编码的。它首先是从低分辨率开始,逐步提高分辨率,直至与原图像的分辨率相同为止。图像重建时也是如此。可见其效果与基于 DCT 累进编码模式相似,但其处理起来更复杂,所获得的压缩比也更高一些。

1. 无损压缩编码

在传真机、静止画面的电话电视会议应用中,根据其特点,JPEG 采用 DPCM(差分脉冲编码调制)无损压缩编码方案,其编码过程如图 3-24 所示。

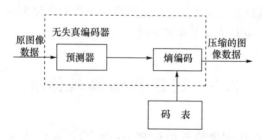

图 3-24   JPEG 无损编码器

可见,图 3-24 中原图像数据是按如下预测模型求出预测误差的,然后对其进行无失真熵编码,编码方法可以采用哈夫曼编码,也可以采用算术编码。

图 3-25 给出了邻域预测模型,其中 A、B、C 分别表示与当前取样点 X 相邻的 3 个相邻点的取样值,其预测规律如下:

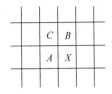

图 3-25 预测值区域

$$
预测值 = \begin{cases}
原图像素值(表示无须预测) & 预测方式 = 0 \\
A & 1 \\
B & 2 \\
C & 3 \\
A+B-C & 4 \\
A+(B-C)/2 & 5 \\
B+(A-C)/2 & 6 \\
(A+B)/2 & 7
\end{cases} \tag{3-22}
$$

在实际应用中,可根据图像的统计规律,选择适当的测试方式。

2. 基于 DCT 的顺序编码模式

图 3-26 表示了一种基于 DCT 顺序编码与解码过程的系统框图。

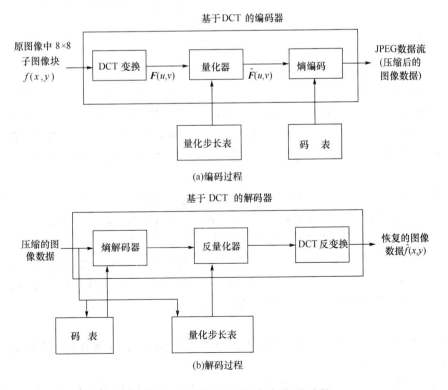

图 3-26 基于 DCT 的顺序编/解码过程

图中原图像采用 8×8 子块 DCT 变换算法,从而获得 $F(u,v)$ 变换系数矩阵,这样便实现了空间域到频率域的变换,然后经过根据视觉特性而设计的自适应量化器,对 DCT 系数矩阵进行量化,并进行差分编码和游程长度编码。最后再进行熵编码。解码过程是编码的逆过程。这里需要说明的是,图 3-24 表示的是单一分量的压缩编码与解码的过程。对于彩色图像系统而言,所传输的是 Y、U、V 三个分量,因此是一个多分量系统。它们的压缩与解压缩原理相同。

整个压缩编码的处理过程大体分成以下几个步骤。

(1)DCT 变换

JPEG 采用 8×8 大小的子图像块进行二维的离散余弦变换。在变换之前,除了要对原始图像进行分割(一般是从上到下、从左到右)之外,还要将数字图像采样数据从无符号整数转换到带正负号的整数,即把范围为 $[0,2^{8-1}]$ 的整数映射为 $[-2^{8-1},2^{8-1}-1]$ 范围内的整数。这时的子图像采样精度为 8 位,以这些数据作为 DCT 的输入,在解码器的输出端经 IDCT 后,得到一系列 8×8 图像数据块,并须将其位数范围由 $[-2^{8-1},2^{8-1}-1]$ 再变回到 $[0,2^{8-1}]$ 范围内的无符号整数,才能重构图像。DCT 变换可以看成是把 8×8 的子图像块分解为 64 个正交的基信号,变换后输出的 64 个系数就是这 64 个基信号的幅值,其中第 1 个 $F(0,0)$ 是直流系数,其他 63 个都是交流系数。图 3-27 表示了 8×8 大小的子图像 DCT 变换时空域像素和频域变换系数的对应关系。

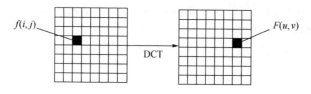

图 3-27　DCT 变换空域像素和频域变换系数对应关系

(2)量化

DCT 变换输出的数据 $F(u,v)$ 还必须进行量化处理。这里所说的量化是指从一个数值到另一个数值范围的映射,其目的是为了减少 DCT 系数的幅值,增加零值,以达到压缩数据的目的。JPEG 采用线性均匀量化器,将 64 个 DCT 系数分别除以它们各自相应的量化步长(量化步长范围是 1～255),四舍五入取整数。64 个量化步长构成一张量化步长表,供用户选用。

量化的作用是在图像质量达到一定保真度的前提下,忽略一些次要信息。由于不同频率的基信号(余弦函数)对人眼视觉的作用不同,因此可以根据不同频率的视觉范围值来选择不同的量化步长。通常人眼总是对低频成分比较敏感,所以量化步长较小;对高频成分人眼不太敏感,所以量化步长较大。量化处理的结果一般都是低频成分的系数比较大,高频成分的系数比较小,甚至大多数是 0。图 3-28 给出了 JPEG 推荐的亮度和色度量化步长表。量化处理是压缩编码过程中图像信息产生失真的主要原因。

(3)编码

JPEG 压缩算法的最后部分是对量化后的图像进行编码。这一部分由 3 步组成。

①直流系数(DC)编码

经过 DCT 变换后,低频分量集中在左上角,其中 $F(0,0)$(即第一行第一列元素)代表

了直流(DC)系数,即 8×8 子块的平均值。由于直流(DC)系数的数值比较大,两个相邻的
8×8子块的 DC 系数相差很小,所以 JPEG 算法使用差分脉冲调制编码(DPCM)技术,对相
邻图像块之间量化 DC 系数的差值进行编码。

亮度分量									色度分量							
16	11	10	16	24	40	51	61		17	18	24	47	99	99	99	99
12	12	14	19	26	58	60	55		18	21	26	99	99	99	99	99
14	13	16	24	40	57	69	56		24	26	56	99	99	99	99	99
14	17	22	29	51	87	80	62		47	66	99	99	99	99	99	99
18	22	37	56	68	109	103	77		99	99	99	99	99	99	99	99
24	35	55	64	81	104	113	92		99	99	99	99	99	99	99	99
49	64	78	87	103	121	120	101		99	99	99	99	99	99	99	99
72	92	95	98	112	100	103	99		99	99	99	99	99	99	99	99

图 3-28　JPEG 推荐的亮度和色度量化步长表

②交流系数(AC)编码

DCT 变换矩阵中有 63 个元素是交流(AC)系数,它们包含有许多"0"系数,并且许多
"0"是连续的,可采用行程编码进行压缩。这 63 个元素采用了"之"字形(Zig-Zag)的排列方
法,称为 Z 形扫描。

Z 形扫描算法能够实现高效压缩的原因之一是经过量化后,大量的 DCT 矩阵元素被截
成 0。而且零值通常是从左上角开始沿对角线方向分布的。采用行程编码算法(RLE)沿 Z
形路径可有效地累积图像中的 0 的个数,所以这种编码的压缩效率非常高。8×8 子块的
DC 值及 Z 形扫描的过程如图 3-29 所示。

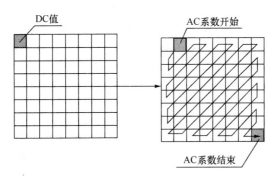

图 3-29　8×8 子块的 DC 值及 Z 形扫描的过程

③熵编码

为了进一步达到压缩数据的目的,需要对 DPCM 编码后的直流系数(DC)和行程编码
后的交流系数(AC)再做基于统计特性的熵编码(Entropy Coding),使用哈夫曼编码。哈夫
曼编码可以使用很简单的查表(Lookup Table)方法进行编码。在压缩数据符号时,哈夫曼
编码对出现频度比较高的符号分配比较短的代码,而对出现频度较低的符号分配比较长的
代码。最后,JPEG 将各种标记代码和编码后的图像数据按帧组成数据流,用于保存、传输
和应用。

3. 基于 DCT 的累进编码模式

前面已经介绍了按顺序扫描方式来完成编码,这样从左到右、从上到下的扫描便能一次完成整个一幅图像的编码。而累进编码模式与顺序编码模式不同,它是经过多次扫描才能完成每个图像分量的编码,每次扫描都仅传输其中部分 DCT 系数。这样,第一次扫描后,所编码传输的图像只是一个粗糙的图像,接收端据此所重建的图像质量很低,但尚可识别;而在第二次的扫描中,则对图像的一些进一步细节信息进行压缩编码传输,这时接收端将根据所接收的信息,在首次重建图像的基础上添加所接收的细节信息,此时重建图像的质量得到提高。这样逐步累进,重建的图像质量也随之逐步提高,直至完整地接收一幅图像(若忽略量化的影响,则接收图像质量与发送的原图像质量相同)。

根据上述分析,采用累进编码的操作模式的系统结构与图 3-26 基本相同,只是在量化器与熵编码之间应增加一个缓冲存储器,以供存放一幅图像数字化后的全部 DCT 系数。这样,系统便可以多次对缓冲器中存储的 DCT 系数进行扫描,并分批进行熵编码。

4. 基于 DCT 的分层编码模式

在分层编码模式中,一幅原始图像被分成多个低分辨率的图像,然后分别针对每个低分辨率的图像进行编码,具体过程如下:首先把一幅图像分成若干低分辨率的图像,然后对单独的一个低分辨率的图像进行压缩编码,其编码方法可以选用无失真编码,也可以采用基于 DCT 的顺序编码,或基于 DCT 的累进编码。根据不同的用户要求,采用不同的编码方法。当接收端接收上述发送信息后,进行解码,进而重建图像,然后将恢复的下一层低分辨率的图像插入已重建图像之中,以此来提高图像的分辨率,直至图像分辨率达到原图像的质量水平。必须说明的是,基于 DCT 的 JPEG 压缩算法,其压缩效果与图像的内容有关,一般高频分量少的图像可以获得较高的压缩比。

3.9.2 JPEG 2000

JPEG 标准 1992 年通过以来,由于其优良的品质,使得它在短短的几年内就获得极大的成功。然而,随着多媒体应用领域的不断扩展,传统 JPEG 压缩技术已无法满足人们对多媒体影像资料的要求。JPEG 采用离散余弦变换将图像压缩为 8×8 的小块,然后依次放入文件中,这种算法靠丢弃频率信息实现压缩,因而图像的压缩率越高,频率信息被丢弃的越多。在极端情况下,JFEG 图像只保留了反映图貌的基本信息,精细的图像细节都损失了。为此,JPEG 制定了新一代静止图像压缩标准 JPEG 2000。

JPEG 2000 与传统 JPEG 最大的不同在于,它放弃了 JPEG 所采用的以离散余弦变换(DCT)为主的区块编码方式,而采用以小波变换为主的多解析编码方式,其主要目的是要将影像的频率成分抽取出来。小波转换将一幅图像作为一个整行变换和编码,很好地保存了图像信息中的相关性,达到了更好的压缩编码效果。

下面说明 JPEG 2000 的特点。

1. 高压缩率

由于在离散小波变换算法中,图像可以转换成一系列可更加有效存储像素模块的"小波",因此,JPEG 2000 格式的图片压缩比可在现在的 JPEG 基础上再提高 10%～30%,而且压缩后的图像显得更加细腻平滑,这一特征在互联网和遥感等图像传输领域有着广泛的应用。如图 3-30 所示就是 JPEG 和 JPEG 2000 分别采用同样压缩率(27:1)时的对比效果,可以很明显地看到,JPEG 压缩的图像存在方块效应,而 JPEG 2000 压缩的图像则更加细腻平滑,两者差距是十分明显的,JPEG 2000 的压缩图像明显优于 JPEG。

图 3-30　JPEG 和 JPEG 2000 对比效果

2. 无损压缩和有损压缩

JPEG 2000 提供无损和有损两种压缩方式,无损压缩在许多领域是必需的,例如医学图像和档案图像等对图像质量要求比较高的情况。同时 JPEG 2000 提供的是嵌入式码流,允许从有损到无损的渐进解压。

3. 渐进传输

现在网络上的 JPEG 图像下载时是按"块"传输的,因此只能一行一行地显示,而采用 JPEG 2000 格式的图像支持渐进传输。所谓渐进传输,就是先传输图像轮廓数据,然后再逐步传输其他数据来不断提高图像质量。互联网、打印机和图像文档是这一特性的主要应用场合。

4. 感兴趣区域压缩

这一特征可以指定图片上感兴趣区域,然后在压缩时对这些区域指定压缩质量,或在恢复时指定某些区域的解压缩要求。这是因为小波变换在空间和频率域上具有局域性,要完全恢复图像中的某个局部,并不需要所有编码都被精确保留,只要对应它的一部分编码没有误差就可以了。这样我们就可以很方便地突出重点。

5. 码流的随机访问和处理

这一特征允许用户在图像中随机地定义感兴趣区域,使得这一区域的图像质量高于其他图像区域,码流的随机处理允许用户进行旋转、移动、滤波和特征提取等操作。

6. 容错性

JPEG 2000 在码流中提供了容错措施,在无线等传输误码很高的通信信道中传输图像时,必须采取容错措施才能达到一定的重建图像质量。

7. 开放的框架结构

为了在不同的图像类型和应用领域优化编码系统,JPEG 2000 提供了一个开放的框架结构,在这种开放的结构中编码器只实现核心的工具算法和码流的解析,如果解码器需要,可以要求数据源发送未知的工具算法。

8. 基于内容的描述

图像文档、图像索引和搜索在图像处理中是一个重要的领域,MPEG-7 就是支持用户对其感兴趣的各种"资料"进行快速、有效地检索的一个国际标准。基于内容的描述在

JPEG 2000中是压缩系统的特性之一。

3.10 视频压缩编码标准

视频信号的压缩编码主要包括国际标准化组织 ISO 和国际电工委员会 IEC 制定的关于活动图像的编码标准 MPEG-X 系列标准和国际电信联盟 ITU-T 关于电视电话/视频会议的 H.26X 系列标准等,如表 3-6 所示。

表 3-6 视频压缩编码标准

标准	主要应用	时间/年
MPEG-1	VCD	1992
MPEG-2	DTV、SDTV、HDTV、DVD	1995
MPEG-4 V1	交互式视频	1999
MPEG-4 V2		2000
MPEG-7	多媒体内容描述接口	2001
MPEG-21	多媒体构架	2002
H.261	视频会议	1990
H.262	DTV、SDTV	1995
H.263	视频电话	1998
H.263+	-	1999
H.263++	-	2000
H.26L	VLBR 视频	2002
H.264/MPEG-4 Part10	AVC 先进视频编码	2003

3.10.1 H.26X 系列视频压缩编码标准

H.26X 是 ITU-T(国际电信联盟)及其前身 CCITT(国际电报电话咨询委员会)研究和制定的一系列视频编码的国际标准。其中最为广泛的就是 H.261、H.262、H.263 和 H.264 这 4 个协议。H.26X 与 MPEG-X 有着紧密的联系。在一些 MPEG 标准中,H.26X 就是 MPEG-X 视频部分的重要组成。H.261 产生于 20 世纪 90 年代,可以说是视频编码的老前辈,如今已经逐渐退出历史舞台。H.262 是 MPEG-2 的视频部分,由于 MPEC-2 的应用十分广泛,因此 H.262 目前仍然是最重要的视频编码之一。H.263 是目前视频会议所采用的主流编码,在视频会议领域占有绝对的市场优势。H.264 是最近几年才刚刚出现的新的视频压缩标准,属于 MPEG-4 的第 10 部分。在相同的图像质量的情况下,H.264 有更高的压缩率,是一种很有市场潜力的视频压缩标准。

1. H.261

(1)视频编码系统

H.261 是 ITU-T 制定的视频压缩编码标准,也是世界上第一个得到广泛承认的、针对动态图像的视频压缩标准,而且其后出现的 MPEG 系列标准、H.262 以及 H.263 等数字视频压缩标准的核心都是 H.261。可见,在图像数据压缩方面该标准占据非常重要的地位,它主要应用于视频会议和可视电视等方面,其系统结构如图 3-31 所示。

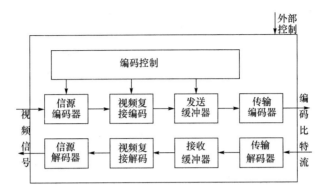

图 3-31　H.261 标准的视频编/解码系统结构

(2)视频编码器原理

①采用帧内编码

H.261 标准的视频信源编码器原理如图 3-32 所示,而解码器的工作原理与编码器中的本地解码电路完全相同,这里着重介绍视频编码器。

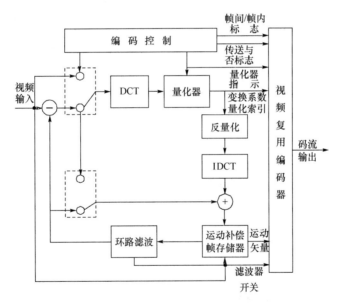

图 3-32　H.261 标准的视频信源编码器原理

从图 3-32 中可以看出,它是由帧间预测、帧内预测、DCT 变换和量化组成。其工作原理如下:对图像序列中的第一幅图像或景物变换后的第一幅图像,采用帧内变换编码。

图中的双向选择开关同时接上路,这样输入信号直接进行 DCT 变换,在该变换过程中采用了 8×8 子块来完成运算,然后各 DCT 系数经过 Z 形扫描展开成一维数据序列,再经游程编码后送至量化单元,系统中所采用的量化器工作于线性工作状态,其量化步长由编码控制。量化输出信号就是一幅图像的输出数据流,此时编码器处于帧内编码模式。

②采用帧间预测编码

当双向选择开关同时接下路时,输入信号将与预测信号相减,从而获得预测误差,然后对预测误差进行 DCT 变换,再对 DCT 变换系数进行量化输出,此时编码器工作于帧间编码模式。其中的预测信号是经过如下路径所获得的。首先量化输出经反量化和反离散余弦变换(IDCT)后,直接送至带有运动估值和运动补偿的帧存储器中,其输出为带运动补偿的预测值,当该值经过环形滤波器,再与输入数据信号相减,由此得到预测误差。

应注意的是,滤波器开关在此起到滤除高频噪声的作用,以达到提高图像质量的目的。

③工作状态的确定

在将量化器输出数据流传至对端之外,还要传送一些辅助信息,其中包括运动估值、帧内/帧间编码标志、量化器指示、传送与否的标志和滤波器开关指示等,这样可以清楚地说明编码器所处的工作状态,即是采用帧内编码还是采用帧间编码,是否需要传送运动矢量,是否要改变量化器的量化步长等。这里需要作如下说明。

- 在编码过程中应尽可能多地消除时间上的冗余度,因而必须将最佳运动矢量与数据码流一起传输,这样接收端才能准确地根据此矢量重建图像。
- 在 H.261 编码器中,并不是总对带运动补偿的帧间预测 DCT 进行编码,它是根据一定的判断标准来决定是否传送 DCT 8×8 像素块信息。例如当运动补偿的帧间误差很小时,使得 DCT 系数量化后全为零,这样可不传此信息。对于传送块而言,它又可分为帧间编码传送块和帧内编码传送块两种。为了减少误码扩散给系统带来的影响,最多只能连续进行 132 次帧间编码,其后必须进行一次帧内编码。
- 由于在经过线性量化、变长编码后,数据将被存放在缓冲器中。通常是根据缓冲器的空度来调节量化器的步长,以控制视频编码数据流,使其与信道速率相匹配。

H.261 标准采用的混合编码方法,同时利用图像在空间和时间上的冗余度进行压缩,可以获得较高的压缩率。这个视频编码方案对以后各种视频编码标准都产生了深远影响,其影响直至现在。

(3)H.261 标准的数据结构

在 H.261 标准中采用层次化的数据结构,它包括图像层(P)、块组层(GOB)、宏块层(MB)和像素块(B)四层,如图 3-33 所示。

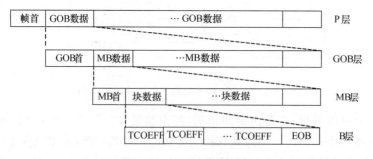

图 3-33　H.261 数据结构

编码的最小单元为 8×8 的像素块;4 个亮度块和对应的两个色度块构成一个宏块;一定数量的宏块(33 块)构成一个块组;若干块组(对于 CIF 格式为 12 个块组)构成一帧图像。每一个层次都有说明该层次信息的头,编码后的数据和头信息逐层复用就构成了 H.261 的码流。

2. H.263

(1)H.263 与 H.261 的区别

H.263 标准是一种甚低码率通信的视频编码方案。所谓甚低码率视频编码技术是指压缩编码后的码率低于 64 kbit/s 的各种压缩编码方案。它是以 H.261 为基础,其编码原理和数据结构都与 H.261 相似,但存在下列区别。

①H.263 能够支持更多图像格式

H.263 不仅可以支持 CIF 和 QCIF 标准数据格式,还可以支持更多原始图像数据格式,如 Sub-QCIF、4CIF 和 16CIF 等。

②H.263 建议的两种运动估值

H.261 标准要求对 16×16 像素的宏块进行运动估值,而在 H.263 标准中,不仅可以16×16 像素宏块为单位进行运动估值,同时还可以根据需要采用 8×8 像素子块进行运动估值。

③采用半精度像素的预测值和高效的编码

在 H.261 中,运动估值精度范围为(— 16,15),而在 H.263 中运动估值精度范围为(— 16.0,+15.5),可见采用了半像素精度。半精度像素预测采用双线性内插技术,所获得的结果如图 3-34 所示。

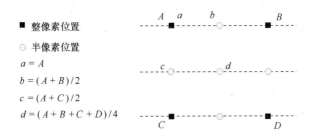

图 3-34　双线性内插预测半精度像素

在 H.261 中对运动矢量采用一维预测与 VLC 相结合的编码,而在 H.263 中则采用更复杂的二维预测与 VLC 相结合的编码方式。

④提高数据压缩效率

H.263 标准中没有对每秒帧数进行限制,这样可以通过减小帧数来达到数据压缩的目的。另外,在 H.263 中取消了 H.261 中的环路滤波器,并且改进了运动估值的方法,从而提高了预测质量。同时还精减了部分附加信息以提高编码效率,采用哈夫曼编码、算术编码来进一步提高压缩比。

在编码方法上,H.263 标准提供了 4 种可选的编码模式,即无约束运动矢量算法、基于语法的算术编码、高级预测模式和 PB 帧模式,从而进一步提高了编码效率。

(2)4 种有效的压缩编码方法

①无约束运动矢量算法

通常运动矢量的范围被限制在参考帧内,而在无约束运动矢量算法中取消了这种限制,运动矢量可以指向图像之外。这样,当某运动矢量所指的参考像素位于图像之外时,可以用边缘图像值代替这个"不存在的像素"。这种方法能够帮助改善边缘有运动物体的图像质量。

②基于语法的算术编码

在 H.261 中建议采用哈夫曼编码,但在 H.263 中所有的变长编/解码过程均采用算术编码,这样便克服了 H.261 中每一个符号必须用固定长度整比特数编码的缺点,编码效率得以进一步提高。

③高级预测模式

通常运动估值是以 16×16 像素的宏块为基本单位进行的,而在 H.263 中的预测模式下,编码器既可以一个宏块使用一个运动矢量,也可以让宏块中的 4 个 8×8 子块各自使用一个运动矢量。

尽管使用 4 个运动矢量需占用较多的比特数,但能够获得较好的预测精度,特别是在此模式下对 P 帧的亮度数据采用交叠块运动补偿(OBMC)方法,即某一个 8×8 子块的运动补偿不仅与本块的运动矢量有关,而且还与其周围的运动矢量有关。这就大大提高了重建图像的质量。

④PB 帧模式

H.263 是 ITU-T 于 1995 年公布的低码率的视频编码建议。此建议也吸取了部分 MPEG(活动图像专家组)系列标准的优点,PB 帧的名称正是出自 MPEG 标准。在 H.263 中的一个 PB 帧单元包含了两帧。其中的 P 帧是经前一个 P 帧预测所得的,而 B 帧则是经前一个 P 帧和本 PB 帧单元中的 P 帧通过双向预测所得的结果。由此可见,P 帧的运动估值与一般的 P 帧的运动估值相同,但 B 帧则有所不同,它需要利用双向运动矢量来计算 B 帧的前后向预测值。通常是以它们的平均值作为该 B 帧的预测值。

3. H.264

ISO MPEG 和 ITU-T 的视频编码专家组 VCEG 于 2003 年联合制定了比 MPEG 和 H.263 性能更好的视频压缩编码标准,这个标准被称为 ITU-T H.264 建议或 MPEG-4 的第 10 部分标准,简称 H.264/AVC(Advanced Video Coding)。H.264 不仅具有高压缩比(其压缩性能约比 MPEG-4 和 H.263 提高一倍),而且在恶劣的网络传输条件下,具有较高的抗误码性能。H.264 支持如表 3-7 所示的 3 个范畴。

表 3-7 H.264 的几种应用

范　畴	应　用
基本	视频会话,如可视电话、远程医疗、远程教育、会议电视等
扩展	网络的视频流,如视频点播、IPTV 等
主要	消费电子应用,如数字电视广播、数字电视存储等

H.264 采用"网络友好"(Network Friendliness)的结构和语法,以提高网络适应能力,适应 IP 网络和移动网络的应用。H.264 的编码结构在算法概念上分为两层:视频编码层(Video Coding Layer,VCL),负责高效率的视频压缩能力;网络抽象层(Network Abstraction Layer,NAL),负责以网络所要求的恰当方式对数据进行打包和传送。H.264 的编码结构框图如图 3-35 所示。VCL 和 NAL 之间定义了基于分组方式的接口,它们分别提供高效编码和良好的网络适应性。

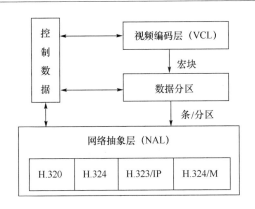

图 3-35 H.264 的编码结构框图

与 H.263 和 MPEG-4 相比,H.264 主要做了如下改进。

(1)帧内预测

H.264 采用帧内预测模式。帧内预测编码具有运算速度快、高压缩效率的优点。帧内预测编码就是用周围邻近的像素值来预测当前的像素值,然后对预测误差进行编码。对于亮度分量,帧内预测可以用于 4×4 子块和 16×16 宏块,4×4 子块的预测模式有 9 种(模式 0 到模式 8,其中模式 2 是 DC 预测),16×16 宏块的预测模式有 4 种(Vertical、Horizontal、DC 和 Plane);对于色度分量,预测是对整个 8×8 块进行的,有 4 种预测模式(Vertical、Horizontal、DC 和 Plane)。除了 DC 预测外,其他每种预测模式对应不同方向上的预测。

此外还有一种帧内编码模式,称为 I-PCM 编码模式。在该模式中,编码器直接传输图像的像素值,而不经过预测和变换。在一些特殊的情况下,特别是图像内容不规则或者量化参数非常低时,该模式的编码效率更高。

(2)帧间预测

H.264 采用 7 种树状宏块结构作为帧间预测的基本单元,每种结构模式下块的大小和形状都不相同,这样更有利于贴近实际,实现最佳的块匹配,提高运动补偿精度。

在 H.264 中,亮度分量的运动矢量使用 1/4 像素精度,色度分量的运动矢量使用 1/8 像素精度,并详细定义了相应更小分数像素的插值实现算法。因此,H.264 中帧间运动矢量估值精度的提高,使搜索到的最佳匹配点(块或宏块中心)尽可能接近原图,减小了运动估计的残差,提高了运动视频的时域压缩效率。

H.264 支持多参考帧预测,即通过在当前帧之前解码的多个参考帧中进行运动搜索,寻找出当前编码块或宏块的最佳匹配。在出现复杂形状和纹理的物体、快速变化的景物、物体互相遮挡或摄像机快速地场景切换等一些特定情况下,多参考帧的使用会体现更好的时域压缩效果。

(3)SP/SI 帧技术

视频编码标准主要包括 3 种帧类型:I 帧、P 帧和 B 帧。H.264 为了顺应视频流的带宽自适应性和抗误码性能的需求,定义了两种新的帧类型:SP 帧和 SI 帧。

SP 帧编码的基本原理同 P 帧相似,仍是基于帧间预测的运动补偿预测编码,两者之间的区别在于 SP 帧能够参照不同参考帧重构出相同的图像帧。利用这一特性,SP 帧可取代 I 帧,广泛应用于流间切换、拼接、随机接入、快进、快退和错误恢复等中,同时大大降低了码率的开销。与 SP 帧相对应,SI 帧是基于帧内预测的编码技术,其重构图像的方法与 SP 帧完全相同。

SP 帧的编码效率略低于 P 帧,但远远高于 I 帧,使得 H.264 可支持灵活的流媒体应用,具有很强的抗误码能力,适用于在无线信道中通信。

SP 帧分为主 SP 帧(Primary SP-Frame)和辅 SP 帧(Secondary SP-Frame)。其中,前者的参考帧和当前帧属于同一个码流,而后者不属于同一个码流。主 SP 帧作为切换插入点,不切换时,码流进行正常的编码传输;切换时,辅 SP 帧取代主 SP 帧进行传输。

(4)整数变换与量化

H.264 对帧内或帧间预测的残差进行 DCT 变换编码。为了克服浮点运算带来的复杂的硬件设计,新标准对 DCT 定义作了修改,使用变换时仅使用整数加减法和移位操作即可实现。这样,在不考虑量化影响的情况下,解码端的输出可以准确地恢复编码端的输入。该变换是针对 4×4 块进行的,也有助于减少方块效应。

为了进一步利用图像的空间相关性,在对色度的预测残差和 16×16 帧内预测的预测残差进行整数 DCT 变换后,H.264 标准还将每个 4×4 变换系数块中的 DC 系数组成 2×2 或 4×4 大小的块,进一步作哈达码(Hadamard)变换。

与 H.263 中 8×8 的 DCT 相比,H.264 的整数 DCT 有以下几个优点。

①减少了方块效应。

②用整数运算实现变换和量化。整个过程使用了 16 bit 的整数运算和移位运算,避免了复杂的浮点数运算和除法运算。

③提高了压缩效率。

H.264 中对色度信号的 DC 分量进行了 2×2 的哈达码变换,对 16×16 帧内编码宏块的 DC 分量采用 4×4 的哈达码变换,这样就进一步压缩了图像的冗余度。

(5)熵编码

H.264 标准采用两种高性能的熵编码方式:基于上下文的自适应可变长编码(Context-based Adaptive Variable Length Coding,CAVLC)和基于上下文的自适应二进制算术编码(Context-based Adaptive Binary Arithmetic Coding,CABAC)。

CAVLC 用于亮度和色度残差数据的编码。经过变换量化后的残差数据有如下特性:4×4 块数据经过预测、变换和量化后,非零系数主要集中在低频部分,而高频系数大部分是零;量化后的数据经过 Zig-Zag 扫描后,DC 系数附近的非零系数值较大,而高频位置的非零系数值大部分是 1 或 −1,且相邻的 4×4 块的非零系数之间是相关的。CAVLC 采用了若干码表,不同的码表对应不同的概率模型。编码器能够根据上下文,如周围块的非零系数或系数的绝对值大小,在这些码表中自动地选择,尽可能地与当前数据的概率模型匹配,从而实现上下文自适应的功能。

CABAC 根据过去的观测内容,选择适当的上下文模型,提供数据符号的条件概率的估计,并根据编码时数据符号的比特数出现的频率动态地修改概率模型。数据符号可以近似熵率进行编码,以提高编码效率。CABAC 主要是通过 3 个方面来实现的:即上下文建模、自适应概率估计和二进制算术编码。

(6)对传输错误的鲁棒性和对不同网络的适应性

H.264 在视频编码和网络传输层之间定义了一个网络抽象层(Network Abstract Layer,NAL),将视频码流封装进 NAL 单元,可以灵活地与不同的网络相适配。同时,H.264 支持灵活宏块排序(Flexible Macroblock Ordering,FMO)、任意条带排序和数据分割等方式,增强了码流抵抗误码和丢包的健壮性。

近两年,H.264 在技术实现方面有着突飞猛进的进步,其优越的编码压缩效率正在逐步表现出来。在 2006 年年初,采用 H.264 编码的 HDTV 信号的码率在 10 Mbit/s,而仅在一年之后,传输一路 HDTV 信号的码率只需要 6 Mbit/s,H.264 编码技术真正进入了大规模商业应用阶段。

目前,H.264 的优越编码效率使其在许多环境中得到应用。其中,由于电信线路的带宽的限制,在开展 IPTV 和手机电视时,无法采用 MPEG-2/H.263 编码标准,需要 H.264 这样的更高效的编码技术。世界各国计划在 2010—2015 年之间停止模拟电视广播,全部采用数字电视广播,到时 HDTV 必然会获得迅猛发展,必须要降低成本,而采用 H.264 可使传输费用降低为原来的 1/4,所以这是个十分诱人的前景。相信随着 H.264 编码效率的进一步提高,相关解码产品的成本进一步降低,在今后视频编码的各个应用领域,H.264 必将成为视频的主流编码标准。

H.264 标准的推出,是视频编码标准的一次重要进步,它与先前的标准相比具有明显的优越性,特别是在编码效率上的提高,使之能用于许多新的领域。尽管 H.264 的算法复杂度是编码压缩标准的 4 倍以上,但随着半导体技术的发展,芯片的处理能力和存储器的容量都将会有很大的提高,所以今后 H.264 必然焕发出蓬勃的生命力,逐渐成为市场的主角。

3.10.2　MPEG-X 系列视频压缩编码标准

MPEG 是活动图像专家组(Moving Picture Experts Group)的缩写。MPEG-X 是一组由 IEC 和 ISO 制定发布的视频、音频、数据的压缩标准。它采用的是一种减少图像冗余信息的压缩算法,提供的压缩比可以高达 200∶1,同时图像的质量也非常高。MPEG 系列标准已成为国际上影响最大的多媒体技术标准,对数字电视、视听消费电子、多媒体通信等信息产业的发展产生了巨大而深远的影响。它具有 3 个方面的优势:首先,作为国际标准,具有很好的兼容性;其次,能够比其他压缩编码算法提供更高的压缩比;最后,能够保证在提供高压缩比的同时,使数据损失很小。

现在通常用的版本是 MPEG-1、MPEG-2、MPEG-4、MPEG-7、MPEG-21,它们能够适用于不同信道带宽和数字影像质量的要求。

1. MPEG-1

MPEG-1 标准由 3 部分构成:第一部分为系统部分,编号为 11172-1,它描述了几种伴音和图像压缩数据的复用以及加入同步信号后的整个系统;第二部分为视频部分,主要规定了图像压缩编码方法,编号为 11172-2;第三部分为音频部分,主要规定了数字伴音压缩编码,编号为 11172-3。MPEG-1 标准的基本任务就是将视频与其伴音统一起来进行数据压缩,使其码率可以压缩到 1.5 Mbit/s 左右,同时具有可接收的视频效果和保持视音频的同步关系。由于音频压缩编码标准中对音频编码进行了介绍,在此仅介绍前两个部分。

(1)系统部分

MPEG-1 标准的系统部分主要按定时信息的指示,将视频和音频数据流同步复合成一个完整的 MPEG-1 比特流,从而便于信息的存储与传输。在此过程将向数据流中加入相关的识别与同步信息,这样,在接收端可以根据这些信息从接收数据流中分离出视频与音频数据流,并分别送往各自的视频、音频解码器进行同步解码和播放。

(2)视频部分

与 H.261 标准相似,MPEG-1 标准也采用带运动补偿的帧间预测 DCT 变换和 VLC 技术相结合的混合编码方式。但 MPEG-1 在 H.261 的基础上进行了重大的改进,具体如下。

① 输入视频格式

MPEG-1 视频编码器要求其输入视频信号应为逐行扫描的 SIF 格式,如果输入视频信号采用其他格式,如 ITU-R BT601,则必须转换成 SIF 格式才能作为 MPEG-1 的输入。

② 预测与运动补偿

与 H.261 标准相同,MPEG-1 也采用帧间预测和帧内预测相结合的压缩编码方案,以此来满足高压缩比和随机存取的要求。为此在 MPEG-1 标准中定义了 3 种类型的帧,分别是 I 图像帧、P 图像帧和 B 图像帧。

- I 图像帧是一种帧内编码图像帧。它是利用一帧图像中的像素信息,通过去除其空间冗余度而达到数据压缩的目的。
- P 图像帧是一种预测编码图像帧。它是利用前一个 I 图像帧或 P 图像帧,采用带运动补偿的帧间预测的方法进行编码。该图像帧可以为后续的 P 帧或 B 帧进行图像编码时提供参考。
- B 图像帧是一种双向预测编码图像帧。它是利用其前后的图像帧(I 帧或 P 帧)进行带运动补偿的双向预测编码而得到的,如图 3-36 所示,它本身不作为参考使用,所以不需要进行传送,但需传送运动补偿信息。

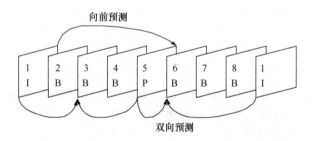

图 3-36 MPEG-1 图像组及其帧间编码方式

在 MPEG-1 中是以宏块 16×16 像素为单位进行双向估值。假设一个活动图像中有 3 个彼此相邻的宏块 I_0、I_1 和 I_2,如果已知宏块 I_1 相对于宏块 I_0 的运动矢量为 mv_{01},则前向预测 $I'_1(x) = I_0(x + mv_{01})$,其中 x 代表像素坐标;同理,若已知宏块 I_1 相对于宏块 I_2 运动矢量为 mv_{21},那么后向预测 $I''_1(x) = I_2(x + mv_{21})$,这样便可获得双向预测公式:

$$I_1(x) = \frac{1}{2}[I_0(x + mv_{01}) + I_2(x + mv_{21})] \qquad (3-23)$$

这里需要说明的是,在 MPEG 中,对于 P 帧和 B 帧的使用并未加以任何的限制。一个典型的实验序列的结果表明:对 SIF 分辨率,在采用 IPBBPBBPBBPBBPBBP 结构的、速率为 1.15 Mbit/s 的 MPEG-1 视频序列中,其 I 帧、P 帧和 B 帧的平均码率大小分别为 156 kbit/s、62 kbit/s 和 15 kbit/s。可见 B 帧的速率要远小于 I 帧和 P 帧的速率。然而仅通过增加 I 帧和 P 帧之间的 B 帧数量无法获得更好的压缩比。这是因为尽管增加了 B 帧的数量,但致使 B 帧与相应的 I 帧和 P 帧的时间距离增加,从而导致它们之间的时间相关性下降,也就使运动补偿预测能力下降。

③视频码流的分层结构

MPEG-1 数据码流也同样采用层次结构,其结构如图 3-37 所示。可见其最基本单元是块,下面分别进行介绍。

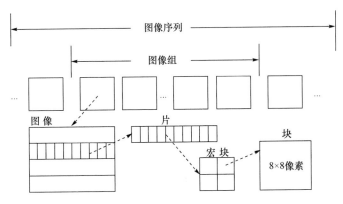

图 3-37   MPEG-1 码流分层结构

- 块:一个块是由 8×8 像素构成的。亮度信号、色差信号都采用这种结构。它是 DCT 变换的最基本单元。
- 宏块:一个宏块是由附加数据与 4 个 8×8 亮度块和 2 个 8×8 色差块组成。其中附加数据包含宏块的编码类型、量化参数、运动矢量等。宏块是进行运动补偿运算的基本单元。
- 片:由附加数据与若干个宏块组成。附加数据包括该片在整个图像中的位置、默认的全局量化参数等。片是进行图像同步的基本单元。应该说明的是,在一帧图像中,片越多,其编码效率越低,但处理误码的操作更容易,只需跳过出现误码的片即可。
- 图像:一幅图像是由数据头和若干片构成的。其中数据头包含该图像的编码类型及码表选择信息等。它是最基本的显示单元,通常被称为帧。
- 图像组:一个图像组是由数据头和若干图像构成。数据头中包含时间代码等信息。图像组中每一幅图像既可以是 I 帧,也可以是 P 帧或 B 帧。但需说明的是,GOP 中第一幅图像必须是 I 帧,这样可以便于提供图像接入点。
- 图像序列是由数据头和若干图像组构成的。数据头中包含图像的大小、量化矩阵等信息。

④MPEG-1 视频编/解码原理

MPEG-1 视频编/解码器的原理如图 3-38 所示。从图中可以看出,其功能包含帧内/帧间预测、量化和 VLC 编码等。

a. 帧内编码

由于输入图像序列的第一帧一定是 I 帧,因而无须对其进行运动估值和补偿,只需要将输入图像块信号进行 8×8 变换,然后对 DCT 变换系数进行量化,再对量化系数进行 VLC 编码和多路复用,最后存放在帧缓冲器之中,其输出便形成编码比特流,解码过程是编码的逆过程。

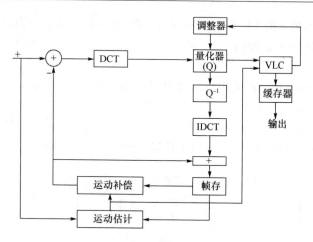

图 3-38 MPEG-1 视频编/解码器的原理

b. 帧间编码

从输入图像序列的第二帧开始进行帧间预测编码,因而由量化器输出的数据序列被送往 VLC 及多路复用器的同时,还被送往反量化器和 IDCT 变换(DCT 反变换),从而获得重建图像,以此作为预测器的参考帧。该过程与接收端的解码过程相同。

此时首先求出预测图像与输入图像之间的预测误差,当预测误差大于阈值时,则对预测误差进行量化和 VLC 编码,否则不传该块信息,但需将前向和后向运动矢量信息传输到接收端,在实际的信道中传输的只有两种帧,即 I 帧和 P 帧,这样,在接收端便可以重建 I 帧和 P 帧,同时根据所接收的运动矢量采用双向预测的方式恢复 B 帧。

值得注意的是,对于 B 帧的运动估值过程要进行两次,一次用过去帧来进行预测,另一次则要用将来帧进行预测,因此可求得两个运动矢量。同时,在编码器中可以利用这两个宏块(过去帧和将来帧)中的任何一个或两者的平均值和当前输入图像的宏块相减,从而得到预测差。这种编码方式就是前面介绍的帧间内插编码。

2. MPEG-2

1995 年出台的 MPEG-2 (ISO/IEC 13818)标准所追求的是 CCIR601 标准的图像质量,即为 DVB、HDTV 和 DVD 等制定的 3～10 Mbit/s 的运动图像及其伴音的编码标准。MPEG-2 在 NTSC 制式下的分辨率可达 720×486,MPEG-2 还可提供广播级的视频和 CD 级的音质。MPEG-2 的音频编码可提供左、右、中声道及两个环绕声道,以及一个重低音声道和多达 7 个伴音声道(此即 DVD 可有 8 种语言配音的原因)。同时,由于 MPEG-2 的出色性能表现,已能适用于 HDTV,使得原打算为 HDTV 设计的 MPEG-3,还没出世就被抛弃了。

MPEG-2 的另一特点是,可提供一个范围较广的可变压缩比,以适应不同的画面质量、存储容量以及带宽的要求。其应用范围除了作为 DVD 的指定标准外,MPEG-2 还可用于为广播、有线电视网、电缆网络以及卫星直播提供广播级的数字视频。目前,欧、美、日等国在视频方面采用 MPEG-2 标准,而在音频方面则采用 AC-3 标准,数字视频广播(Digital Video Broadcasting,DVB)标准中的视频压缩标准也确定采用 MPEC-2,音频压缩标准采用 MPEG 音频。

MPEG-2 标准分为 9 个部分。第一部分是 MPEG-2 系统,描述多个视频流和音频流合成节目流或传输流的方法。第二部分是 MPEG-2 视频,描述视频编码方法。第三部分为

MPEG-2 音频,描述音频编码方法。第四部分是一致性,描述测试一个编码码流是否符合 MPEG-2 码流的方法。第五部分为参考软件,描述第一、二和三部分的软件实现方法。第六部分是数字存储媒体的命令和控制 DSM-CC,描述交互式多媒体网络中服务器和用户之间的会话信令集。第七部分是高级音频编码 AAC,规定了不兼容 MPEG-1 音频的多通道音频编码。第八部分是一致性 DSM-CC。第九部分为实时接口,描述传送码流的实时接口规范。

与 MPEG-1 相比,MPEG-2 增加了许多新的特征,主要体现在以下 5 个方面。

(1)MPEG-2 标准的图像规范

MPEG-2 要求具有向下兼容性(和 MPEG-1 兼容)和处理各种视频信号的能力。为了达到这个目的,在 MPEG-2 中,视频图像编码是既分"档次"又分"等级"的。按照编码技术的难易程度,将各类应用分为不同"档次",其中每个档次都是 MPEG-2 语法的一个子集。按照图像格式的难易程度,每个档次又划分为不同"等级",每种等级都是对有关参数规定约束条件。其中主要档次/主要等级(MP@ ML)涉及的正是数字常规电视,使用价值最大。具体的分档、分级见表 3-8,表中给出的速率值仅是上限值。大体上说,低等级相当于 ITU-T 的 H.261 的 CIF 或 MPEG-1 的 SIF;主要等级与常规电视对应;高-1440 等级粗略地与每扫描行 1440 样点的 HDTV 对应;高等级大体上与每扫描行 1920 的 HDTV 对应。从表中也可以看出 MPEG-2 视频编码覆盖范围之广。

表 3-8　MPEG-2 的图像规范

等级＼档次	简单型	主要型	信噪比可分级型	空间域可分级型	增强型
高级【1920×1080×30】或【1920×1152×25】	(未用)	MP@HL 80 Mbit/s	(未用)	(未用)	HP@HL 100 Mbit/s
高-1440 级【1440×1080×30】或【1440×1152×25】	(未用)	MP@H1440 60 Mbit/s	(未用)	SSP@H1440 60 Mbit/s	HP@H1440 80 Mbit/s
主要级【720×480×29.97】或【720×576×25】	SP@ML 15 Mbit/s	MP@ML 15 Mbit/s	SNP@MP 15 Mbit/s	(未用)	HP@ML 20 Mbit/s
低级【352×288×29.97】	(未用)	MP@LL 4 Mbit/s	SNP@LL 4 Mbit/s	(未用)	(未用)

(2)场和帧的区分

在 MPEG-2 编码中为了更好地处理隔行扫描的电视信号,分别设置了"按帧编码"和"按场编码"两种模式,并相应地对运动补偿作了扩展。这样,常规隔行扫描的电视图像的压缩编码与单纯的按帧编码相比,其效率显著提高。例如,在某些场合中,场间运动补偿可能比帧间运动补偿好,而在另外一些场合则相反。类似地,在某些情况下,用于场数据的 DCT 的质量比用于帧数据的 DCT 的质量可能有所改进。由此可见,在 MPEG-2 中,对于场/帧运动补偿和场/帧 DCT 进行选择(自适应或非自适应)就成为改进图像质量的一个关键措施之一。

(3)MPEG-2 的分级编码

在表 3-8 中,同一档次不同级别间的图像分辨率和视频码率相差很大,例如主要型这一档次的 4 个等级对应的速率分别为 80 Mbit/s、60 Mbit/s、15 Mbit/s 和 4 Mbit/s。为了保持解码器的向上兼容性,MPEG-2采用了分级编码。表3-8中的两种可分级类型即为两类不同的分级编码方法。

①信噪比可分级:可以分级改变DCT系数的量化阶距,它指的是对DCT系数使用不同的量化阶距后的可解码能力。对DCT系数进行粗量化后可获得粗糙的视频图像,它是和输入的视频图像在同一时空分辨率下。增强层简单地说是指粗糙视频图像和初始的输入视频图像间的差值。

②空间域可分级:是利用对像素的抽取和内插来实现不同级别的转换。它是指在没有先对整帧图像解码和抽取的情况下,以不同的空间分辨率解码视频图像的能力。例如从送给SSP@ H1440解码的60 Mbit/s码流中分出MP@ML解码器所需的15 Mbit/s的数据,使其能解码出符合现行常规电视质量要求的图像序列。

(4)扩展系统层语法

MPEG-2中有两类数据码流:传送数据流和节目数据流。两者都是由压缩后的视频数据或音频数据(还有辅助数据)组成的分组化单元数据流所构成的。传送数据流的运行环境有可能出现严重的差错(比特误码或分组误码),而节目数据流的运行环境则极少出现差错,或系统层的编码基本上由软件完成。

由于在字头上作了很多详细规定,使用起来较为方便和灵活,因此可对每个分组设置优先级、加密/解密或加扰、插入多语种解说声音和字幕等。

(5)其他特点

①交替扫描:MPEG-2标准除了对DCT系数采用Z形扫描外,还采用了交替扫描方案,如图3-39所示。交替扫描更适合隔行扫描的视频图像。

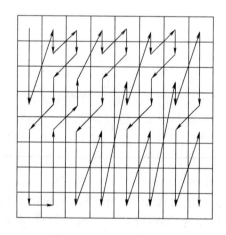

图3-39 交替扫描示意图

②DCT系数更细量化:在MPEG-2视频的帧内宏块中,直流系数的量化加权可以是8、4、2或1。也就是说,直流系数允许有11位(即全部)的分辨率,交流系数的量化范围为$[-2\ 048, 2\ 047]$,非帧内宏块中所有系数量化都在$[-2\ 048, 2\ 047]$;而对于MPEG-1标准,直流系数的量化加权固定为8,交流系数的量化范围为$[-256, 255]$,非帧内宏块所有系数量化都在$[-256, 255]$。

③量化器量化因子调整更细:量化因子的值除了是1～31之间的整数外,还提供了一组31个可选值,范围是0.5～56.0之间的实数。

3. MPEG-4

MPEG-4(正式命名为 ISO/IEC 14496)于 1998 年 11 月公布,它是针对一定比特率下的视频、音频编码,更加注重多媒体系统的交互性和灵活性。这个标准主要应用于可视电话、可视电子邮件等,对传输速率要求较低,在 4.8~64 kbit/s 之间,分辨率为 176×144。MPEG-4 利用很窄的带宽,通过帧重建技术以及数据压缩技术,以求用最少的数据获得最佳的图像质量。

MPEG-4 比 MPEG-2 的应用更广泛,最终希望建立一种能被多媒体传输、多媒体存储、多媒体检索等应用领域普遍采纳的统一的多媒体数据格式。由于所要覆盖的应用范围广阔,同时应用本身的要求又各不相同,因此,MPEG-4 不同于过去的 MPEG-2 或 H.26X 系列标准,其压缩方法不再是限定的某种算法,而是可以根据不同的应用,进行系统裁剪,选取不同的算法。例如对 Intra 帧的压缩就提供了 DCT 和小波这两种变换。MPEG-4 比起MPEG-2 及 H.26X 系列,新变化中最重要的 3 个技术特征是:基于内容的压缩、更高的压缩比和时空可伸缩性。

(1)MPEG-4 标准的构成

MPEG-4 标准由 7 个部分构成。第一部分是系统,MPEG-4 系统把音/视频对象及其组合复用成一个场景,提供与场景互相作用的工具,使用户具有交互能力。第二部分是视频,描述基于对象的视频编码方法,支持对自然和合成视频对象的编码。第三部分是音频,描述对自然声音和合成声音的编码。第四部分是一致性测试标准。第五部分是参考软件。第六部分是多媒体传送整体框架(Delivery Multimedia Integration Framework,DMIF),主要解决交互网络中、广播环境下以及磁盘应用中多媒体应用的操作问题,通过 DMIF,MPEG-4可以建立具有特殊服务质量的信道,并面向每个基本流分配带宽。第七部分是 MPEG-4 工具优化软件,提供一系列工具描述组成场景的一组对象,这些场景描述可以以二进制表示,与音/视频对象一起编码和传输。

(2)MPEG-4 编码特性

MPEG-4 采用了对象的概念。不同的数据源被视为不同的对象,而数据的接收者不再是被动的,他可以对不同的对象进行删除、添加、移动等操作。这种基于对象的操作方法是MPEG-4 与 MPEG-1、MPEG-2 的不同之处。语音、图像、视频等可以作为单独存在的对象,也可以集合成一个更高层的对象,经常称之为场景。MPEG-4 用来描述其场景的语言叫Binary Format for Scenes(BIFS)。BIFS 语言不仅允许场景中对象的删除和添加,而且可以对对象进行属性改变,可以控制对象的行为——即可以进行交互式应用。

整个 MPEG-4 就是围绕如何高效编码 AV(音视频)对象,如何有效组织、传输 AV 对象而编制的。因此,AV 对象的编码是 MPEG-4 的核心编码技术。AV 对象的提出,使多媒体通信具有高度的交互能力和很高的编码效率。MPEG-4 用运动补偿消除时域冗余,用 DCT消除空域冗余。与以往视频编码标准相同,为支持基于对象编码,MPEG-4 还采用形状编码和与之相关的形状自适应 DCT(SA-DCT)技术以支持任意形状视频对象编码。

与 H.263 相比,MPEG-4 的视频编码标准要复杂得多,支持的应用要广泛得多。MPEG-4 视频标准的目标是在多媒体环境中允许视频数据的有效存取、传输和操作。为达到这一广泛应用目标,MPEG-4 提供了一组工具与算法,通过这些工具与算法,从而支持诸如高效压缩、视频对象伸缩性、空域和时域伸缩性、对误码的恢复能力等功能。因此,

MPEG-4 视频标准就是提供上述功能的一个标准化"工具箱"。

MPEG-4 提供技术规范满足多媒体终端用户和多媒体服务提供者的需要。对于技术人员，MPEG-4 提供关于数字电视、图像动画、Web 页面相应的技术支持；对于网络服务提供者，MPEG-4 提供的信息能被翻译成各种网络所用的信令消息；对于终端用户，MPEG-4 提供较高的交互访问能力。具体标准概括如下。

①提供音频、视频或者音视频内容单元的表述形式，这种形式即 AV 对象(AVO，音视频对象)，这些 AVO 可以是自然内容和合成内容，这些内容可以用相机或麦克风记录，也可用计算机生成。

②将基本 AVO 对象合成为音视频对象，形成音视场景。

③将与 AVO 相连的数据复合、同步。

④使用户端和所产生的音视场景交互。

MPEG-4 提供一个组成的场景的标准方式，允许：

①将 AVO 放在给定坐标系统中的任意位置；

②将 AVO 重新组合成合成 AVO(Compound AVO)；

③为了修改 AVO 属性(例如，移动一个对象的纹理，通过发送一个动画参数模拟一个运动的头部)，应将流式数据应用于 AVO；

④交互式的改变用户在场景中的视点和听点。

(3) MPEG-4 标准的视频编码

在视频低码率压缩方面，MPEG-4 引入了视频对象面(Video Object Plane, VOP)的概念，其在无线视频传输系统中达到 10 kbit/s 的低速率。为此它使用了多种技术来克服不可修复的错误来保证解码器的正常工作，比如再同步标记和可逆可变长度编码技术。同时编码端提供了多层次质量的编码以适应解码端在比特率方面的限制。当场景含有不同的对象时，允许传送最重要的对象或对不同的对象实施不同的传输质量保证。MEPG-4 在传送不变的背景时所采用的技术可以使其在接收端改变视角时背景只传送一次，从而节省比特率。另外，MPEG-4 针对视频对象还采用了计算机建模技术，通过此技术可以使用对象的参数化操作来代替物体的具体运动，而且其计算由本地端完成。例如事先定好的人脸模型可以通过少数的表情状态和独立的模型运动来模仿人脸的具体动作。在预期的 MPEG-4 语音合成界面中，人脸模型和人脸中唇、眼等特征模型有其特定的操作命令，使之与语音同步。如图 3-40 所示为 MPEG-4 标准基于 VOP 的视频编解码框图。

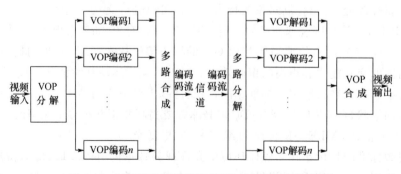

图 3-40 MPEG-4 标准基于 VOP 的视频编解码框图

MPEG-4 针对自然对象和合成对象的纹理特性提供了不同的解决方案。

①自然对象的纹理与视频

MPEG-4 用视频对象（Video Object，VO）来表述视频内容的基本单元，如一个站立的人（脱离背景）就是一个 VO，VO 与其他的 AVO（音视频对象）组合成一个特定的场景，传统的矩形图像只能被认为是将整个图像作为一个对象，是这种视频对象的一种特例。

MPEG-4 标准的可视信息部分提供一个包含各种工具与算法的工具箱（为了更广泛的适用性），对于下列各项要求提供解决方案：

a. 各种图片与视频的高效压缩；

b. 在 2D 和 3D 网格上进行纹理映射的各种纹理的高效压缩；

c. 各种动画网格的时变几何数据流的有效压缩；

d. 对各种视频对象的有效随机访问；

e. 对各种视频与图像序列的扩展操作；

f. 基于内容的图像和视频信息编码；

g. 基于内容的纹理、图像都可以升级（可升级性）；

h. 时间、空间、质量的可扩展性；

i. 在易于产生误码的环境下，对误码的指示和恢复能力。

②合成对象的纹理与图像

合成对象是计算机图形学的一个子集，MPEG-4 标准的合成对象主要有：

a. 参数化描述人体的合成及相应的动画数据流；

b. 对纹理映射的静态和动态网格编码；

c. 依赖于视点的纹理编码。

（4）MPEG-4 音频编码

MPEG-4 音频对象可以分为两类：自然音频对象和合成音频对象。MPEG-4 自然音频对象包括了从 2 kbit/s 到 64 kbit/s 的各种传输质量的编码。MPEG-4 定义了 3 种编码器（参数编码、CELP 编码和时频编码）来协调工作以在整个码率范围内都得到高质量的音频。自然音频对象的编码支持各种分级编码功能和错误恢复功能。合成音频对象包括结构音频（Structured Audio，SA）和文语转换（Text To Speech，TTS）。结构音频类似 MIDI 语言，它采用描述语音的方法来代替压缩语音。TTS 接受文本输入并输出相应的合成语音，在应用时通常与脸部动画、唇语合成等技术结合起来使用。此外，音频对象还含有对象的空间化特征，不同的空间定位决定了音源的空间位置，这样可以使用人工或自然音源来营造人工声音环境。

（5）其他有关内容

①关于物体的分割

MPEG-4 中不对如何从活动视频中分割 VO 做具体定义，应用中可根据实际情况处理，例如，对典型的可视电话图像有可能实现全自动的算法，其他还可能采用"Color Keying"，和人机交互等方式。

对于物体分割，尤其是可视电话图像中人物的自动分割是一个非常吸引人的课题，因为它还可能对三维图像编码起关键性作用。传统的分割方法采用一个分割阈值，然后用边缘部分的梯度作为调整参量，在 MPEG-4 的核心试验中获得较好的结果。

②关于码率控制

码率控制在标准中依旧是开放的，它是提高编码效率的一个重要环节，包括对不同 VO 分配不同的数码率，对同一 VO 进行内容更新的优化控制，以及对全局数码率的控制等。

总之，从编码方案上说，MPEG-4 仍是以子块为基础的混合编码，这与其初衷及大多数人的预计相差很大，但对画面的描述引入了 VO 的观念，是以内容为基础的描述方法，在进行画面组合、操作上更符合人的心理特点，提供了现有的以像素为基础的标准不能提供的功能，这是它的重要标志。

本章小结

本章首先介绍了图像信号概述及数字化；接着探讨了数字图像压缩的必要性和可行性以及图像压缩算法的分类及性能指标；重点介绍了图像压缩的各种编码算法，包括信息熵编码、预测编码、变换编码以及压缩编码新技术；最后详细介绍了图像和视频的各种压缩标准。本章的内容是研制多媒体系统和开发多媒体应用的基础。

思考练习题

1. 论述数据压缩的必要性和可行性。

2. 图像信息数字化过程主要包括哪些步骤？它与音频信息数字化有何区别？

3. 图像压缩方法按所采用的技术可分为为哪几类？简述各种图像压缩方法的基本原理。

4. 设一幅图像有 6 个灰度级 $W = \{W_1, W_2, W_3, W_4, W_5, W_6\}$，对应各灰度级出现的概率 $P = \{0.3, 0.25, 0.2, 0.1, 0.1, 0.05\}$，试对此图像进行哈夫曼编码并计算其编码效率。

5. 比较预测编码和变换编码的抗误码性能并说明其原因。

6. 请分析并比较算数编码与哈夫曼编码。

7. 介绍运动补偿的概念，并说明在预测编码中使用此概念的原因。

8. 解释小波变换编码的基本思想。

9. 试述 H.263 与 H.261 的区别。

10. 查阅相关资料，阐述图像压缩方法的最新进展。

多媒体信息输入/输出及存储技术

多媒体技术的发展离不开相关技术的支持,如媒体输入/输出技术、数据存储技术、数据管理技术等。尽管硬盘和光盘的容量越来越大,但依然满足不了人们使用多媒体数据所需要的存储要求。同时,多媒体的数据量巨大、种类繁多,每种媒体之间的差别十分明显,但又具有种种信息上的关联,这些都给数据与信息的管理带来了新的问题。本章将对多媒体信息输入/输出技术、多媒体信息存储技术及多媒体数据库技术进行介绍。

4.1 多媒体信息输入/输出技术

4.1.1 音频信息输入/输出技术

音频信息的输入/输出主要是由声卡来完成的。声卡或音频卡(audio card)是负责录音、播音和声音合成的计算机硬件插卡,是计算机进行所有与声音相关处理的硬件设备。

1. 声卡的结构

声卡的结构如图 4-1 所示。总线接口芯片为声卡的各个部分与计算机系统总线间提供握手信号,同时总线接口芯片还起到对指令和数据的缓冲器作用,完成声卡与计算机系统总线之间指令和数据的传送。数字音频处理芯片完成各种音频信号的记录和播放任务,处理工作还包括 ADPCM 音频信号的压缩和解压缩、采样频率改变、MIDI 指令解释等。音乐合成器负责 MIDI 的合成音效,可以即时创造声音,将数字音频的波形数据和 MIDI 信息合成为声音。一般声音的变化是用一些电压、电流这样的模拟信号的变化来反映的,而计算机只能处理数字信号,声卡中的 A/D 转换器负责将接收的模拟信号转成数字信号供计算机处理或将数字化的音频信号转换为模拟信号送出去,驱动音箱或耳机发音。混音器将从话筒、线性输入、CD 输入等不同途径的输入声音信号进行混合,还提供用软件控制音量的功能。

声卡的主要功能如下。

- 音频的录制与播放。声卡能将来自麦克风、收录机、激光唱盘等的声源采样,在软件的帮助下以数字声音文件的形式存放。在需要的时候,只要调出相应声音文件播放即可。此外,声卡与 CD-ROM 驱动器相连,可以实现对 CD 唱盘的播放。

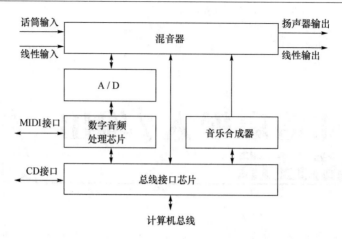

图 4-1　声卡的结构

- 声音效果合成。可以给声音添加诸如淡入/淡出、回声、音调变化等特效,这些对音乐爱好者都是非常有用的。
- 对声音文件的压缩和解压缩。直接通过采样得到的波形声音文件都很大,这样会占据太多有用的磁盘空间,需要用压缩编码的方法对这些文件压缩。有的声卡上有固化的压缩算法,有的是向用户提供压缩软件。
- 语音合成。通过语音合成技术将计算机中储存的文本文件转换成可以听到的语音,即让计算机来朗读文本。
- 语音识别。语音合成使人能够听到计算机的声音,相反语音识别能使计算机识别出人的声音。语音识别技术可以实现让计算机听懂人的声音信息,主要应用于需要用语音作为人机交互的场合。
- MIDI 音乐录制和合成。MIDI 接口是乐器接口的国际标准,MIDI 规定了电子乐器与计算机之间相互进行数据通信的协议,以保证双方有效的数据通信。通过相应的软件可以直接利用计算机完成对外部电子乐器的操作和控制。

2. 声卡的相关技术标准

(1)声卡的采样技术

声卡的主要作用之一是对声音信息进行录制与回放。在这个过程中,采样的位数和采样的频率决定了声音采集的质量。

①采样精度

它决定了记录声音的动态范围,以位(bit)为单位,比如 8 bit、16 bit。8 bit 可以把声波分成 256 级,16 bit 可以把同样的声波分成 65 536 级的信号。采样位数可以理解为声卡处理声音的解析度。这个数值越大,解析度就越高,录制和回放的声音就越真实。如今的主流产品都是 16 bit 的声卡。

②采样频率

当今的主流声卡,采样频率一般分为 22.05 kHz、44.1 kHz、48 kHz 共 3 个等级,22.05 kHz 只能达到 FM 广播的声音品质,44.1 kHz 则是理论上的 CD 音质界限,48 kHz 则更加精确一些。对高于 48 kHz 的采样频率,人耳已无法辨别出来了。

(2)声道数

声卡所支持的声道数也是技术发展的重要标志,从单声道到最新的环绕立体声,这里介绍不同的声道数对声卡的影响。

①单声道

单声道是比较原始的声音复制形式,早期的声卡采用得比较普遍。当通过两个扬声器回放单声道信息的时候,可以明显感觉到声音是从两个音箱中间传递到我们耳朵里的。

②立体声

立体声技术的声音在录制过程中被分配到两个独立的声道,从而达到很好的声音定位效果。这种技术在音乐欣赏中显得尤为有用,听众可以清晰地分辨出各种乐器来自的方向,从而使音乐更富有想象力,更加接近于临场感受。

③准立体声

准立体声声卡的基本概念就是:在录制声音的时候采用单声道,而播放有时是立体声,有时是单声道。

④4 声道环绕

随着技术的进一步发展,人们逐渐发现双声道已经越来越不能满足需求。因为 PCI 声卡的宽带带来了许多新的技术,其中发展最快的当属三维音效。新的 4 声道环绕音频技术规定 4 个发音点:前左、前右,后左、后右,听众则被包围在这中间。就整体效果而言,4 声道系统可以为听众带来来自多个不同方向的声音环绕,可以获得身临各种不同环境的听觉感受。

⑤5.1 声道

5.1 声音系统来源于 4.1 环绕,不同之处在于它增加了一个中置单元。这个中置单元负责传送低于 80 Hz 的声音信号,有利于加强人声,把对话集中在整个声场的中部,增加整体效果。5.1 声道包括中央声道、前置左/右声道、后置左/右环绕声道,及所谓的 0.1 声道二重低音声道,总共可连接 6 个扬声器,让人感觉置身于整个场景的正中央。目前,5.1 声道已广泛运用于各种传统影院和家庭影院中,一些比较知名的声音录制压缩格式,譬如杜比 AC-3（Dolby Digital）、DTS 等都是以 5.1 声音系统为技术蓝本的。

⑥7.1 声道

更强大的 7.1 系统已经达到了应用阶段。它在 5.1 的基础上又增加了中左和中右两个发音点,以求达到更加完美的境界,但是成本比较高。

（3）电子乐器数字化接口

电子乐器数字化接口（Musical Instrument Digital Interface，MIDI）是电子乐器之间以及电子乐器与计算机之间的统一交流协议,是 MIDI 生产商协会制定给所有 MIDI 乐器制造商的音色及打击乐器的排列表,总共包括 128 个标准音色和 81 个打击乐器排列。由于 MIDI 只是记录乐曲每一时刻的音乐变化,它只是将需要演奏的乐曲信息记录下来,例如演奏的乐器、演奏的音调伴奏等,并不包括任何可供回放的声音信息,所以 MIDI 文件的容量比较小。进行声音回放时需要通过声卡进行回放处理。通常有 FM 合成和波表合成两种方法。

目前,在一些游戏软件和娱乐软件中我们经常发现很多以 mid、rmi 为扩展名的音乐文件,这些就是在计算机上最为常用的 MIDI 格式。

（4）信噪比

信噪比(Signal to Noise Ratio，SNR)是一个诊断声卡抑制噪声能力的重要指标。通常用信号和噪声信号功率的比值，即 SNR，单位是 dB。SNR 值越大，则声卡的滤波效果越好。从 AC'97 开始，声卡上的 ADC、DAC 必须和混音工作及数字音效芯片分离。

(5)兼容性

兼容性有软件兼容和硬件兼容之分。兼容性对声卡很重要，特别在游戏方面。目前很多 PCI 声卡在放 CD、MP3 时，放大或缩小窗口都会有杂音出现，这主要是因为 PCI 显示卡也使用 PCI 总线的 PCI Bus Master 技术进行加速。若使用的是 AGP 显卡则绝对不会出现这些问题。

4.1.2　视频信息输入/输出技术

在多媒体应用系统中，视频以其直观生动等特点得到广泛的应用。

1. 视频卡

视频采集、显示播放是通过视频卡、播放软件、显示设备来实现的。视频卡是基于 PC 的一种多媒体视频信号处理平台，它可以汇集视频源、录像机(VCR)、摄像机(Camera)等的信息，经过编辑或特技处理而产生非常漂亮的画面。这些画面还可以被捕捉、数字化、冻结、存储、输出及进行其他的操作。对画面的修整、像素显示调整、缩放功能等都是视频卡支持的标准功能。多媒体视频卡除了可以实现视频信号数字化、捕捉特定镜头外，还可以在 VGA 上开窗口并与 VGA 信号叠加显示。

(1)视频卡的基本工作原理

视频卡的基本工作原理如图 4-2 所示。

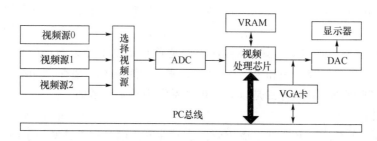

图 4-2　视频卡的基本工作原理

为了适应多种视频源的应用，视频卡一般都具有多个不同视频接口，分别对应录像机、影碟机和摄像机等视频源，可以通过相应的视频软件来选择所需视频源。图中的选择视频源完成对相应视频源的选择。ADC 完成视频解码，主要是模拟图像信号至数字图像信号的转换和解码。视频处理芯片是用于视频信号的捕获、播放和显示的专用控制芯片，可以完成视频输入信号的裁减、比例变化、VGA 同步、色键控制、PC 总线接口和对帧存储器的操作。视频处理器输出的是经过处理的 RGB 信号，与 VGA 显示卡输出的 RGB 信号是完全同步的，通过某种方法完成两路信号的叠加。视频随机访问存储器(VRAM)是专门为视频显示设计的存储器，可提供两个端口的同步读写能力，比一般的 DRAM 方式快得多。DAC 主要完成数模转换，将叠加的信号转换成模拟信号，最后在显示器中进行显示。

(2)视频卡的分类

目前市场上常见视频卡有如下 3 类。

①视频采集卡

将视频信号连续转换成计算机存储的数字视频信号(离散)保存在计算机中或在 VGA 显示器上显示,完成这种功能的视频卡称之为视频采集卡,或称为视频转换卡。如果能够实时完成压缩,则称实时压缩卡。通常可将外部视频输入信号叠加在显示器上,并将视频输入信号变换成计算机可存储的信息保存在硬盘中。只能单帧捕获的,称为图像卡。

视频采集卡的结构如图 4-3 所示。视频信号源、摄像机、录像机等信号首先经过 A/D 变换,通过多制式数字解码器得到 YUV 数据,然后由视频窗口控制器对其进行剪裁,改变比例后存入帧存储器。帧存储器的内容在窗口控制器的控制下与 VGA 同步信号或视频编码器的同步信号同步,再送到 D/A 变换器变成模拟的 RGB 信号,同时送到数字式视频编码器进行视频编码,最后输出到 VGA 监视器及电视机或录像机。

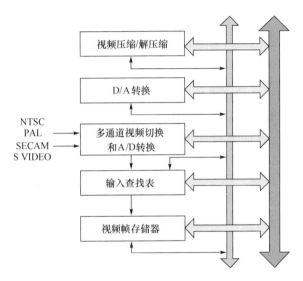

图 4-3　视频采集卡的结构

②视频播放卡

将压缩保存在计算机中的视频信号数据在计算机的显示器上播放出来的这种卡称为视频播放卡,或称解压缩卡。

③电视转换卡

电视转换卡分为两类:电视卡和 TV 编码器。电视卡是将标准的 NTSC,PAL,SECAM 电视信号转换成 VGA 信号在计算机屏幕上显示,这类卡也称为 TV-VGA 卡或电视调谐卡(TV Turner)等,它带一个高频头,可将计算机变成一台电视机,收看不同频道的电视节目。TV 编码器将计算机的 VGA 信号转换为 NTSC、PAL、SECAM 等标准的信号在电视上播放或进行录像,这类卡也叫作 PC-TV 卡、VGA-TV 卡等。

2. 摄像头

随着宽带网络逐渐深入到人们的工作和生活中,利用网络进行视频对话和可视电话的使用也越来越多。数字摄像头作为数字摄像机的一个特殊分支,在网络视频应用中正发挥着越来越重要的作用。

摄像头分为模拟摄像头和数字摄像头两类。模拟摄像头获得的模拟视频信号必须经过计算机的视频卡进行数字化转换,并经过压缩后才可以送入计算机进行处理,数字摄像头也称为网络摄像头,可以直接捕捉视频图像,然后通过 USB 或 IEEE1394 高速接口输入到计算机,而不再需要视频卡。

摄像头的基本工作原理是:外界景物通过摄像头的镜头(透镜)生成光学图像,再投射到图像传感器表面转换为模拟电信号,经过 A/D 变换转换为数字图像信号,送到数字处理芯片(DSP)进行加工处理,再通过与计算机的接口传输到计算机中进行处理,最后,通过显示器就可以看到图像了。

摄像头的主要性能指标有以下几个。

(1)摄像器件

按照感光元件的不同,摄像器件可以分为 CCD(电磁耦合组件)和 CMOS(金属氧化物半导体组件)两类。这两类摄像器件在技术上有很大的差异,但性能的差别不是很大。一般来说,CCD 的成像质量较高,用于对影像要求较高的场合,而 CMOS 用于对影像要求较低的应用场合。

(2)像素分辨率

像素是影响数字摄像头成像质量的重要指标,像素的大小关系着图像的分辨率。在早期的摄像头中所使用的像素值一般只有 10 万左右,成像后的分辨率是 352×288(CIF)。因其分辨率太低且性能不佳而遭市场淘汰。目前市场上的主流产品的像素有 30 万像素(VGA,640×480)和 130 万像素(SXGA,$1\,280 \times 1\,024$),成像质量也有了很大提高。

(3)颜色深度

大多数数字摄像头的颜色深度采用 24 位真彩色,质量更好的甚至会采用 30 位真彩色。采用的颜色深度越大,所得到的图像色彩越丰富,细节也更加清晰。

(4)视频捕获速度

捕获速度也叫帧率,表示单位时间内图像帧的显示速度,单位是帧/秒。视频捕获速度是摄像头对视频图像捕获、处理和传输的能力,直接关系到动态图像的流畅度。由于摄像头捕获的是运动图像,因此帧率对图像主观感受影响较大。捕获速度一般是指摄像头采用最大分辨率时的流畅度。通常所采用的摄像头的帧率在 20 帧/秒,高档摄像头的帧率在 30帧/秒。帧率太低会出现跳帧的现象。一般数字摄像头视频捕获的最大分辨率为 640×480,若帧率要达到 30 帧/秒,宽带网的传输速率要达到 10 Mbit/s。

(5)接口方式

早期的数字摄像头是接在计算机的并口上,速率达到 1 Mbit/s,现在流行的数字摄像头都是接在计算机的 USB 口上。USB 速度快,连接简单,即插即用并提供外接电源。现在的数字摄像头功耗都很低,依靠 USB 提供电源即可工作。

4.1.3 其他输入/输出技术

1. 扫描仪

扫描仪(Scanner)是一种图像输入设备,利用光电转换原理,通过扫描仪光电的移动或原稿的移动,把黑白或彩色的原稿信息数字化后输入到计算机中。

扫描仪一般由电荷耦合器件(Charge Coupled Device,CCD)阵列、光源及聚焦透镜组成。CCD 排成一行或一个阵列,阵列中的每个器件都能把光信号变为电信号,光敏器件所产生的电量与所接收的光量成正比。

　　扫描仪的图像数字处理过程(以平面式扫描仪为例)：把原件面朝下放在扫描仪的玻璃台上,扫描仪内发出光照射原件,反射光线经一组平面镜和透镜导向后,照射到 CCD 的光敏器件上,由 CCD 将光信号转换成相应电信号。来自 CCD 的电信号送到模数转换器中,将电压转换成代表每个像素色调或颜色的数字值。步进电机驱动扫描头沿平台作微增量运动,每移动一步,即获得一行像素值。扫描彩色图像时分别用红、绿、蓝滤色镜捕捉各自的灰度图像,然后把它们组合成为 RGB 图像。有些扫描仪为了获得彩色图像,扫描头要分 3 遍扫描。另一些扫描仪中,通过旋转光源前的各种滤色镜使得扫描头只需扫描一遍。

　　扫描仪的主要性能指标有以下几个。

　　(1)光学精度

　　这是最重要的技术指标之一,它直接影响到扫描效果。光学精度分横向精度和纵向精度,其中横向精度由扫描仪内的 CCD 点数来决定,而纵向精度通过步进电机来控制。所以通常是用横向精度来判定扫描仪的精度,用分辨率来作为定量描述。分辨率表示了扫描仪对图像细节的表现能力,定义为每英寸长度上扫描图像所含的像素点的个数,单位是 dpi,数值越大,精度越高。

　　(2)色彩位数(bit)

　　它是扫描仪所能捕获色彩层次信息的指标,由模数转换电路来决定。位数是由一次扫描过程中 R、G、B 三原色分别曝光(共三次)来定义的,例如三原色分别为 $2^8 = 256$ 种色彩,则它们的组合色彩为 $2^8 \times 2^8 \times 2^8 = 2^{24} = 16$ M 种颜色,即色彩位为 24 bit,灰度定义为 256 阶。在目前流行的扫描仪产品中,36 bit 的扫描仪性能最好,在高性能显卡、高处理速度的计算机和先进图像处理软件的配合下,可以达到完美的效果。

　　(3)硬件接口标准

　　扫描仪主要有 SCSI、EPP 和 USB 三种接口方式与计算机相连。EPP(增打印并口)接口方式简单,可以使扫描仪和打印机串联使用同一计算机并口,但传输速率较低。USB(通用串行总线)是最新的连接方式,目前流行的计算机主板都有 USB 接口,这种方式真正支持即插即用,而且支持热插拔功能。

　　(4)动态密度(单位 D)

　　动态密度表示扫描仪从白色到黑色的色调值宽度范围。大范围的扫描仪可以分辨出图像的暗部层次和亮部区域细节,因此反映了色彩的真实性。通常大于 2.8D 的扫描仪就可以满足工作需要了。高动态密度的扫描仪应用于专业领域。

　　2. 数码相机

　　数码相机是一种高新技术数字图像捕捉设备。作为多媒体外设的一个新的扩充,几百万级像素和操作日趋简单的数码相机使图像的保存和处理更加方便,越来越受到人们的喜爱。它使用 CCD 阵列,把来自 CCD 阵列的电压信号送到模数转换器后,变换成图像的像素值。

　　(1)数码相机的主要部件

　　①CCD 矩形网格阵列

　　数码相机的关键部件是 CCD。与扫描仪不同,数码相机的 CCD 阵列不是排成一条线,而是排成一个矩形网格分布在芯片上,形成一个对光线极其敏感的单元阵列,使照相机可以一次摄一整幅图像,而不像扫描仪那样逐行地慢慢扫描图像。CCD 表面的光敏单元就像计算机屏幕上的像素一样按行、列编排。每个单元将根据照射到其上的光量,按比例聚集一定强度的电荷。

②存储介质

数码相机都有内部的存储介质。典型的存储介质由普通的动态随机存取存储器、闪速存储器或小型硬盘组成。它们都像硬盘一样无须电池供电也可以把信息存储很长一段时间。图像数据被传送到照相机内部的存储介质上,存储介质可供存放图像,并把数据组成传送到计算机中。

③接口

图像数据通过一个串行口、SCSI 接口或 USB 接口从照相机传送到计算机。

(2)数码相机的成像原理

被摄物体的光信号通过数码相机光学透镜成像,由快门对光通量控制,在相机内专用感光成像的 CCD 阵列上成像,再由电子部件扫描成像信息,将这些信息的细节转变成相应的模拟电信号,而后由模数转换器完成模拟信号到数字信号的转换,最后将这些数字影像信号进行数据压缩处理后保存在相机内部专用或通用的存储器中。可以根据需要将图像数据传输至计算机,或打印输出,或显示输出。现在的数码相机一般都配有小尺寸 LCD 彩色液晶显示屏,可随时查看图像效果。

(3)数码相机的主要技术指标

①分辨率

数码相机图像质量由 CCD 的像素数来决定,像素数越多则相机的分辨率越高,画质就越好。同时像素数还可决定打印输出照片的大小。像素数越多,相同画质条件下打印照片的尺寸就越大。但分辨率越高,图像文件数据量就越大,在数码相机的有限内存空间内存储的照片就越少。

②色彩浓度

色彩浓度即色彩位(bit),一般数码相机都能达到 24 bit,可生成真彩色图像。若色彩位要达到 36 bit 或 48 bit,那么其像素数必须在 200 万级或 500 万级以上。

③存储介质

除相机内部的内存卡之外,还有像 PC 卡、硬盘这样的存储媒体,它们的存储量、方便性、存储速度各不相同。

④变焦镜头

变焦方式分为自动对焦和辅助手动对焦两种。高档数码相机一般都能实现光学变焦和数码变焦功能且变焦倍数高。

⑤图像存储格式

主要有 BMP 格式、JPEG 格式和 TIFF 格式。BMP 格式容量大但画质较好;JPEG 格式可调整图像压缩比例,但画质有所下降;TIFF 格式是无损压缩(可逆压缩)。

⑥接口标准

普通数码相机采用 USB(通用串行总线)数据接口;而专业数码相机采用 IEEE1394 数据接口,这种接口传输速度很高。

⑦LCD 显示屏

这一功能使数码相机使用起来非常方便,因此也作为数码相机的一个指标,特别是显示屏尺寸这个指标比较重要。

3. 触摸屏

触摸屏(Touch Screen)是一种定位设备。当用户用手指或其他设备触摸安装在计算机显示器前面的触摸屏时,所摸到的位置(以坐标形式)被触摸屏控制器检测到,并通过串行口或者其他接口送到 CPU,从而确定用户所输入的信息。触摸屏可以附在 CRT 显示器、LCD显示器上。触摸屏的引入主要是为了改善人机交互方式,特别是非计算机专业人员,使用计算机时可以将注意力集中在屏幕上,免除了人们对键盘不熟悉的苦恼。在有的情况下(如在公共场所的计算机),不希望使用者用鼠标或键盘操作它,只提供在某个应用程序下的操作。

触摸屏系统一般包括触摸屏控制卡、触摸检测装置和驱动程序 3 部分。安装在触摸屏表面前端的触摸检测装置用来检测用户手指的触摸位置,并将相应信息传送给触摸控制卡。触摸控制卡接收从触摸检测装置送来的信息并转换成触点信息再传送给主机,同时还接收主机发送来的命令。

按工作原理,可把触摸屏分为红外线式、电阻式、电容式、声表面波式等类型。

(1)红外线式触摸屏

红外触摸屏是在普通显示器的前面安装一个外框。通过外框中的电路板在屏幕四边排布红外发射管和红外接收管,对应形成横竖交叉的红外线矩阵。当用户触摸屏幕时,手指就会挡住经过该位置的横竖两条红外线,从而利用 X、Y 方向上密布的红外线矩阵来检测并定位用户的触摸位置,并将此信号通过串口或键盘端口输送给计算机,完成一个指令过程。

(2)电阻式触摸屏

这种屏的传感器是一块覆盖电阻性栅格的玻璃,再蒙上一层涂有导电涂层并有特殊膜压凸缘的聚酯薄膜。凸缘避免其表面的涂层与玻璃的涂层接触。当屏幕被触摸时,压力使聚酯薄膜凹陷而与玻璃上的导电层接触。控制器向玻璃的两个邻角加 5 V 电压,并把对面两角接地,于是电阻栅格使玻璃上形成从矩形的一边到另一边线性变化的电压阶梯,控制器从两个方向测出触摸点的电压值,从而计算出坐标位置。

(3)电容式触摸屏

触摸屏由一个模拟感应器和一个智能双向控制器组成。感应器是一块表面涂有导电层的透明玻璃,上面覆盖一层保护性外层。通电工作时产生分布电场,当手指或其他导体接触导电涂层时,电容改变,电场则随之变化。控制器检测变化的电场,确定触点的坐标位置。感应器安装在监视器内部,工作可靠性高。

(4)声表面波触摸屏

声表面波是应变能沿物体表面传播的弹性波。触摸屏在一片玻璃的每个角上各安装两个发射器和接收器,反射声波的反射器被嵌进玻璃中,声波沿两面从顶端至底端穿过玻璃发射器朝一个方向发射 5MHz 的高频脉冲。当脉冲离开一角后,就会被反射器反射回来一部分声波。当触摸某点位置时,阻碍了脉冲在那点的反射,接收器接收的脉冲信号出现一缺口。脉冲的起始点至下落点间的时间长度就确定了触摸点的坐标。声波传播速度乘以时间就得到了距离。控制器通过互换两对发射器和接收器,则可测定触点的坐标。

4. 手写笔

手写笔(又称为电子笔)在文字输入领域的研究与发展是前所未有的,目前市场上功能各异的"笔"产品不断出现。出现这种现象的主要原因就是手写笔有着键盘和鼠标无法与之相比的优点：(1)使用手写笔不需要专门培训，节省了大量时间；(2)自由作图功能强；(3)作为指针功能，在单击、拖动等操作方便，比鼠标更加直观；(4)在某些较复杂的数据输入场合（如表格数据输入），手写笔已成为人们操作方便快捷的工具。

目前流行的通用型手写笔系统包括：笔、图形输入板、接口（一般利用计算机串口，与串口鼠标的接法相似）、笔驱动程序和识别管理程序等相关软件。

当用笔在图形输入板（又称为数字化仪）写字或作简单图形时，输入板对笔画的坐标点进行扫描和编码，编码不但要反映笔画的形状，而且还要兼顾笔画的力度、角度等状态，因此输入板实际就是一个光栅向量转化器。图形输入板将笔画数据综合量化后传输给计算机，在相关软件的帮助下进行识别处理。图形输入板的分辨率（单位 dpi，这点类似于扫描仪的分辨率）是极为重要的一个指标，同时对笔画的采样速率也决定了笔画是否流畅，速率越高，对笔画的跟踪就越精细。

图形输入板基本上分为电磁型和静电型两种类型。电磁型板面上有坐标格状导线，当笔靠近坐标格时，导线感应出电压，从而产生信号。而静电型板面采用绝缘透明写字板面，当笔靠近板面时，通过板面的电容耦合产生电压信号，以确定坐标位置。当然还有一种不用笔的输入板，也是靠人的手指来触摸表面，感应生成所需要的信号。但这种类型只适合于比较简单的指令操作，分辨率很低。在众多手写笔的技术中，采用激光跟踪技术是较新的一种精确定位技术，相应产品的性能很好，当然结构相对复杂，成本较高。

4.2　多媒体信息存储技术

多媒体存储最主要的特点是要考虑多媒体对象的庞大数据量及实时性的要求。目前，大型多媒体文档存储的主要介质是光盘存储系统和高速磁存储器。

4.2.1　光存储技术

光存储技术发展很快，特别是近 10 年来，近代光学、微电子技术、光电子技术及材料科学的发展为光学存储技术的成熟及工业化生产创造了条件。光存储以其存储容量大、工作稳定、密度高、寿命长、介质可换、便于携带、价格低廉等优点，已成为多媒体系统普遍使用的设备。

1980 年，日本的 KDD 公司推出了世界上第一台光存储系统。从那时候起，世界各先进工业国就致力于光存储系统的开发和研究工作。光存储系统由光盘驱动器和光盘盘片组成。光存储的基本特点是用激光引导测距系统的精密光学结构取代硬盘驱动器的精密机械结构。光盘驱动器的读写头是用半导体激光器和光路系统组成的光学头，记录介质采用磁光材料。驱动器采用一系列透镜和反射镜，将微细的激光束引导至一个旋转光盘上的微小区域。由于激光的对准精度高，所以写入数据的密度要比硬磁盘高得多。

光存储系统工作时，光学读/写头与介质的距离比起硬盘磁头与盘片的距离要远得多。光学头与介质无接触，所以读/写头很少因撞击而损坏。虽然长时间使用后透镜会变脏，但灰尘不容易直接损坏机件，而且可以清洗。与磁盘或磁带相比，光学存储介质更安全耐用，不会因受环境影响而退磁。硬盘驱动器使用 5 年以后失效是常见的事情,而磁光型介质估计至少可使用 30 年、读/写 1 000 万次,只读光盘的寿命更长,预计为 100 年。

1. 光存储的类型

常用的光存储系统有只读型、一次写型和可重写型三大类。

(1)只读型光存储系统

只读型(Read Only)光盘上的数据是在生产制作时生成的,用户可以根据需要选读光盘上的信息,但是不能擦除、更改或者再写入新的数据。它主要用于作为电子出版物、素材库和大型软件的载体。常见的有 CD-ROM、激光唱片(CD-DA)、激光视盘(LD)以及存储视频图像和电影的 VCD、DVD 等。

(2)一次写型光存储系统

一次写多次读型(Write Once Read Many,WORM)光存储系统的存储单元的状态只能改变一次,而且一旦改变就不能回到原来状态,即写是不可逆的,但是可重复多次读,即可一次写入,任意多次读出。使用寿命为 10~50 年。它主要用于档案存储。常用的 WORM 光盘有 CD-R 光盘,使用 CD-R 刻录机写入数据,它支持逐次写入光盘内容,但对于已写入空间不允许重新写入。

(3)可重写型光存储系统

可重写光盘(Erasable-Read/Write,E-R/W)像硬盘一样,可以任意读写数据,即允许在擦除了盘片上原有的数据以后重新写入新的数据,主要用于多媒体应用开发系统和多媒体信息系统中。

2. 光存储系统技术指标

光存储系统的主要技术指标包括尺寸、存储容量、数据传输率、缓存和平均存取时间。

(1)尺寸

光盘的尺寸多种多样。LV(Laser Vision)的直径为 12 英寸,CD 激光唱盘和 CD-ROM 的直径为 4.72 英寸。光盘正在向小尺寸方向发展。

(2)容量

容量指按照某种光盘标准进行格式化后的容量。采用不同的光盘标准就有不同的存储格式,容量也不一样。如果改变每个扇区的字节数,或采用不同的驱动程序,则会影响格式化容量。例如,SONY 公司的 SMO-D501 光盘,如果格式化使每个扇区为 1 024 B,则格式化容量是 325 MB;如果采用每扇区为 512 B,则格式化容量只有 297 MB。目前,光盘正朝着高密度、大容量和小体积方向发展。

(3)数据传输率

数据传输率是指从光盘驱动器上读取数据到系统存储中的速度,或单位时间内从光道上传送的数据位数(kbit/s),也可以表示为数据字节数(KB/s)。最初颁布的 MPC-1 标准规定光驱的数据传输率为 150 KB/s。随后以此速率作为衡量光盘数据传送率的单位,出现了 2 倍速、4 倍速、8 倍速,例如 8 倍速的光驱其数据传输率是 1.2MB/s。目前已经达到 64 倍速,即 9.6 MB/s。

(4)高速缓存

由于光盘驱动器读数的速度远比硬盘驱动器慢,因而在光盘驱动器中需要设置读出数据的高速缓冲器。从光盘读数据时,将读出的数据存入高速缓存,存满后可以立即输出到计算机的 RAM 中,接着继续读出数据并存入高速缓存,这样可以提高光盘的读取速度。64 KB 的缓存可将 CD-ROM 的读取速度提高 2～30 倍。原则上讲,缓冲区的容量越大越好。一般有 64 KB、128 KB、256 KB,也有 1 MB 或更大的缓冲区。

(5)平均存取时间

平均存取时间是指从计算机向光盘驱动器发出命令开始,到光盘驱动器在光盘上找到读写信息的位置,并接收读写命令为止的一段时间。包括光学头寻道时间、稳定时间和旋转延时。早期的单速 150 KB/s 光盘驱动器的平均存取信息所需要的时间为 350 ms,甚至更长的时间。而 2 倍速光驱的查找时间平均在 200 ms 左右,4 倍速光驱的平均存取时间为 100～160 ms。可见,平均存取时间的减少意味着通过光驱从光盘上查找资料的速度加快了。

3. 光盘库

光盘库系统是一种带有自动换盘装置(机械手)的光盘存储共享设备,一般由放置光盘的光盘架、自动换盘机构(机械手)和驱动器 3 部分组成。

光盘库系统包含一个或多个光驱动器,由精确伺服控制的机电机械手自动升降器机构来在盘片堆找上的槽和驱动器之间来回移动光盘。当用户访问光盘库时,自动换盘机构首先将驱动器中的光盘取出并放置在指定的盘架位置上,然后将光盘送入驱动器。在盘播放完毕后机械手机构从驱动器上将盘卸下并放回堆栈上它的槽内。在程序控制下,机械手设备可操作和管理多个驱动器。

一套光盘库一般由 2～12 个盘仓组成,每个盘仓可容纳 50 片光盘,最多可以容纳多达600 张光盘,总容量可以达到几百吉比特甚至太比特。光盘库通过高速 SCSI 接口与网络服务器连接,光盘驱动器通过自身接口与主机交换数据。当用户需要对光盘中的数据进行访问时,自动换盘装置先将驱动器中的光盘取出并按照要求放置在光盘架指定位置,然后再从光盘架中取出所需要的光盘并送入驱动器中。自动换盘装置的换盘速度迅速,一般是在秒级,光盘库所用的盘片一般是以 VCD 或 DVD 为主。

DVD 光盘库的主要特点如下:

- 高容量,每张 DVD 盘片容量达到 5.2 GB,总容量达到太比特;
- 检索速度快,换盘时间在秒级,支持跨盘存取;
- 高可靠性,光盘的寿命为 100 年;
- 与各系统无缝连接,可应用于 Windows NT、Net Ware、UNIX、IBM 等系统;
- 安装简便,易于管理。

4.2.2 存储区域网络

存储区域网络(Storage Area Network,SAN)是通过专用高速网将一个或多个网络存储设备和服务器连接起来的专用存储系统。SAN 在最基本的层次上定义为互连存储设备和服务器的专用光纤通道网络,它在这些设备之间提供端到端的通信,并允许多台服务器独立地访问同一个存储设备。

SAN 通过单独的高速光纤网络将存储设备和局域网上的服务器群连接起来,数据的存取通过存储区域网在服务器和海量存储设备间进行高速传输。存储区域网络是一种可满足海量(TB～PB 数量级)数据存储、大量的 I/O 吞吐量和高端应用需求的网络式存储技术。

应用计算机通过标准的网络(如以太网)连接到 SAN 的存储设备上。存储区域网络以光纤通道(Fiber Channel,FC)为基础,实现了存储设备的共享,突破了现有传输距离的限制和存储容量的限制;服务器通过存储网络直接与存储设备交换数据,释放了宝贵的局域网资源。SAN 采用光纤通道技术彻底改变了服务器和存储设备之间的连接关系,实现以前无法实现的应用模式。

SAN 的出现使服务器和存储设备之间的连接方式产生了根本的变化。SAN 是一种可以使服务器与大型存储设备(磁盘阵列或磁带库)之间进行任意连接通信的存储网络系统,它通过一个单独专用的网络将存储设备和服务器连接在一起。由于在 SAN 中服务器可以和网络中的任何存储设备连接,所以数据存放在何处,服务器都可以直接存取所需要的数据。SAN 中的各种设备是分散在网络中的。光纤通道技术可以支持多种网络拓扑结构,使用全双工串行通信原理传输数据,速度快且延迟小。现在,采用光纤通道(FC)技术硬盘存取速度实际上达到 200 MB/s。光纤通道采用同轴线时的传输距离达到 30 m,采用单模光纤时的传输距离可以达到 10 km。

从具体实现的角度来说,存储区域网络(SAN)由 4 部分组成:终端用户、服务器群、存储系统和光纤通道,其结构如图 4-4 所示。

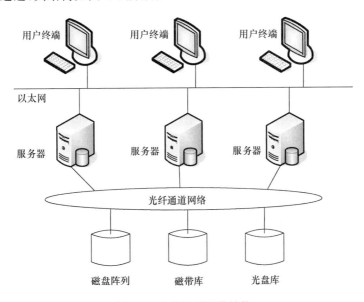

图 4-4　存储区域网络结构

用户终端通过局域网和广域网与单独的服务器或服务器群连接。在某些特殊情况下也可以直接通过光纤通道网联到存储设备。在小型和大型网络应用中,服务器以单机或群的方式接入存储区域网络。光纤通道网络是特有的技术,光纤通道是由光纤集线器、光纤交换机等设备组成。存储设备通过光纤通道与服务器群连接。

存储区域网络(SAN)的特点如下。

- 实现大容量存储设备的共享和高速的数据传输。SAN 所提供的大容量存储设备共享方式可以形成共享数据存储池,满足当前计算机所要求的海量数据存储要求。由于 SAN 采用光纤网,提供了主机与存储设备之间的高速连接,提升了主机系统的存储带宽。

- 连接方便和远距离传输。光纤通道 FC 技术的采用使 SAN 的设备连接距离可以达到 10 km(SCSI 只有 25 m)。
- 实现主机与存储设备的分离。主机与存储设备的分离是当今计算机技术发展的一大趋势。由于多台服务器共享 SAN 上的存储设备,大大改善了向服务器分配磁盘空间的方式。存储设备与服务器的分离,使得 SAN 中的主机、存储设备不但在物理位置的安排上可以十分灵活,而且还可以方便地将各种设备进行逻辑上的划分,还允许用户随时添加应用所需要的存储空间。
- 提高数据的可靠性和安全性。在 SAN 中可以采用双环方式建立存储设备和计算机之间的多条通路,从而提高数据的可用性。还可以通过建立双机容错、多机集群,实现 RAID 检验等方式,进一步保证数据的安全性。

4.3 多媒体数据库

4.3.1 多媒体对数据库设计的影响

在传统的数据库中引入多媒体数据和操作,是一个极大的挑战。这不只是把多媒体数据入到数据库中就可以完成的问题。传统的字符数值型的数据虽然可以对很多的信息进行管理,但由于这一类数据的抽象特性,应用范围毕竟十分有限。为了构造出符合应用需要的多媒体数据库,我们必须解决从体系结构到用户接口等一系列的问题,多媒体对数据库设计的影响主要表现在以下几个方面。

1. 数据库的组织和存储

多媒体数据量巨大,且媒体之间量的差异也极大,从而影响数据库的组织和存储方法。如动态视频压缩后每秒仍达上百 KB 的数据量,而字符数值等数据可能仅有几个 Byte。只有组织好多媒体数据库中的数据,选择设计好合适的物理结构和逻辑结构,才能保证磁盘的充分利用和应用的快速存取。数据量的巨大还反映在支持信息系统的范围的扩大,应用范围的扩大显然不能指望在一个站点上就存储上万兆的数据,而必须通过网络加以分布,这对数据库在这种环境下进行存取也是一种挑战。

2. 媒体种类的增多增加了数据处理的困难

每一种多媒体数据类型都要有自己的一组最基本的概念(操作和功能)、适当的数据结构和存取方法以及高性能的实现。但除此之外也要有一些标准的操作,包括各种多媒体数据通用的操作及多种新类型数据的集成。虽然前面列出了几类主要的媒体类型,但事实上,在具体实现时往往根据系统定义、标准转换等演变成几十种媒体格式。不同媒体类型对应不同数据处理方法,这便要求多媒体数据库管理系统能不断扩充新的媒体类型及其相应的操作方法。新增加的媒体类型对用户应该是透明的。

3. 数据库的多解查询

传统的数据库查询只处理精确的概念和查询。但在多媒体数据库中非精确匹配和相似性查询将占相当大的比重。因为即使是同一个对象若用不同的媒体进行表示,对计算机来说也肯定是不同的；若用同一种媒体表示，如果有误差，在计算机看来也是不同的。与之相类似的还有诸如纹理、颜色和形状等本身就不易于精确描述的概念，如果在对图像、视频进行查询时用到它们，很显然是一种模糊的、非精确的匹配方式。对其他媒体来说也是一样。媒体的复合、分散、时序性质及其形象化的特点，注定要使数据库不再是只通过字符进行查询，而应是通过媒体的语义进行查询。然而，我们却很难了解并且正确处理许多媒体的语义信息。这些基于内容的语义在有些媒体中是易于确定的（如字符、数值等），但对另一些媒体却不易确定，甚至会因为应用的不同和观察者的不同而不同。

4. 用户接口的支持

多媒体数据库的用户接口肯定不能用一个表格来描述，对于媒体的公共性质和每一种媒体的特殊性质，都要在用户的接口上、在查询的过程中加以体现。例如对媒体内容的描述，对空间的描述，以及对时间的描述。多媒体要求开发浏览、查找和表现多媒体数据库内容的新方法，使得用户可以很方便地描述他的查询需求，并得到相应的数据。在很多情况下，面对多媒体的数据，用户有时甚至不知道自己要查找的是什么，不知道如何描述自己的查询。所以，多媒体数据库对用户的接口要求不仅仅是接收用户的描述，而是要协助用户描述出他的想法，找到他所要的内容，并在用户接口上表现出来。多媒体数据库的查询结果将不仅仅是传统的表格，而将是丰富的多媒体信息的表现，甚至是由计算机组合出来的结果"故事"。

5. 多媒体信息的分布对多媒体数据库体系带来了巨大的影响

这里所说的分布，主要是指以 WWW 全球网络为基础的分布。随着因特网的迅速发展，网络上的资源日益丰富，传统的固定模式的数据库形式已经显得力不从心。多媒体数据库系统将来肯定要考虑如何从 WWW 网络信息空间中寻找信息，查询所要的数据。

6. 处理长事务的能力

传统的事务一般都是短小精悍，在多媒体数据库管理系统中也应尽可能采用短事务。但有些场合，短事务不能满足需要，如从动态视频库中提取并播放一部数字化影片，往往需要长达几个小时的时间，作为良好的 DBMS 应保证播放过程不致中断，因此不得不增加处理长事务的能力。

7. 服务质量的要求

许多应用对多媒体数据的传输、表现和存储的质量要求是不一样的，系统所能提供的资源也要根据系统运行的情况进行控制。对每一类多媒体数据都必须考虑这些问题：如何按所要求的形式及时地、逼真地表现数据；当系统不能满足全部的服务要求时，如何合理地降低服务质量；能否插入和预测一些数据；能否拒绝新的服务请求或撤销旧的请求？

8. 版本控制的问题

在具体的应用中，往往涉及对某个处理对象（如一个 CAD 设计或一份多媒体文献）的不同版本的记录和处理。版本包括两种概念：一是历史版本，同一个处理对象在不同的时间有不同的内容，如 CAD 设计图纸，有草图和正式图之分；二是选择版本，同一处理对象有不同的表述或处理，一份合同文献可以包含英文和中文两种版本。需解决多版本的标识和存储、更新和查询，尽可能减少各版本所占存储空间，而且控制版本访问权限。现有通用型 DBMS 大都没有提供这种功能，而由应用程序编制版本控制程序，这显然是不合适的。

由此可见，多媒体对数据库的影响涉及数据库的用户接口、数据模型、体系结构、数据操纵以及应用等许多方面。

4.3.2 多媒体数据库管理系统

1. MDBMS 的功能

根据多媒体数据管理的特点,MDBMS 应包括如下基本功能。

- MDBMS 必须能表示和处理各种媒体的数据,重点是不规则数据如图形、图像、声音等。
- MDBMS 必须能反映和管理各种媒体数据的特性,或各种媒体数据之间的空间或时间的关联。
- MDBMS 除必须满足物理数据独立性和逻辑数据独立性外,还应满足媒体数据独立性。物理数据独立性是指当物理数据组织(存储模式)改变时,不影响概念数据组织(逻辑模式)。逻辑数据独立性是指概念数据组织改变时,不影响用户程序使用的视图。媒体数据独立性是指在 MDBMS 的设计和实现时,要求系统能保持各种媒体的独立性和透明性,即用户的操作可最大限度地忽略各种媒体的差别,而不受具体媒体的影响和约束;同时要求它不受媒体变换的影响,实现复杂数据的统一管理。
- MDBMS 的数据操作功能。除了与传统数据库系统相同的操作外,还提供许多新功能:提供比传统 DBMS 更强的适合非规则数据查询搜索功能;提供浏览功能;提供演绎和推理功能;对非规则数据,不同媒体提供不同操作,如图形数据编辑操作和声音数据剪辑操作等。
- MDBMS 的网络功能。目前多媒体应用一般以网络为中心,应解决分布在网络上的多媒体数据库中数据的定义、存储、操作问题,并对数据一致性、安全性、并发性进行管理。
- MDBMS 应具有开放功能,提供 MDB 的应用程序接口 API,并提供独立于外设和格式的接口。
- MDBMS 还应提供事务和版本管理功能。

2. MDBMS 的组织结构

MDBMS 的组织结构一般可分为 3 种,即集中型、主从型和协作型。

(1)集中型 MDBMS 的组织结构

集中型 MDBMS 是指由单独一个 MDBMS 来管理和建立不同媒体的数据库,并由这个 MDBMS 来管理对象空间及目的数据的集成,如图 4-5 所示。

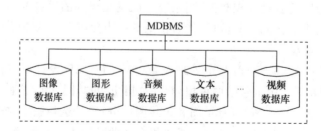

图 4-5 集中型 MDBMS 的组织结构

(2)主从型 MDBMS 的组织结构

每个数据库都有自己的管理系统,称为从数据库管理系统,它们各自管理自己的数据库。这些从数据库管理系统又受一个称为主数据库管理系统的控制和管理,用户在主数据库管理系统上使用多媒体数据库中的数据,是通过主数据库管理系统提供的功能来实现的,目的数据的集成也由主数据库管理系统管理,如图 4-6 所示。

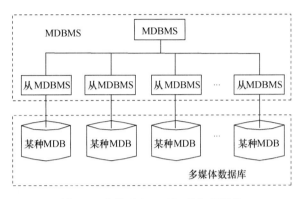

图 4-6　主从型 MDBMS 的组织结构

(3)协作型 MDBMS 的组织结构

协作型 MDBMS 也由多个数据库管理系统来组成,每个数据库管理系统之间没有主从之分,只要求系统中每个数据库管理系统(称为成员 MDBMS)能协调地工作,但因每一个成员 MDBMS 彼此有差异,所以在通信中必须首先解决这个问题。为此,对每个成员要附加一个外部处理软件模块,由它提供通信、检索和修改界面。在这种结构的系统中,用户位于任一数据库管理系统位置,如图 4-7 所示。

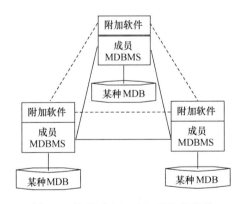

图 4-7　协作型 MDBMS 的组织结构

4.3.3　多媒体数据库体系结构

1. 联邦型结构

在联邦型结构中,针对各种媒体单独建立数据库,每一种媒体的数据库都有自己独立的数据库管理系统。虽然它们是相互独立的,但可以通过相互通信来进行协调和执行相应的操作。用户既可以对单一的媒体数据库进行访问,也可以对多个媒体数据库进行访问以达到对多媒体数据进行存取的目的,体系结构如图 4-8 所示。

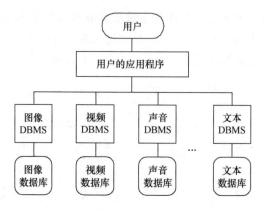

图 4-8　联邦型多媒体数据库结构

在这种数据库体系结构中,对多媒体数据的管理是分开进行的,可以利用现有的研究成果直接进行组装,每一种媒体数据库的设计也不必考虑与其他媒体的匹配和协调。但是,由于这种多媒体数据库对多媒体的联合操作实际上是交给用户去完成的,给用户带来灵活性的同时,也为用户增加了负担。该体系结构对多种媒体的联合操作、合成处理和概念查询等都比较难于实现。如果各种媒体数据库设计时没有按照标准化的原则进行,它们之间的通信和使用都会产生问题。

2. 集中统一型结构

在集中统一型结构中,只存在一个单一的多媒体数据库和单一的多媒体数据库管理系统,体系结构如图 4-9 所示。各种媒体被统一地建模,对各种媒体的管理与操纵被集中到一个数据库管理系统之中,各种用户的需求被统一到一个多媒体用户接口上,多媒体的查询检索结果可以统一地表现。由于这种多媒体管理系统是统一设计和研制的,所以在理论上能够充分地做到对多媒体数据进行有效的管理和使用。但实际上这种方法多媒体数据库系统是很难实现的。目前还没有一个比较恰当而且效率很高的方法来管理所有的多媒体数据。虽然面向对象的方法为建立这样的系统带来了一线曙光,但要真正做到还有相当长的距离。如果把问题再放大到计算机网络上,这个问题就会更加复杂。

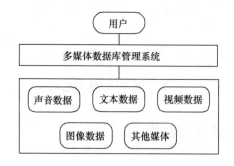

图 4-9　集中统一型多媒体数据库结构

3. 客户/服务型结构

减少集中统一型多媒体数据库系统复杂性的一个很有效的办法是采用客户/服务型结构。在这种结构中,各种单媒体数据仍然相对独立,系统将每一种媒体的管理与操纵各用一个服务器来实现,所有服务器的综合和操纵也用一个服务器完成,与用户的接口采用客户进程实现,体系结构如图 4-10 所示。客户与服务器之间通过特定的中件系统连接。使用这种类型的体系结构,设计者可以针对不同的需求采用不同的服务器、客户进程组合,所以很容易符合应用的需要,对每一种媒体也可以采用与这种媒体相适合的处理方法。同时,这种体系结构也很容易扩展到网络环境下工作。但采用这种体系结构必须要对服务器和客户进行仔细的规划和统一的考虑,采用标准化的和开放的接口界面,否则会遇到与联邦型相近的问题。

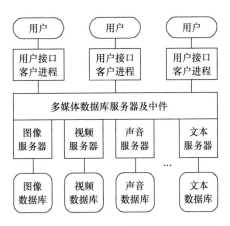

图 4-10　客户/服务型多媒体数据库结构

4.3.4　多媒体数据模型

数据模型由 3 种基本要素组成:数据对象类型的集合、操作的集合、通用完整性规则的集合。数据对象类型的集合描述了数据库的构造,如关系数据库的关系和域;操作的集合给出了对数据库的运算体系,如关系数据库中的对关系的查询、修改、定义视图和权限等;通用完整性规则给出了一般性的语义约束。多媒体数据库的数据模型是很复杂的,不同的媒体有不同的要求,不同的结构有不同的建模方法。现有的图像数据库、全文数据库等建模方法都是以专有媒体的特性为基本出发点,超媒体数据库等又与其具体的信息结构有关。这里仅介绍部分的数据模型,相当于多媒体数据库系统层次结构的第二层和第三层。

1. 扩充的关系数据模型

关系数据库有下述优点。

- 关系模型的概念单一,结构简单,实际是一张二维表。
- 关系模型的集合能力强,用户对数据的检索操作不过是从原来的一些表中提取到一张新表,关系模型中的操作是集合操作。
- 关系模型的数据独立性强,它向用户隐藏了数据的存取路径,提高了数据的独立性。
- 关系模型有坚实的理论基础,这就是关系代数。
- 关系模型有标准的语言。

但是,传统的关系模型结构简单,是单一的二维表,数据类型和长度也被局限在一个较小的子集中,又不支持新的数据类型和数据结构,很难实现空间数据和时态数据,缺乏演绎和推理操作,因此表达数据特性的能力受到限制。在多媒体数据库中使用关系模型,必须对现有的关系模型进行扩充,使它不但能支持格式化数据,也能处理非格式化数据。模型扩充的主要技术策略有下面 3 种。

(1)与操作系统中文件系统功能相结合,实现对非格式化数据的管理

使关系数据库管理技术和操作系统中文件系统功能相结合,实现对非格式化数据的管理。其主要方法是,若关系中元组的某个属性是非格式化数据,则以存放非格式化数据的文件名代替。这种方法中,数据库不负责非格式化数据本身的存储分配,对非格式化数据的并发控制和恢复只能通过操作系统、文件系统和应用程序来实现。这种方法的缺点是效率较低,优点是简单、容易实现,可充分利用操作系统中文件系统的优点来实现非格式化数据文件共享。

(2)将格式化数据和非格式化数据装在一起形成一个完整的元组

将关系元组中的格式化数据和非格式化数据装在一起形成一个完整的元组,存放在数据页面或数据页面组中。由于非格式化数据的数据量一般很大,所以存放非格式化数据常常需要多个页面,这样读取一个完整的元组,就需要多次的页面I/O。如果这时只涉及元组中的格式化数据的操作,则无形中增加了不必要的页面I/O,影响了系统的响应速度。反之,数据库必须能够确定元组中各页在页面中的存储情况,这增加了实现难度和系统开销,故一般小系统不采用这种策略,而大型数据库则往往采用这种策略。这种策略的优点是统一处理格式化和非格式化数据,实现了管理的一致。

(3)将元组中非格式化数据分类

将元组中非格式化数据分为两部分,一部分是格式化数据本身,另一部分是对非格式化数据的引用。将元组书格式化数据和非格式化数据的引用放在一起存储,而非格式化数据本身则单独存储,这样一般元组的存储只涉及格式化部分,仅在有必要访问对应非格式化数据时才要求进行较多的页面I/O。一般情况下,对非格式化数据的访问必然要经过元组的格式化部分,其中某些处理(如并发控制等)只需要考虑对格式化数据部分处理,这恰好是传统关系模型的处理,这就是把某些有关非格式化数据处理简化为格式化数据处理问题了。采用这一策略的优点是资源分配使用较为合理,实现性能较好,对资源不太充裕的小系统较为适宜。

这3种策略的关键是扩充数据类型,解决非格式化数据的语义解释。

2. 面向对象模型

基于面向对象数据实现对多媒体数据的描述和管理是多媒体数据库的一个主要研究方向。面向对象模型的多语义抽象可以满足对多媒体数据的建模要求。数据与操作的封装,可以方便地表示媒体的多样性。基于面向对象模型开发多媒体数据库主要有以下两种实现方法。

(1)开发全新的数据模型,从底层实现面向对象数据库系统

首先建立一个包含面向对象数据库核心概念的数据模型,设计相应的语言和相应的面向对象数据库管理系统的核心。然后采用面向对象方法中的对象、方法、属性、消息、对象类的层次结构和继承特点描述多媒体数据模型,并且设计相应的语言。其优点是系统结构清晰,效率高。缺点是难度大,一方面缺乏统一的数据模式及形式化理论,另一方面在查询优化、视图及数据库工具方面仍为空白。

(2)在面向对象语言中嵌入数据库功能,形成面向对象数据库系统

多媒体对象复合性的特点决定了面向对象方法是实现多媒体数据库最合适的方法。问题的关键在于如何无缝地继承面向对象的程序设计语言和多媒体数据库语言,即设计一种

真正的面向对象的多媒体数据库语言。在面向对象语言中,增加持久性对象的存储管理,使之支持类的持久性、并发控制、恢复机制等数据库管理系统的能力是其解决方法之一。事实上,数据库中的数据和普通程序设计语言的主要区别在于数据的持久性,即数据库中的数据存储在外存中,进而可以重复利用,而普通程序设计语言的数据暂存在内存中,进而缺乏重复利用的机制。因而,在面向对象程序设计语言中,如果引进"持久对象"的概念,就可以增加数据库操作功能。

依靠面向对象程序设计语言的类型系统和编程模式,增加强制数据成为持久的、可共享的数据结构机制,就可以实现持久对象数据重复利用。一般对现有的程序设计语言如C++等进行扩充,使之具有支持类的持久性、并发控制、数据库查询等数据库管理系统的能力。此方法受面向对象语言的限制,目前在这方面还有大量工作有待研究。

面向对象模型比较复杂,缺乏坚实的理论基础。在实现技术方面,还需要在面向对象MDBMS中解决模拟非格式化数据的内容和表示、反映多媒体对象的时空关系、允许有类型不确定对象存在等问题。随着理论研究和实践探索的不断深入,面向对象 MDBMS 一定会更加完善,在未来的 MDBMS 中占据重要地位。

3. 超媒体数据模型

超媒体模型的基本结构是网状的,是由节点和链组成的有向图,在这点上有点像传统数据库中的网状数据模型,但又截然不同。节点和链是超媒体模型中的两个核心概念。节点是信息单位(信息元),链用来组织信息,表达信息间的关系,把节点连成网状结构。由于超媒体节点和链的形式可以比较容易地推广到多媒体的形式,可以基于包括不同媒体的节点,链也可用来表示媒体间的时空关系,所以超媒体模型自然成了一种很普遍的多媒体数据模型。

典型的超媒体数据库由编辑器、超媒体库和浏览器组成。其中,编辑器实现对文本、图形、图像、声音等媒体对象实体的输入及其编辑;超媒体库包括超索引和对象库两部分。超索引为对象库的索引文件,对象库存放多媒体对象实体信息;浏览器是一个基于窗口和菜单的视图显示系统,具有面向对象的用户界面,用户可通过选择链浏览节点信息或通过创建、编辑和链接节点建立不同用途的信息结构。超媒体系统的结构如图 4-11 所示。

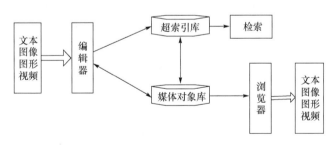

图 4-11　超媒体系统示意图

超媒体结构具有面向对象的特性。超媒体的节点和链的形式可以较容易地推广到多媒体的形式,可以基于包括不同媒体的节点,链也可以用来表示媒体间的时空关系,因此,超媒体模型是一种很普遍的多媒体数据模型。不同媒体对象可以封装在节点内,外界只能通过节点对象的成员函数对节点进行操作。链可用来表示媒体间的语义关系。超媒体使每一种媒体都有自己的内部数据结构和处理信息的过程。由于超媒体的节点和链具有描述多媒体信息及其相互关系的能力,因此,它成为目前普遍采用的描述多媒体数据模型的工具。基于超文本模型或超媒体方法的数据库系统有 Apple 公司的 Hypercard、德国研究学会开发的 KHS、美国加利福尼亚大学的 Chimera 系统等,以及我国国防科技大学研制的 HWS、广西计算中心开发的 GBH 系统等。

超媒体近年来得到迅速发展,正逐渐向智能化或专家系统方向发展。在超媒体系统中增加"推理引擎"使得它能够主动获取信息并将它加入超媒体网络。超媒体将具有计算能力,而不仅仅在静态网中迁移和运动。智能超媒体打破了常规超媒体节点之间链的限制,在超媒体的链和节点中嵌入知识或规则,允许链进行计算和推理,使得多媒体信息的表现具有智能性。

4.3.5 基于内容的检索

在数据库系统中,数据检索是一种频繁使用的任务,多媒体数据库量大,数据种类多,给数据检索带来了新的问题。由于多媒体数据库中包含大量的图像、声音、视频等非格式化数据,对它们的查询和检索比较复杂,往往需要根据媒体中表达的情节内容进行检索。基于内容的检索(Content Based Retrieval,CBR)就是对多媒体信息检索使用的一种重要技术。

所谓基于内容的检索,就是从媒体数据中提取出特定的信息线索,然后根据这些线索从大量存储在数据库中的媒体中进行查找,检索出具有相似特征的媒体数据。

1. 基于内容检索系统的一般结构

多媒体数据库中基于内容检索系统一般由组织媒体输入的插入子系统、对媒体作特征提取的媒体处理子系统、储存插入时获得的特征和相应媒体数据的数据库以及支持对该媒体的查询子系统等组成,同时需要相应的知识辅助模块支持特定领域的内容处理,结构如图 4-12 所示。

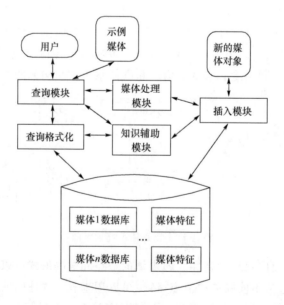

图 4-12 多媒体数据库中基于内容检索的结构

(1)插入子系统

该子系统负责将媒体输入到系统之中,同时根据需要为用户提供一种工具,以全自动或半自动(即需用户部分干预)的方式对媒体进行分割,标识出需要的对象或内容关键点,以便有针对性地对目标进行特征提取。

(2)媒体处理子系统

对用户或系统标明的媒体对象进行特征提取处理。特征提取可以由人完成,例如给出一些描述特征的关键字;也可以通过对应的媒体处理程序完成,提取一些所关心的媒体特征。提取的特征可以是全局性的,如整幅图像或视频镜头的颜色分布,也可以针对某个内部的对象,如图像中的子区域、视频中的运动对象等。在提取特征时,往往需要知识处理模块的辅助,由知识库提供有关的领域知识。

(3)数据库

媒体数据和插入时得到的特征数据分别存入媒体数据库和特征数据库。媒体库包含各种媒体数据,如图像、视频、音颜、文本等。特征库包含这种媒体用户输入的特征和预处理自动提取的特征。数据库通过组织与媒体类型相匹配的索引来达到快速搜索的目的,从而可以应用到大规模多媒体数据检索过程中。

(4)查询子系统

主要以示例查询的方式向用户提供检索接口。检索允许针对全局对象,如整幅图像、视频镜头等,也允许针对其中的子对象以及任意组合形式来进行。检索返回的结果按相似程度进行排列,如有必要可以进一步地查询。检索主要是相似性检索,模仿人类的认知过程,可以从特征库中寻找匹配的特征,也可以临时计算对象的特征。对于不同的媒体数据类型,具有各自不同的相似性测度算法,检索系统中包括一个较为有效可靠的相似性测度函数集。

2. 基于内容检索的处理过程

基于内容的查询和检索是一个逐步求精的过程,存在着一个特征调整,重新匹配的循环过程,如图 4-13 所示。

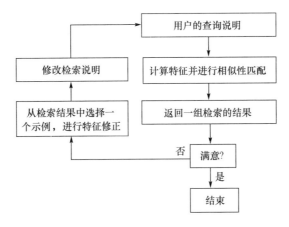

图 4-13　基于内容的检索过程

(1)初始检索说明

用户开始检索时,要形成一个检索的格式。最初可以用 OBE 或特定的查询语言来形成。系统对示例的特征进行提取,或是把用户描述的特征映射为对应的查询参数。

(2)相似性匹配

将特征与特征库中的特征按照一定的匹配算法进行匹配。满足一定相似性的一组候选结果按相似度大小排列返回给用户。

(3)特征调整

用户对系统返回的一组满足初始特征的检索结果进行浏览,挑选出满意的结果,检索过程完成;或者从候选结果中选择一个最接近的示例,进行特征调整,然后形成一个新的查询。

(4)重新检索

逐步缩小查询范围,重新开始。该过程直到用户放弃或得到满意的查询结果时为止。

本章小结

本章首先介绍了音频、视频及其他输入/输出技术,接着介绍了两种多媒体信息存储技术,包括光存储技术及存储区域网络,最后详细介绍了多媒体数据库技术。通过本章的学习使读者对多媒体通信中涉及的相关关键技术有一个全面的了解。

思考练习题

1. 简述声卡的基本工作原理。
2. 简述视频卡的基本工作原理。
3. 简述光盘库的组成。
4. 多媒体数据库的体系结构有哪几种?
5. 简述基于内容检索的处理过程。

多媒体通信网络技术

多媒体通信网络技术是实现多媒体通信的重要组成部分。任何一种多媒体应用系统，要想实现多媒体通信，都必须利用网络技术将处于不同地理位置的多媒体终端和为其提供多媒体服务的服务器连接起来，并提供预定的通信质量。但是在传统的网络中，并不支持多媒体通信，一些特殊要求不能得到保证，例如多媒体信息传输时需要的实时性、连续性、交互性等，那么应以什么样的网络来传输多媒体信息呢？从社会和经济的角度来看，多媒体信息的传输又不能完全摆脱具有长期历史的、已经"无处不在"的传统网络，所以多媒体通信仍离不开传统网络的支持，据此情况，人们提出了一些基于传统网络的相关机制来保证多媒体信息的传输。本章首先对多媒体通信对传输网络的要求进行了探讨，在此基础上介绍了多媒体通信的服务质量、现有网络对多媒体通信的支持，最后简要地介绍了多媒体通信用户接入技术。

5.1 多媒体通信对传输网络的要求

5.1.1 多媒体信息的特点

由于多媒体信息具有和单个媒体信息不同的特性，所以其对网络的要求也与单个媒体信息不同。下面首先讨论多媒体的特性。多媒体信息的特点主要有以下几个。

1. 类型多

多媒体信息有多种形式，而同一种信息类型在速率、时延以及误码等方面也可能有不同的要求，比如，同样是声音信息，不同的人的声音可能有很大不同。因而，多媒体通信系统必须采用多种形式的编码器、多种传输媒体接口以及多种显示方式，并能和多种存储媒体进行信息交换。

2. 数据量大

多媒体信息包含了音频、视频、文本等数据，数据量非常大，尤其是图像和视频等，尽管在传输和存储之前进行了压缩，但是在达到用户认可的图像质量情况下，其数据量还是非常巨大的。例如，经 MPEG-2 标准压缩后的一段 2 小时左右的视频在平均码率为 3 Mbit/s 时，需要约 3 GB 的存储量。

3. 连续性和突发性

多媒体通信系统中，各种媒体信息数据具有不同的特征。一般来说，数据信息的传输是突发的、离散的、非实时的,而活动图像的传输速率高,是突发的、连续的、实时的,语音信号数据率低,是非突发的、实时的。

4. 数据速率可变

多种传输信息要求具有多种传输速率,例如,低速数据的码率仅每秒几百比特,而活动图像的传输码率高达每秒几十兆比特。因此,多媒体通信系统必须提供可变的传输速率。

5. 时延可变

压缩后的语音信号处理时延较少,而压缩后的图像信号处理时延较大,由此产生变化的时延也是在使用网络传输多媒体信息时需要考虑的问题。

6. 同步性

在多媒体数据之间存在着时空约束关系,这种关系与人们对多媒体信息的理解密切相关,所以,如果在传输过程中破坏了这种约束关系,则会妨碍对多媒体数据内容的理解。因此在通信时需要对这种约束关系进行维持,以保证多媒体信息在终端上的正确显现。

综合以上特点,多媒体信息的传输对网络提出了较高的要求,如高带宽、低延迟、支持QoS 等。

5.1.2　多媒体传输网络的性能指标

多媒体通信对网络环境要求较高,这些要求必然涉及一些关键性的网络性能参数,它们是网络的吞吐量、差错率、传输延时及延时抖动等。

1. 吞吐量

网络吞吐量(Throughout)指的是有效的网络带宽,定义为物理链路的数据传输速率减去各种传输开销。吞吐量反映了网络所能传输数据的最大极限容量。吞吐量可以表示成在单位时间内处理的分组数或比特数,它是一种静态参数,反映了网络负载的情况。在实际应用中,人们习惯于将网络的传输速率作为吞吐量。实际上,吞吐量要小于数据的传输速率。

多媒体通信对网络的吞吐需求具体有以下 3 个方面。

(1)传输带宽的要求

由于多媒体传输由大量突变数据组成,并且常包括实时音频和视频信息,所以对于传送多媒体信息的网络来讲,它必须有充足可用的传输带宽来完成多媒体信息的传送。当网络提供的传输带宽不足时,就会产生网络拥塞,从而导致端到端数据传输延迟的增加,并会造成数据分组的丢失。

(2)存储带宽的要求

在吞吐量大的网络中,接收端系统必须保证有足够的缓冲空间来接收不断送来的多媒体信息。当缓冲区容量不够大时就很容易产生缓冲区的数据溢出,造成数据分组丢失。另外,缓冲区的数据输入速率也必须足够大,以便容纳从网络不断传来的数据流。这种数据输入速率有时被看作缓冲区存储带宽。

(3)流量的要求

多媒体通信网络必须能够处理一些诸如视频、音频信息之类的冗长信息流,简要来讲,就是网络必须有足够的吞吐能力来确保大带宽信道在延长的时间段内的有效性。例如,如果用户要发送流量为 50 Gbit 的信息流,而网络只提供给用户 1.5 Mbit/s 的吞吐能力及 6 s 的时间片是肯定不够的。但是如果网络允许用户持续不断地使用这个 1.5 Mbit/s 的信道,则这个流量要求就能够得以满足,如果网络在任何时刻都存在许多数据流,那么该网络的有效吞吐能力就必须大于或等于所有这些数据流的比特率的总和。

持续的、大数据量的传输是多媒体信息传输的一个特点。若就单个媒体而言,实时传输的活动图像对网络的带宽要求最高,其次是声音。

对于运动图像而言,人们能感到的质量参数有两个,分别是每秒的帧数和每幅图像的分辨率,因此衡量视频服务质量的好坏通常用这两种参数的组合来表示。根据不同条件下的实时视频传输的要求,可以将视频的服务质量分为 5 个等级,如表 5-1 所示。

表 5-1　视频的服务质量等级

等级	名　称	分辨率	帧率(帧/秒)	量化比特数	总数据率	压缩后数据率
1	高清晰度电视质量	1 920×1 080	60	24	3 Gbit/s	20～40 Mbit/s (MPEG-2 压缩)
2	演播室数字电视质量	720×576	25	16	166 Mbit/s	6～8 Mbit/s (MPEG-2 压缩)
3	广播电视质量	720×576	25	12	124 Mbit/s	3～6 Mbit/s (MPEG-2 压缩)
4	录像机质量	360×288	25	12	31 Mbit/s	1.4 Mbit/s (MPEG-1 压缩)
5	会议电视质量	352×288	10 帧/秒以上	12	12 Mbit/s	128～384 kbit/s (H.261 压缩)

声音是另一种对带宽要求较高的媒体,可以将音频的服务质量分为 4 个等级,如表 5-2 所示。

表 5-2　音频的服务质量等级

等级	名　称	带宽	取样频率	量化比特数	总数据率	压缩后数据率
1	电话质量话音	300～3 400 Hz	8 kHz	8	64 kbit/s	32 kbit/s、16 kbit/s 甚至 4 kbit/s
2	高质量话音	50 Hz～7 kHz	37.8 kHz	16	604.8 kbit/s	48～64 kbit/s
3	CD 质量的音乐	20 kHz 以内	44.1 kHz	16	每声道的数据率为 705.6 kbit/s	192 kbit/s 或 128 kbit/s (MPEG-1 压缩)
4	5.1 声道立体环绕声	3～20 kHz	48 kHz	22	1 056 kbit/s	320 kbit/s(AC-3 压缩)

综上所述,不同媒体对网络带宽的要求是不一样的,一般实时的视频和音频对带宽的要求较高,而以非实时的文件方式传送的图文或者文本浏览对带宽的要求相对较低。

2. 传输延时

网络的传输延时(Transmission Delay)是指信源发出最后一个比特到信宿接收到第一个比特之间的时间差。它包括信号在物理介质中的传播延时(延时的大小与具体的物理介质有关)和数据在网中的处理延时(如复用/解复用时间、在节点中的排队等)。

另一个经常用到的参数是端到端的延时(end-to-end Delay),它通常指一组数据在信源终端上准备好发送的时刻,到信宿终端接收到这组数据的时刻之间的时间差。它包含 3 部分:第一部分是信源数据准备好而等待网络接收这组数据的时间,第二部分是信源传送这组数据(从第一个比特到最后一个比特)的时间,第三部分就是网络的传输延时。

不同的多媒体应用,对延时的要求是不一样的。对于实时的会话应用,在有回波抵消的情况下,网络的单程传输延时应在 100~500 ms 之间,而在查询等交互式的实时多媒体应用中,系统对用户指令的响应时间应小于 1~2 s,端到端的延时在 100~500 ms 之间,此时通信双方才会有"实时"的感觉。

3. 延时抖动

网络传输延时的变化称为网络的延时抖动(Delay Jitter),即不同数据包延时之间的差别。度量延时抖动的方法有多种,其中一种是用在一段时间内(如一次会话过程中)最大和最小的传输延时之差来度量。

产生延时抖动的原因有很多,包括:

- 传输系统引起的延时抖动,如金属导体随温度的变化引起传播延时的变化从而产生抖动。这些因素所引起的抖动称为物理抖动,其幅度一般只在微秒量级,甚至于更小。例如,在本地范围之内,ATM 工作在 155.52 Mbit/s 时,最大的物理延时抖动只有 6 ns 左右(不超过传输一个比特的时间)。
- 对于电路交换的网络(如 N-ISDN),只存在物理抖动。在本地网之内,抖动在毫微秒量级;对于远距离跨越多个传输网络的链路,抖动在微秒的量级。
- 对于共享传输介质的局域网(如以太网或 FDDI 等)来说,延时抖动主要来源于介质访问时间的变化。这是由于不同终端只有在介质空闲时才能发送数据,这段等待时间通常被称为介质访问时间。介质访问时间的不同会产生抖动。
- 对于广域网(如 IP 网或帧中继网),延时抖动主要来源于流量控制的等待时间及节点拥塞而产生的排队延时的变化。在有些情况中,后者可长达秒的数量级。

延时抖动会对实时通信中多媒体的同步造成破坏,最终影响到音视频的播放质量,从人类的主观特性上来看,人耳对音频的抖动更敏感,而人眼对视频的抖动则不太敏感。为了削弱或消除延时抖动造成的这种影响,可以采取在接收端设立缓冲器的办法,即在接收端先缓冲一定数量的媒体数据然后再播放,但是这种解决办法又会引入额外的端到端的延时。综合上述各种因素,实际的多媒体应用对延时抖动有不同的要求,如表 5-3 所示。

表 5-3　延时抖动要求

数据类型或应用	延时抖动/ms
CD 质量的声音	100
电话质量的声音	400
高清晰度电视	50
广播质量电视	100
会议质量电视	400

4. 错误率

在传输系统中产生的错误有以下几种度量方式。

(1)误码率

误码率(Bit Error Rate,BER)是指在传输过程中发生误码的码元个数与传输的总码元数之比。通常,BER 的大小直接反映了传输介质的质量。例如对于光缆传输系统,BER 通常在 $10^{-12} \sim 10^{-9}$ 之间。

(2)包错误率

包错误率(Packet Error Rate,PER)是指在传输过程中发生错误的包与传输的总包数之比(包错误是指同一个包两次接收、包丢失或包的次序颠倒)。

(3)包丢失率

包丢失率(Packet Loss Rate,PLR)是指由于包丢失而引起的包错误。包在传输过程中丢失的原因有多种,通常最主要的原因就是网络拥塞,致使包的传输延时过长,超过了设定到达的时限从而被接收端丢弃。

由于受到人类感知能力的限制,人的视觉和听觉很难分辨和感觉图像或声音本身微小的差异。因此,在多媒体应用中,数据比活动的音视频对误码率的要求更高,所以对于数据的传输应通过检错、纠错机制使误码率减小到零。对于音视频的误码率指标要求可以宽松一些,例如对于话音,BER 小于 10^{-2};对于未压缩的 CD 质量音乐,BER 小于 10^{-3};对于已压缩的 CD 质量音乐,BER 小于 10^{-4};对于已压缩的 HDTV,BER 小于 10^{-10}。由此可见,对于已压缩的音视频数据,其对误码率的要求比未压缩的音视频数据要高。

5.2　多媒体通信的服务质量

服务质量(Quality of Service,QoS)是一种抽象概念,用于说明网络服务的"好坏"程度。由于不同的应用对网络性能的要求不同,对网络所提供的服务质量期望值也不同。这种期望值可以用一种统一的 QoS 概念来描述。

从支持 QoS 的角度,多媒体网络系统必须提供 QoS 参数定义和相应的管理机制。用户能够根据应用需要使用 QoS 参数定义其 QoS 需求,网络系统要根据系统可用资源(如CPU、缓冲区、I/O 带宽以及网络带宽等)容量来确定是否能够满足应用的 QoS 需求。经过双方协商最终达成一致的 QoS 参数值应该在数据传输过程中得到基本保证,或者在不能履行所承诺 QoS 时应能提供必要的指示信息。

5.2.1　QoS 参数体系结构

在一个分布式多媒体系统中,通常采用层次化的 QoS 参数体系结构来定义 QoS 参数,如图 5-1 所示。

应用层	
传输层	QoS
网络层	
数据链路层	

图 5-1　QoS 参数体系结构

1. 应用层

QoS 参数是面向端用户的,应当采用直观、形象的表达方式来描述不同的 QoS,供端用户选择。例如,通过播放不同演示质量的音频或视频片断作为可选择的 QoS 参数,或者将音频或视频的传输速率分成若干等级,每个等级代表不同的 QoS 参数,并通过可视化方式提供给用户选择。表 5-4 给出一个应用层 QoS 分级的示例。

表 5-4 一个视频分级的示例

QoS 级	视频帧传输速率/帧·秒$^{-1}$	分辨率(%)	主观评价	损害程度
5	25~30	65~100	很好	细微
4	15~24	50~64	好	可察觉
3	6~14	35~49	一般	可忍受
2	3~5	20~34	较差	很难忍受
1	1~2	1~9	差	不可忍受

2. 传输层

传输层协议主要提供端到端的、面向连接的数据传输服务。通常,这种面向连接的服务能够保证数据传输的正确性和顺序性,但以较大的网络带宽和延迟开销为代价。传输层 QoS 必须由支持 QoS 的传输层协议提供可选择和定义的 QoS 参数。传输层 QoS 参数主要有吞吐量、端到端延迟、端到端延迟抖动、分组差错率和传输优先级等。

3. 网络层

网络层协议主要提供路由选择和数据报转发服务。通常,这种服务是无连接的,通过中间点(路由器)的"存储-转发"机制来实现。在数据报转发过程中,路由器将会产生延迟(如排队等待转发)、延迟抖动(选择不同的路由)、分组丢失及差错等。网络层 QoS 同样也要由支持 QoS 的网络层协议提供可选择和定义的 QoS 参数,如吞吐量、延迟、延迟抖动、分组丢失率和差错率等。

网络层协议主要是 IP 协议,其中 IPv6 可以通过报头中优先级和流标识字段支持 QoS。一些连接型网络层协议,如 RSVP 和 ST II 等可以较好地支持 QoS,其 QoS 参数通过保证服务(GS)和被控负载服务(CLS)两个 QoS 类来定义。它们都要求路由器也必须具有相应的支持能力,为所承诺的 QoS 保留资源(如带宽、缓冲区等)。

4. 数据链路层

数据链路层协议主要实现对物理介质的访问控制功能,也就是解决如何利用介质传输数据问题,与网络类型密切相关,并不是所有网络都支持 QoS,即使支持 QoS 的网络其支持程度也不尽相同。各种 Ethernet 都不支持 QoS。Token Ring、FDDI 和 100VG-AnyLAN 等是通过介质访问优先级定义 QoS 参数的。ATM 网络能够较充分地支持 QoS,它是一种面向连接的网络,在建立虚连接时可以使用一组 QoS 参数来定义 QoS。主要的 QoS 参数有峰值信元速率、最小信元速率、信元丢失率、信元传输延时、信元延时变化范围等。

在 QoS 参数体系结构中,通信双方的对等层之间表现为一种对等协商关系,双方按所承诺的 QoS 参数提供相应的服务。同一端的不同层之间表现为一种映射关系,应用的 QoS 需求自顶向下地映射到各层相对应的 QoS 参数集,各层协议按其 QoS 参数提供相对应的服务,共同完成对应用的 QoS 承诺。

5.2.2　QoS 的管理

在多媒体通信中,仅在建立连接时说明 QoS 参数值并且要求它们在整个连接生命期内保持不变是不够的,并且在实际应用中也不易实现。完整的 QoS 保障机制应包括 QoS 规范和 QoS 的管理两大部分。QoS 规范表明应用所需要的服务质量,而如何在运行过程中达到所要求的质量,则由 QoS 的管理机制来完成。

系统应提供一种较灵活的机制和界面,允许用户可根据实际情况在连接活跃的时候动态地变更连接的 QoS 参数值。为了支持 QoS 协商和动态控制能力,网络基本设施和传输协议内部必须提供必要的支持机制,以实现对链路级带宽的动态变更、对中间节点资源的控制和动态调整。网络对 QoS 的支持和保证实际上反映了网络中间节点(如路由器、交换机等)的资源分配策略。目前,主要采用为特定媒体流保留资源(如带宽、缓存及排队时间等)的资源分配策略来保证其 QoS。

QoS 的管理分为静态和动态两大类。静态资源管理负责处理流建立和端到端 QoS 再协商过程,即 QoS 提供机制。动态资源管理处理媒体传递过程,即 QoS 控制和管理机制。

1. QoS 提供机制

QoS 提供机制包括以下内容。

(1)QoS 映射

QoS 映射完成不同级(如操作系统、传输层和网络)的 QoS 表示之间的自动转换,即通过映射,各层都将获得适合于本层使用的 QoS 参数,如将应用层的帧率映射成网络层的比特率等,供协商和再协商之用,以便各层次进行相应的配置和管理。

(2)QoS 协商

用户在使用服务之前应该将其特定的 QoS 要求通知系统,进行必要的协商,以便就用户可接受、系统可支持的 QoS 参数值达成一致,使这些达成一致的 QoS 参数值成为用户和系统共同遵守的"合同"。

(3)接纳控制

接纳控制首先判断能否获得所需的资源,这些资源主要包括端系统以及沿途各节点上的处理机时间、缓冲时间和链路的带宽等。若判断成功,则为用户请求预约所需的资源。如果系统不能按用户所申请的 QoS 接纳用户请求,那么用户可以选择"再协商"较低的 QoS。

(4)资源预留与分配

按照用户 QoS 规范安排合适的端系统、预留和分配网络资源,然后根据 QoS 映射,在每一个经过的资源模块(如存储器和交换机等)进行控制,分配端到端的资源。

2. QoS 控制机制

QoS 制是指在业务流传送过程中的实时控制机制,主要包括以下内容。

(1)流调度控制机制

调度机制是向用户提供并维持所需 QoS 水平的一种基本手段,流调度是在终端以及网络节点上传送数据的策略。

(2)流成型

流成型基于用户提供的流成型规范来调整流,可以给予确定的吞吐量或与吞吐量有关的统计数值。流成型的好处是允许 QoS 框架提交足够的端到端资源,并配置流安排以及网络管理业务。

（3）流监管

流监管是指监视观察是否正在维护提供者同意的 QoS，同时观察是否坚持用户同意的 QoS。

（4）流控制

多媒体数据，特别是连续媒体数据的生成、传送与播放具有比较严格的连续性、实时性和等时性，因此信源应以目的地播放媒体量的速率发送。即使发收双方的速率不能完全吻合，也应该相差甚微。为了提供 QoS 保证，有效地克服抖动现象的发生，维持播放的连续性、实时性和等时性，通常采用流控制机制，这样做不仅可以建立连续媒体数据流与速率受控传送之间的自然对应关系，使发送方的通信量平稳地进入网络，以便与接收方的处理能力相匹配，而且可以将流控和差错控制机制解耦。

（5）流同步

在多媒体数据传输过程中，QoS 控制机制需要保证媒体流之间、媒体流内部的同步。

3. QoS 管理机制

QoS 管理机制和 QoS 控制机制类似，不同之处在于，QoS 控制机制一般是实时的，而 QoS 管理机制是在一个较长的时间段内进行的。当用户和系统就 QoS 达成一致之后，用户就开始使用多媒体应用。然而在使用过程中，需要对 QoS 进行适当的监控和维护，以便确保用户维持 QoS 水平。QoS 维护可通过 QoS 适配和再协商机制实现，如由于网络负载增加等原因造成 QoS 恶化，则 QoS 管理机制可以通过适当地调整端系统和网络中间节点的 CPU 处理能力、网络带宽、缓冲区等资源的分配与调度算法进行细粒度调节，尽可能恢复 QoS，即 QoS 适配。如果通过 QoS 适配过程依然无法恢复 QoS，QoS 管理机制则把有关 QoS 降级的实际情况通知用户，用户可以重新与系统协商 QoS，根据当前实际情况就 QoS 达成新的共识，即 QoS 再协商。

另外，可以使用 QoS 过滤，降低 QoS 要求。过滤可以在收、发终端上进行，也可以在数据流通过时进行。在终端进行过滤的一个例子是，当源端接到 QoS 失败的指示后，通过丢帧过滤器丢掉 MPEG 码流中的 B 帧/P 帧，将输出数据流所需的带宽降低。值得指出的是，要在传送层实现 QoS 过滤，数据打包的方式必须能够反映出数据的特征。

5.3　现有网络对多媒体通信的支持

根据数据交换方式的不同，可以将现有的网络分成电路交换网络和分组交换网络。

电路交换网络是指网络中，当两个终端在相互通信之前，需要建立起一条实际的物理链路，在通信中自始至终使用该条链路进行数据信息的传输，并且不允许其他终端同时共享该链路，通信结束后再拆除这条物理链路。可见，电路交换网络属于预分配电路资源，即在一次接续中，电路资源就预先分配给一对用户固定使用，而且这两个用户终端之间是单独占据了一条物理信道。由于在电路交换网络中要求事先建立网络连接，然后才能进行数据信息的传输，所以电路交换网络是面向连接的网络。普通公用电话网络网（PSTN）、窄带综合业务网（N-ISDN）、数字数据网（DDN）等都属于电路交换网络。

分组交换也称为包交换。在分组交换网络中，信息不是以连续的比特流的方式来传输的,而是将数据流分割成小段,每一段数据加上头和尾,构成一个包,或称为分组(在有的网络中称为帧或信元),一次传送一个包。如果网络中有交换节点的话,节点先将整个包存储下来,然后再转发到适当的路径上,直至到达信宿,这通常称为存储—转发机制。分组交换网络的一个重要特点是,多个信源可以将各自的数据包送进同一线路,当其中一个信源停止发送时,该线路的空闲资源(带宽)可以被其他信源所占用,这就提高了网络资源的使用效率。以太网、无线局域网、帧中继和 IP 网等都属于分组交换的网络。

当通过现有通信网络传输多媒体信息时,电路交换网络和分组交换网络呈现出不同的优缺点。电路交换网络的优点是:在整个通信过程中,网络能够提供固定路由,保障固定的比特率,传输延时短,延时抖动只限于物理抖动。这些优点有利于多媒体的实时传输。其缺点是不支持多播,因为电路交换网络的设计思想是用于点到点通信的。当多媒体应用需要多播功能时,必须在网络中插入特定的设备,称为多点控制单元(Multi-point Control Unit, MCU)。分组交换网络的最大优点是复用的效率高,这对多媒体信息的传输很有利。但其不利之处是网络性能的不确定性,即不容易得到固定的比特率,传输延时受网络负荷的影响较大,因而延时抖动大。

下面分析现有通信网络对多媒体通信的支持情况。

5.3.1 电路交换网络

1. 公共电话交换网

公共电话交换网(Public Switched Telephone Network,PSTN)是普及率最高、覆盖范围最广的通信网。由于路由固定,延时较低,而且不存在延时抖动问题,因此对保证连续媒体的同步和实时传输是有利的。其主要缺点是信道带宽较窄,而且用户线是模拟的,多媒体信息需要通过调制/解调器(Modem)接入。Modem 的速率一般为 56 kbit/s,可以支持低速率的多媒体业务,例如低质量的可视电话和多媒体会议等。近年来得到迅速发展的 xDSL技术使用户可以通过普通电话线得到几百 kbit/s 以上的传输速率,基本上可以支持多媒体通信的所有业务,但此时它是作为 IP 网的一种宽带接入方式,并不在电路交换的模式下工作。

2. 窄带综合业务数字网

窄带综合业务数字网(N-ISDN)是以电路交换为基础的网络,因此具有延时低而固定的特点。它的用户接入速率有两种:基本速率 144 kbit/s(2B+D)和基群速率 2.048 kbit/s(30B+D)。由于 ISDN 实现了端到端的数字连接,从而可以支持包括话音、数据、图像等各种多媒体业务,能够满足不同用户的要求。通过多点控制单元建立多点连接,在 N-ISDN 上开放中等质量或较高质量的可视电话会议和电视会议已经是相当成熟的技术。

3. 数字数据网

数字数据网(DDN)利用电信数字网的数字通道传输,采用时分复用技术、电路交换的基本原理实现,提供永久或半永久连接的数字信道,传输速率为 $n \times 64$ kbit/s($n=1 \sim 32$),其传输通道对用户数据完全"透明"。DDN 半永久性连接是指 DDN 提供的信道是非交换型的,用户可提出申请,在网络允许的情况下,由网络管理人员对用户提出的传输速率、传输数据的目的地和传输路由进行修改。DDN 的传输媒体有光缆、数据微波、卫星信道以及用户端可用的普通电缆和双绞线。

DDN 的延时较低而且固定(在 10 个节点转接条件下最大时延不超过 40 ms),带宽较宽,适于多媒体信息的实时传输。但是,无论开放点对点、还是点对多点的通信,都需要由网管中心来建立和释放连接,这就限制了它的服务对象必须是大型用户。会议室型的电视会议系统常常使用 DDN 信道。

DDN 由数字传输电路和相应的数字交叉连接复用设备组成。数字传输电路主要以光缆传输为主,数据交叉连接复用设备对数字电路进行半固定交叉连接和子速率的复用。它主要由 DTE、DSU、NMC 几部分组成,如图 5-2 所示。

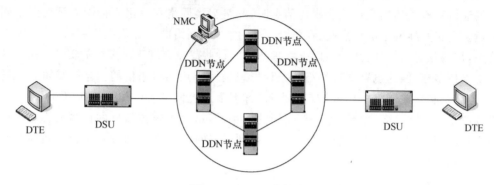

图 5-2　DDN 网的结构

DTE:数据终端设备(用户端设备)。接入 DDN 网的用户端设备可以是局域网(通过路由器连至对端),也可以是一般的异步终端或图像设备,传真机、电话机等。DTE 和 DTE 之间是全透明传输。

DSU:数据业务单元。一般可以是调制解调器或基带传输设备以及时分复用、语音/数据复用等设备。

NMC:网管中心。可以方便地进行网络结构和业务的配置,实时地监视网络运行情况,进行网络信息、网络节点告警、线路利用情况等的收集统计报告。

DDN 的功能服务及适用范围如下所示。

(1)租用专线业务

①点对点业务

提供 2.4 kbit/s、4.8 kbit/s、9.6 kbit/s、19.2 kbit/s、$n \times 64$ kbit/s($n = 1 \sim 31$)及 2 Mbit/s 的全透明传输通道,适用于信息量大、实时性强的数据通信,特别适合金融、保险领域客户的需要。如图 5-3 所示。

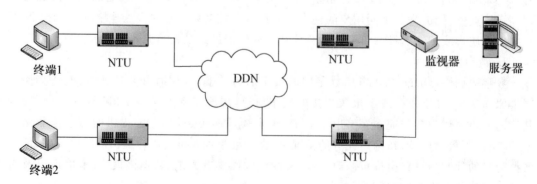

图 5-3　DDN 点对点业务的组网模型

②多点业务

• 广播多点

主机同时向多个远程终端发送信息,适用于金融、证券等集团用户总部与其分支机构的业务网,发布证券行情、外汇牌价等行业信息。

• 双向多点

多个远程终端通过争用或轮询方式与主机通信,适用于各种会话式、查询式的远程终端与中心主机互连,可应用于集中监视、信用卡验证、金融事务、多点销售、数据库服务、预定系统、行政管理等领域。

• 多点会议

可以利用任意一点作为广播源组建电视会议系统。

(2)帧中继业务

用户以一条物理专线接入 DDN,可以同时与多个点建立帧中继电路(PVC)。多个网络互连时,实现传输带宽动态分配,可大大减少网络传输时延,避免通信瓶颈,加大网络通信能力,适用于具有突发性质的业务应用,如大中小型交换机的互连、局域网的互连。

(3)话音/传真业务

支持话音传输,提供带信令的模拟连接 E1,用户可以直接通话或接到自己内部交换机进行通话,也可以连接传真机。适用于需要远程热线通话和话音与数据复用传输的用户。

(4)虚拟专网功能

用户可通过 DDN 提供的虚拟专用网(Virtual Private Network,VPN)功能,利用公用网的部分资源组成本系统的专用网,在用户端设立网管中心,用户自己管理自己的网络。该业务主要适用于集团客户(如银行、铁路等)。

DDN 的网络结构按网络的组建、运营、管理和维护的责任地理区域,可分为一级干线网、二级干线网和本地网三级。各级网络根据其网络规模、网络和业务组织的需要,参照DDN 节点类型,选用适当类型的节点,组建多功能层次的网络。可由 2 兆节点组成核心层,主要完成转接功能;由接入节点组成接入层,主要完成各类业务接入;由用户节点组成用户层,完成用户入网接口。

一级干线网由设置在各省、自治区和直辖市的节点组成,它提供省间的长途 DDN 业务。一级干线节点设置在省会城市,根据网络组织和业务量的要求,一级干线网节点可与省内多个城市或地区的节点互连。

在一级干线网上,选择有适当位置的节点作为枢纽节点,枢纽节点具有 E1 数字通道的汇接功能和 E1 公共备用数字通道功能。网络各节点互连时,应遵照下列要求:

• 枢纽节点之间采用全网状连接;

• 非枢纽节点应至少保证两个方向与其他节点相连接,并至少与一个枢纽节点连接;

• 出入口节点之间、出入口节点到所有枢纽节点之间互连;

• 根据业务需要和电路情况,可在任意两个节点之间连接。

二级干线网由设置在省内的节点组成,它提供本省内长途和出入省的 DDN 业务。根据数字通路、DDN 网络规模和业务需要,二级干线网上也可设置枢纽节点。当二级干线网在设置核心层网络时,应设置枢纽节点。

本地网是指城市范围内的网络。本地网为其用户提供本地和长途 DDN 业务。根据网络规模、业务量要求，本地网可以由多层次的网络组成。本地网中的小容量节点可以直接设置在用户的室内。

DDN 作为数据通信的支撑网络，为用户提供高速、优质的数据传输通道，为用户网络的互连提供了桥梁。如果离开了客户的接入，也就失去了存在的意义。但由于客户是千变万化的，其终端设备或网络设备的接入也存在差异，这里就常用的几种用户接入方式进行说明，不局限于具体的哪种用户终端设备。

用户终端可以是一般异步终端、计算机或图像设备，也是电话机、电传机或传真机，它们接入 DDN 的方式依其接口速率和传输距离而定。一般情况下，用户端设备距 DDN 的网络设备相距有一定的距离，为了保证数据通信的传输质量，需要借助辅助手段，如调制解调器、用户集中器等，下面就分 5 个方面来说明。

（1）通过调制解调器接入 DDN

这种接入方式在数据通信领域应用最为广泛，如图 5-4 所示。在模拟专用网和电话网上开放的数据业务都是采用这种方式。这种方式一般是在客户距 DDN 的接入点比较远的情况下采用。在这种接入方式里，位于 DDN 局内的调制解调器从接收信号中提取定时标准，并产生本地调制解调器和用户终端设备所用的定时信号。当模拟线路较长时，由于环路时延的变化，使接入局内的调制解调器的接收输出定时与 DDN 设备提供的改善定时之间会有较大的相位差，因此需要加入一缓冲存储器来加以补偿。

图 5-4 通过调制解调器接入 DDN

调制解调器分为基带和频带传输两种。基带传输是一种重要的数据传输方式，其作用是形成适当的波形，使数据信号在带宽受限的传输通道上通过时，不会由于波形叠加而产生码间干扰；频带是利用给定线路中的频带，作为通道进行数据传输，它的应用范围要比基带广泛得多，传输距离也较基带要长。调制解调器根据收、发信号占用电缆芯数的不同，可以分为二线、四线。在要求传输距离长、速率高的情况下，应选择四线。随着科学技术的发展调制解调器不仅能够满足 ITU-T V.24、G.703（64 kbit/s）、V.35 和 X.21 建议所能支持的端口速率，而且支持 G.703 2 048 kbit/s 的高速速率。

（2）通过 DDN 的数据终端设备接入 DDN

这种方式是客户直接利用 DDN 提供的数据终端设备接入 DDN，而无须增加单独的调制解调器，如图 5-5 所示。

这种方式的优点有：

- 在局端无须增加调制解调器而只在客户端放置数据终端设备。
- DDN 网络管理中心能够对其所属的数据终端设备进行远端系统配置、日常维护管理，使设备本身或所连实线的邦联提高了系统可靠性运行程度。DDN 提供的数据终端设备接口标准符合 ITU-T V.24、V.35、X.21 建议，接口速率范围在 2.4～128 kbit/s 之间。

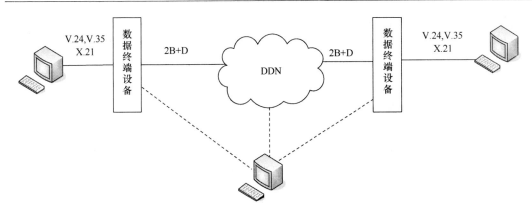

图 5-5　通过数据终端设备接入 DDN

（3）用户集中设备接入

DDN 这种方式适合于用户数据接口需要量大或客户已具备用户集中设备的情况。用户集中设备可以是零次群复用设备，也可以是 DDN 所提供的小型复用器。零次群复用设备是通过子速率复用，将多个 2.4 kbit/s、4.8 kbit/s、9.6 kbit/s 的数据速率复用成 64 kbit/s 的数字流经过一定的手段接入 DDN，如图 5-6 所示。子速率复用格式可以是 X.50 复用格式，也可以是客户双方自行约定的格式。DDN 提供的小型复用器具有比零次群复用设备更为灵活的特点，不仅可以支持 2.4 kbit/s、4.8 kbit/s、9.6 kbit/s 的数据速率，而且可以支持更高速率，如图 5-6 所示。

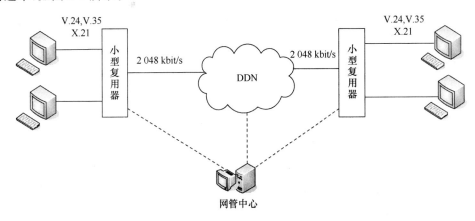

图 5-6　通过小型复用器接入 DDN

在客户需要的情况下也可以提供话音、传真业务，可适用于 V.24、V.35、X.21 和音频接口。此外，DDN 对其所属的小型复用器具有检测、高度和管理能力。

（4）通过模拟电路接入 DDN

这种方式主要适用于电话机、传真机和用户交换机（PBX）经模拟电路传输后接入 DDN 音频接口的情形。在这里，实现模拟传输的手段可以是市话音频电缆，也可以是无线模拟特高频。

（5）通过 2 048 kbit/s 数字电路接入 DDN

在 DDN 中，网络设备都配置了标准的符合 ITU-T 建议的 G.703 2 048 kbit/s 数字接口。如果用户设备能提供同样的接口的可以就近接入 DDN。在这种接入方式中，业务所需的数字传输电路可以和其他的通信业务(如电话)统一进行建设,如合建 PCM 电缆系统、传输系统。在线路条件比较差的地区,还可以采用合建数字微波、数字特高频等。

5.3.2 分组交换网络

1. 分组交换网络类型

(1)分组交换公众数据网

分组交换公众数据网(Packet Switched Public Data Network,PSPDN)是基于 X.25 协议的网络,它可以动态地对用户的信息流分配带宽,有效地解决突发性、大信息流的传输问题,需要传输的数据在发送端被分割成单元(分组或称打包),各节点交换机存储来自用户的数据包,等待电路空闲时发送出去。由于路由的不固定和线路繁忙程度的不同,各个数据包从发送端到接收端经历的延时可能很不相同,而且网络由软件完成复杂的差错控制和流量控制,造成较大的延时,这些都使连续媒体的同步和实时传输成为问题。

随着光纤越来越普遍地作为传输媒介,传输出错的概率越来越小,在这种情况下,重复地在链路层和网络层实施差错控制,不仅显得冗余,而且浪费带宽,增加报文传输延迟。由于 PSPDN 是在早期低速、高出错率的物理链路基础上发展起来的,其特性已不再适应目前多媒体应用所需要的高速远程链接的要求。因此,PSPDN 不适合于开放多媒体通信业务。

(2)帧中继

分组交换是提供低速分组服务的有效工具,但是由于受到 X.25 网络体系的限制,它不能很好地提供高速服务,所以帧中继(Frame Relay,FR)就在这样的基础和期望上诞生了,它是在 X.25 基础上改进的一种快速分组交换技术。为了适应高速交换网的体系结构,帧中继在 OSI 模型的第二层用简单的方法传送和交换数据单元。

帧中继的特点如下。

- 适用于传送数据业务(要求传输速率高,信息传输的突发性大),对各类 LAN 通信规程的包容性好。
- 使用的传输链路是逻辑连接,而不是物理连接。
- 简化了 X.25 的第三层协议。
- 在链路层完成统计复用、透明传输和错误监测(不重复传输)功能。
- 帧中继的用户接入速率在 64 kbit/s~2 Mbit/s 之间,最高可提高到 8~10 Mbit/s,今后将达到 45 Mbit/s。
- 有合理的带宽管理机制。用户除实现预约带宽外,还允许突发数据预定的带宽。
- 采用面向连接的交换方式,可提供 SVC(交换虚电路)业务和 PVC(永久虚电路)业务。

初期的帧中继只允许建立永久性的虚连接(Permanent Virtual Connection,PVC),而且对带宽和延时抖动没有什么保障,难以支持实时多媒体信息的传输。近年来,一些厂家在帧中继中引入了资源分配机制,以虚电路来仿真电路交换的网络,从而使带宽或延时抖动的限制得到了一定程度的保障。

在帧中继中也有可能加入优先级机制,以便给予声音和图像数据流以高优先级,有利于它们的实时传输。还有一些厂家建议将实时数据的压缩和解压缩部件集成到帧中继设备中构成所谓的帧中继交换机。从以上可以看出,帧中继对多媒体信息传输的支持程度主要取决于实现它的具体环境和设备。

（3）交换多兆比特数据服务

交换多兆比特数据服务（Switched Multimegabit Data Service，SMDS）是由远程通信运营者设计的服务，可满足对高性能无连接局域网互连日益增长的需求，其接入速率可达 34 Mbit/s 或 45 Mbit/s，甚至更高。SMDS 的比特率、延时和多点广播性能适合大多数多媒体应用。

（4）ATM 网

在高速分组交换基础上发展起来的异步传输模式（Asynchronous Transfer Mode，ATM）是 ITU-T 为宽带综合业务数字网（B-ISDN）所选择的传输模式。ITU-T 曾断言，基于 ATM 的 B-ISDN 是网络发展的必然趋势。

但 20 世纪 90 年代以来，互联网以其业务丰富、使用便利、费用低廉等特点得到了迅猛发展。与此同时，B-ISDN 因业务价格高昂等原因未能得到预期的发展。不过 ATM 作为一种高速包交换和传输技术在构建多业务的宽带传输平台方面仍具有一定的位置。

ATM 网是面向连接的网络，终端（或网关）通过 ATM 的虚通道相互连接。ATM 虚电路交换既适用于话音业务，又适用于数据业务。ATM 继承了电路交换网络中高速交换的优点，信元在硬件中交换。当发送端和接收端之间建立起虚通道以后，沿途的 ATM 交换机直接按虚通道传输信元，而不必像一般分组网的路由器那样，利用软件寻找每个数据包的目的地址，再寻找路由。同时，它还继承了分组交换网络中利用统计复用提高资源利用率的优点，几个信源可以被结合到一条链路上，网络给该链路分配一定的带宽。与一般的分组交换网络有所不同的是，它有一定的措施防止由于过多的信源复用同一链路或信源送入过多的数据而导致网络的过负荷。ATM 的流量控制对用户的 QoS 要求得到统计性的保障有重要的意义。

ATM 网具有高吞吐量、低延时和高速交换的能力。它所采用的统计复用能够有效地利用带宽，允许某一数据流瞬时地超过其平均速率，这对于突发度较高的多媒体数据是很有利的。此外，它具有明确定义地服务类型和同时建立多个虚通道的能力，既能满足不同媒体传输的 QoS 要求，又能有效地利用网络资源。尽管有这些优势，ATM 在多媒体通信上也有一些限制。一个值得注意的问题是信元丢失率，一般来说，ATM 网的信元丢失在 $10^{-10} \sim 10^{-8}$，可以在接收端通过时间或空间上的内插重建丢失的数据。此外，ATM 的标准支持多播，但 ATM 全网的多播目前并没有实现，只有某些 ATM 交换机具有局部的复制信元的功能。

（5）传统 IP 网

IP 网是指使用一组因特网协议（Internet Protocol）的网络。从传统意义上说，IP 网是指人们熟悉的因特网。除此之外，IP 网还包括其他形式的使用 IP 协议的网络，例如企业内部网（Intranet）等。因特网以其丰富的网上资源、方便的浏览工具等特点发展成在世界内广泛使用的信息网络。

IP 网在发展初期并没有考虑在其网络中传输实时多媒体通信业务。它是一个"尽力而为"的、无连接的网络，注重的是传输的效率而非质量，不提供 QoS 保障。当网络拥塞时，即将过剩的数据包丢弃，因此会发生数据丢失或失序现象，从而影响通信质量。又由于网络中的路由器采用存储-转发机制，会产生传输延时抖动，不利于多媒体信息的实时传输。由于在传统 IP 网上多媒体传输的带宽和延时抖动等要求都得不到保障，因此在 IP 网络上开展实时多媒体应用存在一定问题。

由于 IP 网在当今和下一代网络中占用重要的位置,因此从某种意义上可以说,研究和改善多媒体信息在 IP 网上传输的性能是多媒体通信领域的一个核心问题。

2. 分组交换网络协议

网络多媒体通信的主要任务就是在同一网络上实现源宿间所有媒体成份数据的有效传输。与传统的数据通信不同,多媒体通信包含多种成分数据,不同类型的数据对 MCS(多媒体通信系统)和网络有着不同类型的传输需求。

通信协议是网络上通信双方约定的通信规则或语言。网络通信中可能会有硬件故障、网络拥挤、数据损坏、分组迟延或丢失。处理如此复杂问题的有效方法是用一个有层次的结构化的协议,有分工、按层次、有条理地解决相关问题,分层还可以简化协议的设计与测试,所以协议分层是很必要的。

Internet 网上数据通信执行 TCP/IP,该协议使因特网的包——IP 数据报(datagram)通过存储转发技术、分段路由、多路传送,最后在目的地重组和恢复数据报。如何确保 IP 数据报传送的安全可靠、避免差错与数据丢失,如何面对网络的拥塞而进行相应的控制,这些都是需要解决的重要问题。

(1)TCP/IP 协议

TCP/IP 是 Transmission Control Protocol/Internet Protocol 的简写,中译名为传输控制协议/因特网互联协议,又名网络通信协议,是 Internet 最基本的协议,Internet 国际互联网络的基础,由网络层的国际协议(IP)和传输层的传输控制协议(TCP)组成。TCP/IP 定义了电子设备如何连入因特网,以及数据如何在它们之间传输的标准。协议采用了 4 层的层级结构,如图 5-7 所示。每一层都呼叫它的下一层所提供的网络来完成自己的需求。通俗而言,TCP 负责发现传输的问题,一有问题就发出信号,要求重新传输,直到所有数据安全正确地传输到目的地。而 IP 是给因特网的每一台电脑规定一个地址。

从协议分层模型方面来讲,TCP/IP 由四个层次组成:网络接口层、网络层、传输层、应用层。TCP/IP 协议并不完全符合 OSI 的 7 层参考模型。OSI(Open System Interconnect)是传统的开放式系统互连参考模型,是一种通信协议的 7 层抽象的参考模型,其中每一层执行某一特定任务。该模型的目的是使各种硬件在相同的层次上相互通信。这 7 层是:物理层、数据链路层、网络层、传输层、会话层、表示层和应用层。而 TCP/IP 通信协议采用了 4 层的层级结构,每一层都呼叫它的下一层所提供的网络来完成自己的需求。由于 ARPNET 的设计者注重的是网络互连,允许通信子网(网络接口层)采用已有的或是将来有的各种协议,所以这个层次中没有提供专门的协议。实际上,TCP/IP 协议可以通过网络接口层连接到任何网络上,例如 X.25 交换网或 IEEE802 局域网。

TCP/IP 各层的功能如下。

①物理层

定义物理介质的各种特性:机械特性、电子特性、功能特性、规程特性。数据链路层是负责接收 IP 数据包并通过网络发送之,或者从网络上接收物理帧,抽出 IP 数据报,交给 IP 层。

常见的接口层协议有:Ethernet 802.3、Token Ring 802.5、X.25、Frame relay、HDLC、PPP ATM 等。

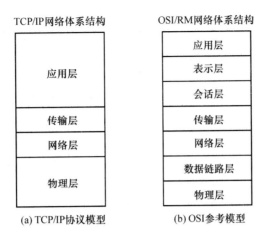

图 5-7 TCP/IP 网络体系结构

②网络层

负责相邻计算机之间的通信。其功能包括 3 方面。

（a）处理来自传输层的分组发送请求，收到请求后，将分组装入 IP 数据报，填充报头，选择去往信宿机的路径，然后将数据报发往适当的网络接口。

（b）处理输入数据报：首先检查其合法性，然后进行寻径——假如该数据报已到达信宿机，则去掉报头，将剩下部分交给适当的传输协议；假如该数据报尚未到达信宿，则转发该数据报。

（c）处理路径、流控、拥塞等问题。

网络层包括：IP(Internet Protocol)协议、ICMP(Internet Control Message Protocol)控制报文协议、ARP(Address Resolution Protocol)地址转换协议、RARP(Reverse ARP)反向地址转换协议。IP 是网络层的核心，通过路由选择将下一跳 IP 封装后交给接口层。IP 数据报是无连接服务。

ICMP 是网络层的补充，可以回送报文。用来检测网络是否通畅。

Ping 命令就是发送 ICMP 的 echo 包，通过回送的 echo relay 进行网络测试。

ARP 是正向地址解析协议，通过已知的 IP，寻找对应主机的 MAC 地址。

RARP 是反向地址解析协议，通过 MAC 地址确定 IP 地址。比如无盘工作站还有 DH-CP 服务。

③传输层

提供应用程序间的通信。其功能包括格式化信息流和提供可靠传输。为实现后者，传输层协议规定接收端必须发回确认，并且假如分组丢失，必须重新发送。

传输层协议主要是：传输控制协议 TCP(Transmission Control Protocol)和用户数据报协议 UDP(User Datagram protocol)。

④应用层

向用户提供一组常用的应用程序，比如电子邮件、文件传输访问、远程登录等。远程登录 TELNET 使用 TELNET 协议提供在网络其他主机上注册的接口。TELNET 会话提供了基于字符的虚拟终端。文件传输访问 FTP 使用 FTP 协议来提供网络内机器间的文件复制功能。

应用层一般是面向用户的服务。如 FTP、TELNET、DNS、SMTP、POP3。

FTP(File Transfer Protocol)是文件传输协议,一般上传下载用 FTP 服务,数据端口是 20H,控制端口是 21H。

Telnet 服务是用户远程登录服务,使用 23H 端口,使用明码传送,保密性差,简单方便。

DNS(Domain Name Service)是域名解析服务,提供域名到 IP 地址之间的转换。

SMTP(Simple Mail Transfer Protocol)是简单邮件传输协议,用来控制信件的发送、中转。

POP3(Post Office Protocol 3)是邮局协议第 3 版本,用于接收邮件。

网络层中的协议主要有 IP、ICMP、IGMP(Internet Group Message Protocol)等,由于它包含了 IP 协议模块,所以是所有基于 TCP/IP 协议网络的核心。在网络层中,IP 模块完成大部分功能。ICMP 和 IGMP 以及其他支持 IP 的协议帮助 IP 完成特定的任务,如传输差错控制信息以及主机/路由器之间的控制电文等。网络层掌管着网络中主机间的信息传输。

传输层上的主要协议是 TCP 和 UDP。正如网络层控制着主机之间的数据传递,传输层控制着那些将要进入网络层的数据。两个协议就是它管理这些数据的两种方式:TCP 是一个基于连接的协议;UDP 则是面向无连接服务的管理方式的协议。

(2) IPv4

IPv4 是互联网协议(Internet Protocol,IP)的第 4 版,也是第一个被广泛使用,构成现今互联网技术的基石的协议。1981 年 Jon Postel 在 RFC791 中定义了 IP,IPv4 可以运行在各种各样的底层网络上,比如端对端的串行数据链路(PPP 协议和 SLIP 协议)、卫星链路等。局域网中最常用的是以太网。IPv4 分组头格式如图 5-8 所示。

0	4	8	16	19	24	31
版本	IHL	服务类型		总长度		
标识			标志	片偏移		
生存时间		协议	分组头校验和			
源IP地址						
目的IP地址						
可选字段				填充		

图 5-8　IPv4 分组头格式

传统的 TCP/IP 协议基于 IPv4 属于第二代互联网技术,核心技术属于美国。它的最大问题是网络地址资源有限,从理论上讲,编址 1 600 万个网络、40 亿台主机。但采用 A、B、C 三类编址方式后,可用的网络地址和主机地址的数目大打折扣,以致目前的 IP 地址已经枯竭。其中北美占有 3/4,约 30 亿个,而人口最多的亚洲只有不到 4 亿个,中国截止到 2010 年 6 月 IPv4 地址数量达到 2.5 亿,落后于 4.2 亿网民的需求。虽然用动态 IP 及 Nat 地址转换等技术实现了一些缓冲,但 IPV4 地址枯竭已经成为不争的事实。在此,专家提出 IPv6 的互联网技术,但 IPv4 的使用过渡到 IPv6 需要很长的一段过渡期。

传统的 TCP/IP 协议是基于电话宽带以及以太网的电器特性而制定的,其分包原则与检验占用了数据包很大的一部分比例,造成了传输效率较低的结果,现在网络正朝着全光纤网络和超高速以太网方向发展,TCP/IP 协议不能满足其发展需要。

1983 年 TCP/IP 协议被 ARPAnet 采用,直至发展成为后来的互联网。那时只有几百台计算机互相联网。到 1989 年联网计算机数量突破 10 万台,并且同年出现了 1.5 Mbit/s 的骨干网。因为 IANA 把大片的地址空间分配给了一些公司和研究机构,20 世纪 90 年代初就有人担心 10 年内 IP 地址空间就会不够用,并由此导致了 IPv6 的开发。

(3)IPv6

IPv6 是 Internet Protocol Version 6 的缩写,IPv6 是由互联网工程任务组(Internet Engineering Task Force,IETF)设计用于替代现行版本 IP 协议(IPv4)的下一代 IP 协议。

与 IPv4 相比,IPv6 具有以下几个优势。

(a) IPv6 具有更大的地址空间。IPv4 中规定 IP 地址长度为 32,即有 $2^{32}-1$ 个地址;而 IPv6 中 IP 地址的长度为 128,即有 $2^{128}-1$ 个地址。

(b) IPv6 使用更小的路由表。IPv6 的地址分配一开始就遵循聚类(Aggregation)的原则,这使得路由器能在路由表中用一条记录(Entry)表示一片子网,大大减小了路由器中路由表的长度,提高了路由器转发数据包的速度。

(c) IPv6 增加了增强的组播(Multicast)支持以及对流的支持(Flow Control),这使得网络上的多媒体应用有了长足发展的机会,为服务质量(Quality of Service,QoS)控制提供了良好的网络平台。

(d) IPv6 加入了对自动配置(Auto Configuration)的支持。这是对 DHCP 协议的改进和扩展,使得网络(尤其是局域网)的管理更加方便和快捷。

(e) IPv6 具有更高的安全性。在使用 IPv6 网络中用户可以对网络层的数据进行加密并对 IP 报文进行校验,极大地增强了网络的安全性。

IPv6 地址分为以下种类。

- 单播地址定义一个单个的计算机。发送到单播地址的分组必须交付给这个指定的计算机。
- 任播地址用于指定给一群接口,通常这些接口属于不同的节点。若分组被送到一个任播地址时,则会被转送到成员的其中之一。通常会根据路由协议,选择"最近"的成员。
- 多播地址定义一组计算机。发送给多播地址的分组必须交付到该组中的每一个成员。

IPv6 具有以下分组格式。

- IPv6 的每一个分组由强制的基本首部和紧跟在后面的有效负载组成。有效负载由两部分组成:可选的扩展首部和从上层来的数据。IPv6 数据报格式如图 5-9 所示。
- 基本首部共有 40 字节,而扩展首部和上层数据不超过 65 535 字节的信息。
- IPv6 的基本首部包含版本号、业务流类别、流标号、负载长度、下一个首部、跳限、原始 IP、目的 IP 等选项,相对于 IPv4 的头部要简单一些,这方便路由器和网关等设备的大数据量计算。

基本首部各字段的作用如下。

(a) 版本:占 4 bit,协议的版本号,IPv6 中该字段值为 6。

(b) 优先级:占 8 bit,用于区分 IPv6 数据报不同的类型或优先级。

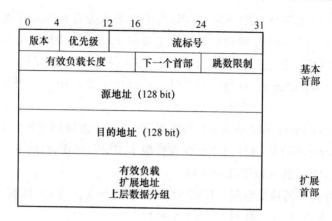

图 5-9　IPv6 数据报格式

（c）流标号：占 20 bit，是 IPv6 支持资源分配的一个新机制。"流"是互联网络上从特定源点到特定终点的一系列数据报，流所经过的路径上的路由器都保证指明的服务质量。所有属于同一个流的数据报都具有同样的流标号。

（d）有效负载长度：占 16 bit，指明 IPv6 数据报除基本首部外的字节数，最大值为 64 KB。

（e）下一个首部：占 8 bit。无扩展首部时，此字段与 IPv4 报头中的协议字段相同；有扩展首部时，此字段指出后面第一个扩展首部的类型。

（f）跳数限制：占 8 bit，用来防止数据报在网络中无限期地存在。

（g）源地址：占 128 bit，为数据报的发送端的 IP 地址。

（h）目的地址：占 128 bit，为数据报的接收端的 IP 地址。

IPv6 定义了以下 6 种扩展首部。

（a）逐跳选项：用于携带选项信息，数据报所经过的所有路由器都必须处理这些选项信息。

（b）路由选择：路由选择类似于 IPv4 中的源路由选项，是源站用来指明数据报在路由过程中必须经过哪些路由器。

（c）分片：是当源站发送长度超过路径最大传输单元的数据报时进行分片用的扩展首部。

（d）鉴别：用于对 IPv6 数据报基本首部、扩展首部和数据净荷的某些部分进行加密。

（e）封装安全有效载荷：指明剩余的数据净荷已加密，并为已获得授权的目的站提供足够的解密信息。

（f）目的站选项：用于携带只需要目的站处理的选项信息。

为了提高路由器的处理效率，IPv6 规定数据报中途经过的路由器都不处理这些扩展首部（只有逐跳选项扩展首部例外），将扩展首部留给源站和目的站的主机来处理。

当数据报不包含扩展首部时，固定首部中的下一个首部字段就相当于 IPv4 首部中的协议字段，即该字段值指出后面的有效负载的类型、交付给下一层的哪个进程。

尽管 IPv6 的报头比 IPv4 的报头长一倍，但其中的字段数却大大减少了，因为大多数的选项字段包括在扩展报头中。由于大部分扩展报头在传输过程中并不作处理，路由器对 IPv6 报头的处理要比 IPv4 简单得多。同时，由于 IPv6 地址的分层结构也减少了中间节点路由选择的规模,缩短了查表时间,有利于提高网络的速度和可靠性。

5.3.3　宽带 IP 网

随着因特网用户数量的急剧增加,同时在因特网上不断开发出新的应用,传统的 IP 网络已经不能满足用户的需求,例如不能保证服务质量 QoS,特别是对实时性要求高的视频、音频等多媒体业务的支持;网络规模的扩大使得路由表变得非常复杂,寻址速度降低等。针对这样的情况,需要对传统的因特网技术进行重新设计使其具备高速、安全、扩展容易、支持多类型业务等特点。

为了解决传统 IP 网络存在的问题,人们研究了 IP 与 ATM、SDH 和 WDM(Wave-length Division Multiplexing)等技术的结合,充分利用了这些网络的优点,实现了 IP over ATM、IP over SDH 和 IP over WDM 等技术,进而实现了 IP 网络的高速、宽带,降低了网络的复杂程度,大幅度提高了网络性能,保证了服务质量。

下面逐个讨论上面的这 3 种网络形式。

1. IP over ATM

IP 网传统上是由路由器和专线组成的,用专线将地域上分离的路由器连接起来构成 IP 网。这样的组网模式曾经使用了很长一段时间,随着 IP 业务的爆炸性发展,显然不能满足高速发展的 IP 业务的要求。低速(2~4.5 Mbit/s)专线和为普通业务设计的路由器,在很多性能上无法满足新业务的需要,网络技术的变化和演进是必然的,网络技术演进的首选技术将是 IP over ATM,图 5-10 给出 IP over ATM 的分层模型。

音频、视频、数据等
IP
ATM
SDH
WDM

图 5-10　IP over ATM 分层模型

尽管 ATM 是 IP 之后发展起来的一种分组交换技术,它的确克服了 IP 原来设计的不足,其性能大大优于 IP,曾经被看成是 B-ISDN 的核心,是通信发展过程中的一颗新星。但由于它过于复杂,过于求全、求完善、求完美,从而大大增加了系统的复杂性及设备的价格。

随着 IP 网的爆炸性发展,ATM 作为 IP 业务的承载网将具有特殊的好处。与路由器加专线相比,至少它可以提供高速点对点连接,从而大大提高 IP 网的带宽性能。当 ATM 以网络形式来承载 IP 业务时,还可以提供十分优良的网络整体性能。

用 ATM 来支持 IP 业务有两个问题必须解决。其一,ATM 的通信方式是面向连接的,而 IP 是无连接的。要在一个面向连接的网上承载一个非连接的业务,有很多问题需要解决,如呼叫建立时间、连接持续期等。其二,ATM 是以 ATM 地址寻址的,IP 通信以 IP 地址来寻址,在 IP 网上端到端是以 IP 寻址的,而传送 IP 包的承载网(ATM 网)是以 ATM 地址寻址的,IP 地址和 ATM 地址之间的映射是一个很大的难题。

图 5-10 是 IP over ATM 的分层模型,在 ATM 网络中支持 IP 有两种不同的模型,即重叠型和集成型。

(1)重叠型

重叠型将 ATM 层与 IP 层分开,系统中同时使用 ATM 地址和 IP 地址。所有的 ATM 系统需要同时被赋予 ATM 地址和 IP 地址,ATM 地址和 IP 地址没有任何相关性,因此需要设计地址解析协议完成将 IP 地址转换为 ATM 地址的工作。重叠型允许 ATM 和 IP 协议分开来独自开发。目前的重叠型有局域网仿真(LANE)、在 ATM 上传送传统的 IP (Classical IP over ATM,CIPOA) 和 ATM 上的多协议(Mutiprotocol over ATM, MPOA)等。

(2)集成型

集成型又称为对等型,将 ATM 层看成 IP 层的对等层,这种模型中 ATM 网络使用与 IP 网络相同的地址方案,因此不需要地址解析协议,ATM 端点由 IP 地址来识别,ATM 信令使用 IP 地址进行通路的建立。集成型简化了端系统地址管理功能,但同时又增加了 ATM 交换机的复杂度,ATM 交换机必须具有多协议路由器的功能。目前的集成型有 IP 交换、标记交换(Tag Switch)和多协议标签交换(Multi Protocol Label Switching,MPLS) 三种类型。

IP over ATM 的模型如图 5-10 所示。其基本原理为:将 IP 数据包在 ATM 层全部封装为 ATM 信元,以 ATM 信元形式在信道中传输。当网络中的交换机接收到一个 IP 数据包时,它首先根据 IP 数据包的 IP 地址通过某种机制进行路由地址处理,按路由转发。然后,按已计算的路由在 ATM 网上建立虚电路(VC)。以后的数据包将在此虚电路上顺序传输,再经过路由器,从而有效解决了 IP 的路由器的瓶颈问题,并可将 IP 包的转发速度提高到交换速度。

20 世纪 90 年代以来,多种基于 ATM 和 IP 的高速网络技术相继提出,但是它们只解决了 ATM 技术和 IP 技术融合的部分问题,如 LANE 和 MPOA 可以利用 ATM 提供一定的 QoS 保证,但扩张性存在问题,而 IP 交换和标记交换保证了一定的 QoS 和扩张性,但是在协议完善性上依然存在问题。

在这样的背景下,MPLS 的提出较好地解决了 QoS 和扩张性问题,IETF 提出的 MPLS 是基于 Cisco 公司的标签交换并吸收了其他技术的优点,已经成为 ATM 和 IP 技术相结合的最佳方案,在 ATM 交换机和 IP 路由器中得到了广泛的应用。

IP 路由器和 ATM 交换机构成宽带数据通信网络存在两种方式。

①宽带数据通信网组网方式 1

20 世纪 90 年代中期,这时 IP 路由器由于技术的限制,速率相对较低,不能满足高速宽带的要求,而 ATM 交换机的交换速率高,可以支持宽带综合业务,因此,ATM 交换机作为骨干网的核心交换机,而 IP 路由器作为接入设备连接各个用户,如图 5-11 所示。

②宽带数据通信网组网方式 2

21 世纪,随着技术的不断进步,能够支持太比特和吉比特交换的路由器投入使用,这时的 IP 路由器的速度已经接近甚至超过 ATM 交换机的速度,而且价格相对较低,因此这时 IP 路由器作为骨干网的核心设备,而由于 ATM 交换机支持多业务的性能比 IP 路由器要好,因此将 ATM 交换机作为接入交换机。如图 5-12 所示。

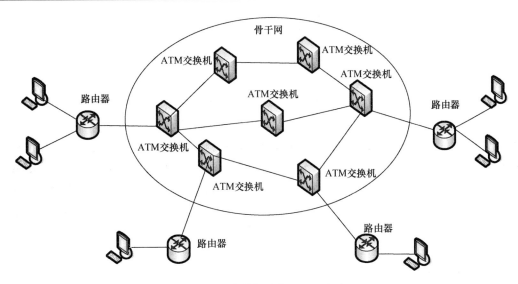

图 5-11　宽带数据通信网组网方式 1

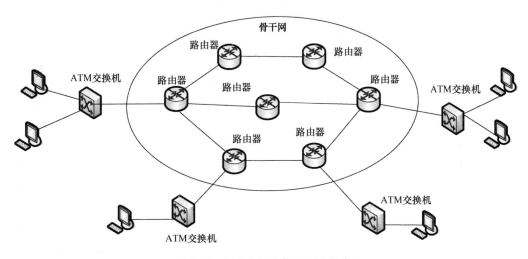

图 5-12　宽带数据通信网组网方式 2

ATM 网络的优点是速度快、支持多业务、服务质量高，而 IP 网络的特点是网络结构简单，扩容容易，连接灵活。IP 技术和 ATM 技术的结合，实现了 IP 交换功能，可以为用户提供高速、灵活、保证服务质量的服务。不足之处在于网络结构复杂，开销大，实现较困难。

2. IP over SDH

IP over SDH 是以 SDH 网络作为 IP 网络的数据传输网络。它完全兼容传统的 IP 网络结构，只是在物理链路上使用了更高速率、更稳定可靠的 SDH 网络结构，SDH 提供了点到点的网络连接，网络的性能主要取决于 IP 路由器的性能，IP over SDH 的优点是：网络结构简单，传输效率率高。IP over SDH 的分层模型如图 5-10 所示。

SDH 网络具有高速、灵活、可靠性高等特点，为 IP 的传输提供了性能优异的传输平台。IP over SDH 首先使用 PPP 协议（Point to Point Protocol）对 IP 数据分组封装为 PPP 帧，然后在 SDH 通道层业务适配器将 PPP 帧映射到 SDH 净荷中，然后经过 SDH 传输层和段层，加上相应的开销，把净荷装入 SDH 帧中，最后数据交给光纤网进行传输。根据 OSI/RM，

音频、视频、数据等
IP
SDH
WDM

图 5-13　IP over SDH 分层模型

SDH 属于第一层物理层,负责提供物理通道以透明的传送比特流,IP 属于第三层网络层,完成无连接的源端到目的端的数据传输。因此需要定义位于 IP 和 SDH 之间的第二层数据链路层,完成数据链路层的功能。IETF 定义了 PPP 协议来执行数据链路层功能,实现了 IP over SDH 技术。

PPP 协议完成了点到点链路上传输多协议数据包功能。PPP 具有 3 部分功能:

- 多协议数据的封装;
- 支持不同网络层协议的封装控制协议 NCP;
- 用于建立、配置、监测连接的链路控制协议 LCP。

PPP 首先完成对 IP 数据分组的封装,为了支持不同的网络层协议(IP、IPX 等),又制定了对应的封装控制协议 NCP,同时,在 PPP 层下的物理传输系统也不相同,包括 SDH、FR、ISDN 等,因此制定了相应的链路控制协议 LCP。

对于 IP over SDH,PPP 主要完成数据封装功能,该功能很简单,PPP 帧头部只有两个字节,没有地址信息,采用无连接的数据传输。由于 PPP 帧中的开销较低,所以可以提供更大的吞吐量。

目前,各个发达国家和我国的骨干网均采用了 SDH 传输体制,为在因特网主干网采用 IP over SDH 创造了良好的条件。SDH 网络具有很好的兼容性,支持不同体系、不同协议的数据传输,IP over SDH 技术具有较高的吞吐量,较高的信道利用率,满足 IP 网络通信的需求,可以提供较高的带宽资源。SDH 配置为点到点的数据传输通道,PPP 提供高效的数据链路层封装机制,因此,IP over SDH 技术对现有的因特网网络结构没有大的改变,相对于其他物理传输网络来说,具有网络结构简单、传输效率高等特点。IP over SDH 可以使用 SDH 的 2 Mbit/s、45 Mbit/s、155 Mbit/s、622 Mbit/s 甚至更高的 SDH 接口。可以看出,决定 IP over SDH 网络性能的关键是高速的路由器,只有加速开发新型的高速路由器,提高路由器的性能,才能充分发挥 SDH 网络高速传输的特性。新型高速路由器的发展,将会把 IP over SDH 技术的性能提高一个层次。

这种结构将 IP 分组通过 PPP 协议映射到 SDH 的虚容器中,简化了网络结构,提高了传输效率,降低了成本。适合于点对点的 IP 骨干通信网。

IP over SDH 技术存在的问题是:仅对 IP 提供了较好的支持,对其他网络层协议的支持有限,不适合多业务平台,不能提供像 IP over ATM 一样的服务质量 QoS 保障。

3. IP over WDM

IP over WDM 也称为光因特网或光互联网,是直接在光纤上运行的因特网。它是由高性能 WDM 设备、高速路由器组成的数据通信网络,是结构最简单、最经济的 IP 网络体系结构,是 IP 网络发展的最终目标。IP over WDM 的分层模型如图 5-14 所示。

| 音频、视频、数据等 |
| IP |
| WDM |

图 5-14 IP over WDM 分层模型

IP 层主要完成数据的处理功能,主要设备包括路由器、ATM 交换机等,WDM 负责完成数据传送,主要设备是 WDM 设备。在 IP 层和 WDM 层之间有层间适配和管理功能,主要完成将 IP 数据适配为 WDM 适合传送的数据格式,使 IP 层和 WDM 相互独立。

光波分复用(WDM)是一种在光域实现的充分利用光纤宽带传输特性的复用技术,原理上属于频分复用技术。

WDM 的出现为光纤通信技术带来了新的发展,WDM 技术从开始的二波长复用(1 310 nm/1 550 nm)发展到今天可以在一个低损耗窗口实现几十个或上百个波长复用,系统容量得到了极大提高。WDM 技术可以分为 3 类:宽波分复用技术 WWDM、密集波分复用技术 DWDM 和粗波分复用技术 CWDM。在这 3 种技术中,DWDM 是使用最广泛的一种,但是对光源和复用/解复用的器件的要求最高,成本也最高。

DWDM 通常工作在 1 550 nm 窗口,波长间隔小于 1 000 GHz 的 WDM 技术,随着技术的进步,波长间隔可以小于 50 GHz 甚至 25 GHz,随着波长间隔的减小,在一个窗口中可以复用更多的波长,传输容量也就越大。

DWDM 采用了两项技术:一是动态波长稳定的窄光光源,使用具有谱线窄而且动态波长稳定的分布反馈型 LD 光源;二是高分辨率波分复用器件,平面光波导技术、薄膜干涉技术和光纤光栅技术为 DWDM 提供了所需的波分复用器。

DWDM 的优点如下。
- 充分利用光纤的带宽资源,使光纤的传输容量成几倍或几十倍增加。
- 节约成本,使用复用技术可以在一根光纤上传输多路信号,这样可以在长途传输中节省光纤数量,而且扩容简单。
- 不同的波长根据用户要求可以支持不同的业务,完成信息的透明传输,可以实现业务的综合和分离。这也是 IP over WDM 的技术基础。

IP over WDM 包括光纤、激光器、EDFA、光耦合器、光放大器、光再生器、光转发器、光分插复用器、光交叉连接器和高速路由器等部件。主要部件的功能如下。
- 光纤采用了 G.665 非零色散偏移光纤,它的特点是色散的非线性效应小,最适合 WDM 系统。
- 光分插复用器(Optical Add Drop Multiplexer,OADM)主要功能是将不同波长的多路光信号进行复用以及从合路的光信号中分出一个或多个光信号。
- 光交叉连接器(Optical Cross Connector,OXC)的主要功能是对不同光纤链路的 DWDM 的波道实现交叉连接的设备。OADM 和 OXC 主要在长途 WDM 中使用。
- 光耦合器的作用是将不同波长的光信号复用以及解复用。
- 在 1 550 nm 窗口使用的光放大器是掺铒光纤放大器 EDFA,EDFA 可以同时放大 WDM 中的所有光信号。
- 光转发器接收由路由器或其他设备传送的光信号,并产生要插入光耦合器的正确波长的光信号。

IP over WDM 中使用的 WDM 常用点对点的传输方式,如图 5-15 所示。

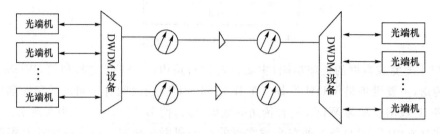

图 5-15　DWDM 传输示意图

工作过程如下。

①将接收的电信号提供光端机进行电光变换得到光信号。

②通过 DWDM 设备将不同波长的光信号进行复用,这时使用的设备包括光耦合器等。

③通过光纤传输信号,如果传输距离长,光信号有一定的衰减,因此需要通过光放大器对光信号进行放大。

④接收端 DWDM 设备将接收的光信号进行解复用。

⑤将解复用后的光信号送至光端机进行光电变换,获得的电信号交给后端设备进一步处理。

IP over WDM 的帧结构有两种形式:SDH 帧结构和吉比特以太网帧结构。

①SDH 帧结构

采用 SDH 帧格式时,帧头中载有信令和足够的网络管理信息,便于网络管理,但是在路由器接口上,对于 SDH 帧的拆装处理比较耗时,影响了网络吞吐量和性能。而且采用 SDH 帧结构的转发器和再生器价格较高。

②吉比特以太网帧结构

这种格式报头所包含的网格状态信息不多,网络管理能力较弱,但是由于没有使用造价昂贵的再生设备,因此这种设备的价格相对较低。而且由于和主机的帧格式相同,因此在路由器接口上无须对帧进行拆装操作,因此时延降低。

IP over WDM 的特点如下。

- 充分利用光纤的高宽带特性,极大地提高了传输速率和线路利用率。
- 网络结构简单,IP 数据分组直接在光纤上传送,减少了中间层(ATM、SDH),开销最低,提高了传送效率。
- 通过业务量工程设计,可以与 IP 的不对称业务量特性相匹配。
- 对传送速率、数据格式透明,可以支持 ATM、SDH 和吉比特以太网数据。
- 可以和现有网络兼容,还可以支持未来的宽带综合业务网络。
- 节省了 ATM 和 SDH 设备,简化了网管,又采用了 WDM,其网络成本可望降 1～2 个量级。

IP over WDM 进一步简化了网络结构,去掉了 ATM 层和 SDH 层,IP 分组直接在光纤上传送,具有高速、成本低等特点,适合骨干网传输要求。

IP over WDM 也存在着一些问题:首先是波长的标准化工作还没有完成;其次是 WDM

的网络管理功能较弱;还有 WDM 的网络结构只使用了点对点的结构,还没有充分利用光网络的特性。

对于宽带 IP 网络通信来说,IP over ATM、IP over SDH 和 IP over WDM 各有优势,但也存在一定的缺点,从发展角度看,IP over WDM 更具竞争力,会成为未来宽带 IP 网络的主要网络结构。

5.3.4　NGN

1. NGN 概念

NGN 是 Next Generation Network 的缩写,字面意思是下一代网络。当前所谓的下一代网络是一个很松散的概念,不同的领域对下一代网络有不同的看法。一般来说,所谓下一代网络应当是基于"这一代"网络而言,在"这一代"网络基础上有突破性或者革命性进步才能称为下一代网络。

在计算机网络中,"这一代"网络是以 IPv4 为基础的互联网,下一代网络是以高带宽以及 IPv6 为基础的 NGI(下一代互联网)。在传输网络中,"这一代"网络是以 TDM 为基础,以 SDH 以及 WDM 为代表的传输网络,下一代网络是以 ASON(自动交换光网络)以及 GFP(通用帧协议)为基础的网络。在移动通信网络中,"这一代"网络是以 GSM 为代表的网络,下一代网络是以 3G(主要是 WCDMA 和 CDMA2000)为代表的网络。在电话网中,"这一代"网络是以 TDM 时隙交换为基础的程控交换机组成的电话网络,下一代网络是指以分组交换和软交换为基础的电话网络。

从业务开展角度来看,"这一代"网络主要开展基于话音、文字或图像的单一媒体业务,下一代网络应当开展基于视频、音频和文字图像的混合多媒体业务。从电信网络层以下所采用的核心技术来看,"这一代"网络是以 TDM 电路交换为基础的网络,下一代网络在网络层以下将以分组交换为基础构建。

总体来说,我们认为广义上的下一代网络是指以软交换为代表,IMS 为核心框架,能够为公众灵活提供大规模视频话音数据等多种通信业务,以分组交换为业务统一承载平台,传输层适应数据业务特征及带宽需求,与通信运营商相关,可运营、维护、管理的通信网络。

2. NGN 主要特征

NGN 的主要特点是能够为公众灵活、大规模地提供以视讯业务为代表,包含话音业务、互联网业务在内的各种丰富业务。当前所谓的电信网是为电话业务设计的,实质上是为电话网服务的。要适应 NGN 多业务、灵活开展业务的特征,必须要有新的网络结构来支持。一般来说,NGN 主要有如下特征。

(1)NGN 是业务独立于承载的网络

传统电话网的业务网就是承载网,结果就是新业务很难开展。NGN 允许业务和网络分别提供和独立发展,提供灵活有效的业务创建、业务应用和业务管理功能,支持不同带宽的、实时的或非实时的各种多媒体业务使用,使业务和应用的提供有较大的灵活性,从而满足用户不断增长的对新业务的需求,也使得网络具有可持续发展的能力和竞争力。

(2)NGN 采用分组交换作为统一的业务承载方式

传统的电话网采用电路(时隙)方式承载话音,虽然能有效传输话音,但是不能有效承载数据。NGN 的网络结构对话音和数据采用基于分组的传输模式,采用统一的协议。NGN

把传统的交换机的功能模块分离成为独立的网络部件,它们通过标准的开放接口进行互连,使原有的电信网络逐步走向开放,运营商可以根据业务的需要,自由组合各部分的功能产品来组建新网络。部件间协议接口的标准化可以实现各种异构网的互通。

(3)NGN 能够与现有网络如 PSTN、ISDN 和 GSM 等互通

现有电信网规模庞大,NGN 可以通过网关等设备与现有网络互连互通,保护现有投资。同时 NGN 也支持现有终端和 IP 智能终端,包括模拟电话、传真机、ISDN 终端、移动电话、GPRS 终端、SIP 终端、H. 248 终端、MGCP 终端、通过 PC 的以太网电话、线缆调制解调器等。

(4)NGN 是安全的、支持服务质量的网络

传统的电话网基于时隙交换,为每一对用户都准备了双向 64 kbit/s 的虚电路,传输网络提供的都是点对点专线,很少出现服务质量问题。NGN 基于分组交换组建,则必须考虑安全以及服务质量问题。当前采用 IPv4 协议的互联网只提供尽力而为的服务,NGN 要提供包括视频在内的多种服务则必须保证一定程度的安全和服务质量。

(5)NGN 是提供多媒体流媒体业务的多业务网络

当前电信网业务主要关注话音业务。数据业务虽然已超过话音,但是在盈利方面还有待提高。大规模并发流媒体以及互动多媒体业务是当前宽带业务的代表,因此仍然以话音和传统互联网数据业务为主的 NGN 是没有意义的。NGN 必须在服务质量以及安全等保障下提供多媒体流媒体业务。

5.4　多媒体通信用户接入

用户接入网一般指市话端局到用户之间的网络。在现在的用户接入网中,可采用的接入技术五花八门,但归纳起来主要的接入技术可分为基于对绞线铜缆的传统接入网技术、混合光纤/同轴电缆(HFC)用户接入网技术、无线接入网技术和光纤接入网技术 4 种类型。各种不同接入方式分类如表 5-5 所示。

其中,铜线接入是以原有铜质导线线路为主,在用户线上通过采用先进的数字信号处理技术来提高双绞铜线对的传输容量,向用户提供各种业务的接入手段。混合光纤/同轴电缆接入是以光缆为主干传输,经同轴电缆分配给用户,采用一种渐进的光缆化方式。无线接入包括固定无线接入网和移动无线接入网:用户终端固定或是做有限移动时的接入称为固定无线接入;用户终端移动时的接入称为移动接入。

接入网的最终发展目标是接入网的光纤化,就是人们通常说的光纤到家(FTTH)。但由于成本和目前用户业务需求的限制,世界上还没有一个国家一步到位实现 FTTH 这一最终目标,而都是采用多种方式实现光纤用户接入网技术。通常可把光纤接入网技术分为两个阶段,即采用混合光纤/对绞线铜缆接入网技术的初级阶段和采用纯光纤接入网技术的高级阶段。前者是目前应用最多的光纤接入网技术。

5.4.1　接入网基础

接入网(Access Network,AN)也称为用户接入网,是由业务节点接门(SNI)和相关用户网络接口(UNI)及为传送电信业务所需承载能力的系统组成的,经维护管理接口(Q₃ 接

表 5-5　接入网分类

接入网	有线接入	铜线接入	ISDN xDSL HomePNA
		光纤接入	FTTC FTTB FTTH
		光纤同轴混合接入	HFC SDV
	无线接入	固定终端	单区制无线接入 MARS MMDS LMDS VSAT WLAN
		移动终端	无线寻呼系统 集群通信系统 无绳电话通信系统 蜂窝移动电话通信系统 卫星移动通信系统

口)进行配置和管理。因此,接入网可由 3 个接口界定,即网络侧经由 SNI 与业务节点相连,用户侧经由 UNI 与用户相连,管理方面则经 Q$_3$ 接口与电信管理网(TMN)相连。它的目标是建立一种标准化的接口方式,以一个可监控的接入网络,使用户能够获得音频、图像和数据等综合业务。

接入网的重要特征可以归纳为以下几点:

- 接入网对于所接入的业务提供承载能力,实现业务的透明传送;
- 接入网对用户信令是透明的,除了一些用户信令的格式转换外,信令和业务处理的功能依然在业务节点中;
- 接入网的引入不应限制现有的各种接入类型和业务,接入网应通过有限的标准化的接口与业务节点相连;
- 接入网有独立于业务节点的网络管理系统,该系统通过标准化的接口连接 TMN,TMN 实施对接入网的操作、维护和管理。

根据 ITU-T 建议,接入网的功能结构如图 5-16 所示。它位于交换端局和用户终端之间,可以支持各种交换型和非交换型业务,并将这些业务流组合后沿着公共的传输通道送往业务节点,其中包括将 UNI 信令转换为 SNI 信令,但接入网本身并不解释和处理信令的内容。原则上,接入网可支持的 UNI 和 SNI 的类型和数目没有限制。不同的 UNI 支持不同的业务,如模拟电话、ISDN、数字或模拟租用业务等的接入。SNI 有模拟接口(Z 接口)和数字接口(V 接口)两类。特别需要注意的是,继原有的 V$_1$~V$_4$ 接口之后,ITU-T 又制定了新的可同时支持多种用户接入业务的 V$_5$ 接口,以便在接入段实现不同厂商设备的互连。

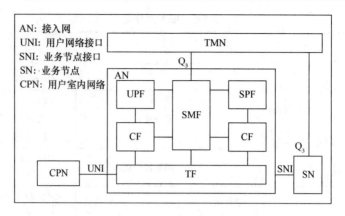

图 5-16　接入网的功能结构

接入网具有以下五大功能。

(1)传送功能(TF)

提供由多接入段(如馈送段、分配段、引入段等)组成的公共传输通道,并完成不同传输媒体间的适配。具体功能包括交叉连接、复用、提供物理媒体等。

(2)核心功能(CF)

完成 UNI 承载体或 SNI 承载体至公共承载体的适配,如复用和协议处理等。

(3)用户端口功能(UPF)

完成 UNI 的特定要求及核心功能和系统管理功能的适配,如信令转换、A/D 转换、UNI 承载信道和承载能力的处理。

(4)业务端口功能(SPF)

完成 SNI 的特定要求至公共承载体的适配,供核心功能处理;同时提取相关信息供系统管理功能处理。

(5)系统管理功能(SMF)

通过 Q_3 接口、中介设备与电信管理网接口、SNI 协议和 SN 的操作、UNI 协议和用户终端的操作,协调接入网各种功能的提供、运行和维护,包括配置和控制、故障检测和指示、性能数据采集等。

接入网传送结构的物理参考模型如图 5-17 所示。各段分界点就是大家熟知的配线架、交接箱、分线盒和电话插座。在一般情况下,传输媒体可以是双绞铜线、同轴电缆、光纤、无线通道或它们的组合。

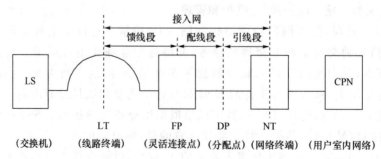

图 5-17　接入网物理参考模型

虽然接入网改造的核心也是数字化和宽带化,但是和中继网相比,这一过程远为复杂,因为它是和大量用户相连的一点到多点的连接。必须充分考虑经济性能和用户需求,采取因地制宜、逐步演进的方式,为此,各国电信界综合运用现有技术,提出了许多不同的接入传输技术。下面我们介绍几种目前研究得较多的接入网技术。

5.4.2　xDSL

现有对绞线铜缆的用户线约占通信网投资的 1/4,是宝贵的资源。如何利用这些宝贵的资源,提供宽带接入,以满足现阶段的宽带用户需求,是网络运营者所努力追求的目标。

xDSL 是 DSL(Digital Subscriber Line)的统称,意即数字用户线路,是以铜电话线为传输介质的点对点传输技术。尽管 xDSL 可以包括 HDSL(高速数字用户线)、SDSL(对称数字用户线)、ADSL(非对称数字用户线)、VDSL(甚高比特率数字用户线),但是目前市面上主要流行的还是 ADSL(非对称数字用户线路)和 VDSL(甚高速数字用户线)。VDSL 以其52 Mbit/s 的理论速度相对于 ADSL 1.5 Mbit/s 的理论速度而言,具有绝对的性能优势,但是其高昂的价格也让用户望而却步。它适合于单位用户召开电视电话会议等。

由于 DSL 使用普通的电话线,所以 DSL 技术被认为是解决"最后一公里"问题的最佳选择之一。其最大的优势在于利用现有的电话网络架构,为用户提供更高的传输速度。

1. HDSL

HDSL(High bit rate Digital Subscriber Line,高速数字用户线路)采用 2BIQ 或 CAP码,利用两对 0.4～0.6 mm 芯径的用户线可全双工无中继传输 2 Mbit/s 信号约 4 km。它是一种对称的高速数字用户环路技术,上行和下行速率相等,采用回波抑制、自适应滤波和高速数字处理技术,一般采用两对电话线进行全双工通信。HDSL 无中继传输距离为 3～5 km。每对电话线传输速率 1 168 kbit/s,两对线传输速率可达到 T1/E1(1.544 Mbit/s/2.048 Mbit/s)。

HDSL 提供的传输速率是对称的,即为上行和下行通信提供相等的带宽。其典型的应用是代替光缆将远程办公室或办公楼连接起来,为企事业网络用户提供低成本的 E1 通路。

HDSL 技术广泛适用于移动通信基站中继、无线寻呼中继、视频会议、ISDN 基群接入、远端用户线单元(RLU)中继以及计算机局域网互联等业务,由于它要求传输介质为 2～3对双绞线,因此常用于中继线路或专用数字线路,一般终端用户线路不采用该技术。

2. ADSL

ADSL(Asymmetrical Digital Subscriber Line,不对称数字用户线技术)是继 HDSL 之后进一步扩大双绞铜线对传输能力的新技术。它是 DSL 的一种非对称版本,可利用数字编码技术从现有铜质电话线上获取最大数据传输容量,同时又不干扰在同一条线上进行的常规话音服务。其原因是,它用电话话音传输以外的频率传输数据。也就是说,用户可以在上网的同时打电话或发送传真,而这将不会影响通话质量或降低下载 Internet 内容的速度。

ADSL 不仅继承了 HDSL 的技术成果,而且在信号调制与编码、相位均衡、回波抵消等方面采用了更先进的技术,使 ADSL 的性能更佳。ADSL 数据传输采用不对称双向信道,由中心局到用户的下行信道所用的频带宽,数据传输速率高,而由用户到中心局的上行信道所用的频带窄,数据速率低。

ADSL 是在用户铜双绞线接入网上传输高速数据的一种技术,它可使铜质双绞线接入网成为宽带接入网。与视频压缩技术结合,可使交互式多媒体业务进入家庭。ADSL 可在一对双绞线上进行双向不对称数据传输,同时不影响传统话音业务的开展。从局端至用户端传输的是下行单工高速数据,速率为 32 kbit/s~6.144 Mbit/s。下行单工高速信道最多可分成 4 个 1.5 Mbit/s 的信道,传输 4 个 MPEG-1 视频信号,从用户端至局端传输的是上行双工低速数据,同时还传输局端 ADSL、收发模块对用户端 ADSL、收发模块的控制命令和反馈信息,速率为 32~640 kbit/s。上行信道可用于传输基本速率的 ISDN 信号、384 kbit/s的会议电视信号或者其他低速数据信号。

ADSL 的传输距离取决于传输速率。在 0.5 mm 线径的双绞线的情况下,当下行速率达 8.448 Mbit/s 时,ADSL 的传输距离为 2.7 km;当传输速率为 6.144 Mbit/s 时,传输距离为 3.67 km;传输速率为 1.536 Mbit/s 或 2.048 Mbit/s 时,传输距离为 5.5 km。线路衰减是影响 ADSL 性能的主要因素。ADSL 通过不对称传输,利用频分复用技术(或回波抵消技术)使上、下行信道分开来减小串音的影响,从而实现信号的高速传送。

ADSL 接入设备需成对使用,一个基本的 ADSL 系统由局端收发机和用户收发机两部分组成,ATU-C(ADSL 传送单元-中心局端)放在局端机房,ATU-R(ADSL 传送单元-远端)放在用户端。其简单框图如图 5-18 所示。

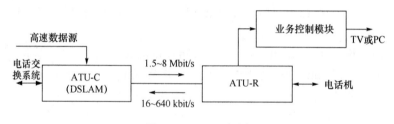

图 5-18　ADSL 框图

ADSL 主要提供两种应用:高速数据通信和交互视频。数据通信功能可为因特网访问、公司远程计算或专用的网络应用。交互视频包括需要高速网络视频通信的视频点播(VOD)、电影、游戏等。

HDSL 与 ADSL 技术还在继续发展。目前主要在两个方面进行研究开发:一是继续提高传输速率,但传输距离缩短了,如超高速数字用户线(VDSL 或 VHDSL)技术,可在 300 m~1.6 km 双绞铜线上传送 25 Mbit/s 或 52 Mbit/s 的数据;二是研究在一对双绞铜线上传送数据信号的 HDSL 技术。

3. VDSL

VDSL(Very high bit rate Digital Subscriber Line,其高速数字用户线路)技术是一种在普通的短距离的电话铜线上最高能以 52 Mbit/s 速率传输数据的技术。

VDSL 和 ADSL 技术相似,也是一种非对称的数字用户环路技术。它采用 CAP、DMT 和 DWMT 等编码方式,在一对普通电话双绞线上提供的典型速率为上行 1.6~2.3 Mbit/s,下行 12.96~55.2 Mbit/s(目前最高达到 155 Mbit/s),速率比 ADSL 高约 10 倍,但传输距离比 ADSL 也低得多,典型的传输距离为 0.3~1.5 km。由于 VDSL 的传输距离比较短,因此特别适合于光纤接入网中与用户相连接的"最后一公里"。VDSL 可同时传送多种宽带业务,如高清晰度电视(HDTV)、清晰度图像通信以及可视化计算等,其国际标准还正在制定。

5.4.3　光纤接入

光纤接入网(OAN)由 3 部分组成:光线路终端(OLT)、光分配网络(ODN)和光网络单元(ONU),其结构如图 5-19 所示。光纤接入网通过光线路终端与业务节点相连,通过光网络单元与用户连接。在光线路终端一侧,要把电信号转换为光信号,以便在光纤中传输。在用户侧,要使用光网络单元将光信号转换成电信号再传送到用户终端。

图 5-19　光纤接入网示意图

按照 ONU 在光接入网中所处的具体位置不同,可以将 OAN 划分为 3 种基本不同的应用类型。

1. 光纤到路边(FTTC)

在 FTTC 结构中,ONU 设置在路边的入孔或电线杆上的分线盒处,有时也可能设置在交接箱处,但通常为前者。此时从 ONU 到各个用户之间的部分仍为双绞线铜缆。若要传送宽带图像业务,则这一部分可能会需要同轴电缆。

FTTC 结构主要适用于点到点或点到多点的树形分支拓扑。用户为居民住宅用户和小企事业用户,典型用户数在 128 个以下,经济用户数正逐渐降低至 8~32 个乃至 4 个左右。还有一种称为光纤到远端(FTTR)的结构,实际是 FTTC 的一种变形,只是将 ONU 的位置移到远离用户的远端处,可以服务更多的用户(多于 256 个),从而降低了成本。

FTTC 结构的主要特点可以概括如下。

- 在 FTTC 结构中引入线部分是用户专用的,现有铜缆设施仍能利用,因而可以推迟引入线部分(有时甚至配线部分,取决于 ONU 位置)的光纤投资,具有较好的经济性。
- 预先敷设了一条很靠近用户的潜在宽带传输链路,一旦有宽带业务需要,可以很快地将光纤引到用户处,实现光纤到家的战略目标。同样,如果考虑到经济性需要也可以用同轴电缆将宽带业务提供给用户。
- 由于其光纤化程度已十分靠近用户,因而可以较充分地享受光纤化所带来的一系列优点,诸如节省管道空间、易于维护、传输距离长、带宽大等。

由于 FTTC 结构是一种光缆/铜缆混合系统,最后一段仍然为铜缆,还有室外有源设备需要维护,从维护运行的观点仍不理想。但是如果综合考虑初始投资和年维护运行费用的话,FTTC 结构在提供 2 Mbit/s 以下窄带业务时仍然是 OAN 中最现实、最经济的。然而对于将来需要同时提供窄带和宽带业务时,这种结构就不够理想了。

2. 光纤到楼(FTTB)

FTTB 也可以看成是 FTTC 的一种变形,不同处在于将 ONU 直接放到楼内(通常为居民住宅公寓或小企事业单位办公楼),再经多对双绞线将业务分送给各个用户。FTTB 是一种点到多点结构,通常不用于点到点结构。FTTB 的光纤化程度比 FTTC 更进一步,光纤已铺设到楼,因而更适于高密度用户区。

3. 光纤到家(FTTH)和光纤到办公室(FTTO)

在原来的 FTTC 结构中,如果将设置在路边的 ONU 换成无源光分路器,然后将 ONU

移到用户家即为 FTTH 结构。如果将 ONU 放在大企事业用户(公司、大学、研究所、政府机关等)终端设备处并能提供一定范围的灵活的业务,则构成光纤到办公室(FTTO)结构。由于大企事业单位所需业务量大,因而 FTTO 结构在经济上比较容易成功,发展很快。考虑到 FTTO 也是一种纯光纤连接网络,因而可以归入与 FTTH 一类的结构。然而,由于两者的应用场合不同,结构特点也不同。FTTO 主要用于大企事业用户,业务量需求大,因而结构上适于点到点或环形结构。而 FTTH 用于居民住宅用户,业务量需求很小,因而经济的结构必须是点到多点方式。

总的来看,FTTH 结构是一种全光纤网,即从本地交换机一直到用户全部为光连接,中间没有任何铜缆,也没有有源电子设备,是真正全透明的网络。其主要特点可以总结如下。

- 由于整个用户接入网是全透明光网络,因而对传输制式(如 POH 或 SDH,数字或模拟等)、带宽、波长和传输技术没有任何限制,适于引入新业务,是一种最理想的业务透明网络,是用户接入网发展的长远目标。

- 由于本地交换机与用户之间没有任何有源电子设备,ONU 安装在住户处,因而环境条件比户外不可控条件大为改善,可以采用低成本元器件。同时,ONU 可以本地供电,不仅供电成本比网络远供方式可以降低约一个量级,而且故障率也大大减少。最后,维护安装测试工作也得以简化,维护成本可以降低,是网络运营者长期以来一直追求的理想网络目标。

一个全光纤的 FTTH 网在战略上具有十分重要的位置,然而主要由于经济的原因目前尚不能立即实现光纤到家。尽管目前各国发展光纤接入网的步骤各不相同,但光纤到户是公认的接入网的发展目标。

5.4.4 光纤同轴混合接入

混合光纤/同轴电缆(Hybrid Fiber/Coax,HFC)接入网是一种综合应用模拟和数字传输技术、同轴电缆和光缆技术、射频技术、高度分布式智能型的接入网络,是电信网和有线电视(CATV)网相结合的产物。

由于 CATV 系统在绝大多数城市中都已形成一完整的分布网,拥有大量的用户,而且 CATV 系统中的传输媒介-同轴电缆的带宽可高达 1 GHz。利用这一资源可提供话音、图像、计算机通信等业务,这可使用户把通信、广播电视和计算机通信集成在一起,实现宽带的用户接入网技术。

HFC 用户接入网技术在从交换机(或 CATV 的前端)到用户集中点(或 CATV 的端站,或 CATV 的末端放大器)用光纤传输,从 CATV 的端站或末端放大器到用户利用现有的同轴电缆的 CATV 分配网络来传送电视、话音和数据等信息,如图 5-20 所示。与光纤到路边(FTTC)不同的是,其同轴电缆不是星形结构,而是采用树形结构。

HFC 技术可以统一提供 CATV、话音、数据及其他一些交互业务,它在 5～50 MHz 频段通过 QPSK 和 TDMA 等技术提供上行非广播数据通信业务,在 50～550 MHz 频段采用残留边带调制(VSB)技术提供普通广播电视业务,在 550～750 MHZ 频段采用 QAM 和 TDMA 等技术提供下行数据通信业务,如数字电视和 VOD 等,750 MHz 以上频段暂时保留以后使用。终端用户要想通过 HFC 接入,需要安装一个用户接口盒(UIB),它可以提供 3 种连接:使用 CATV 同轴电线连接到机顶盒(STB),然后连接到用户电视机;使用双绞线

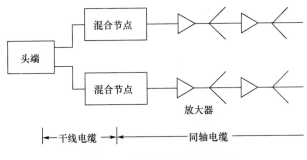

图 5-20　光纤-同轴电缆网络

连接到用户电话机；通过 Cable Modem 连接到用户计算机。

由于 CATV 网络覆盖范围已经很广泛，而且同轴的带宽比铜线的带宽要宽得多，因此 HFC 是一种相对比较经济、高性能的宽带接入方案，是光纤逐步推向用户的一种经济的演变策略，尤其是在有线电视网络比较发达的地区，HFC 是一种很好的宽带接入方案。不过 HFC 接入技术的应用也有一些需要解决的问题：首先，原有的 CATV 网络只提供广播业务，大都为单向网络，为实现双向通信，需要有双向分配放大器、双向滤波器和双向干线放大器等；其次，HFC 接入系统为树形结构，同轴的带宽是由所有用户公用的，而且还有一部分带宽要用于传送电视节目，用于数据通信的带宽受到限制，目前一般一个同轴网络内至多连接 500 个用户，另外树形结构使其上行信号存在噪声积累；最后，HFC 网络的安全保密性、系统健壮性以及价格等问题也有待进一步解决和完善。

5.4.5　无线接入

无线接入技术是指在终端用户和交换局端间的接入网部分全部或部分采用无线传输方式，为用户提供固定或移动的接入服务的技术。作为有线接入网的有效补充，它有系统容量大、话音质量与有线一样，覆盖范围广，系统规划简单，扩容方便，可加密码或用 CDMA 增强保密性等技术特点，可解决边远地区、难于架线地区的信息传输问题，是当前发展最快的接入网之一。

无线接入的方式有很多，如微波传输技术（包括一点多址微波）、卫星通信技术、蜂窝移动通信技术（包括 FDMA、TDMA、CDMA 和 S-CDMA）、CTZ、DECT、PHS 集群通信技术、无线局域网（WLAN）、无线异步转移模式（WATM）等，尤其是 WLAN 以及刚刚兴起的 WATM 将成为宽带无线本地接入（WWLL）的主要方式。与有线宽带接入方式相比，虽然无线接入技术的应用还面临着开发新频段、完善调制和多址技术、防止信元丢失、时延等方面的问题，但它以其特有的无须敷设线路、建设速度快、初期投资小、受环境制约不大、安装灵活、维护方便等特点将成为接入网领域的新生力量。

本章小结

网络技术是多媒体通信中的核心技术。本章首先从多媒体信息的特点出发，探讨了多媒体通信对传输网络的要求及多媒体通信的服务质量，在此基础上对现有网络对多媒体通信的支持进行了分析,随后介绍了多媒体通信协议及多媒体通信用户接入技术。

思考练习题

1. 多媒体传输网络的性能指标有哪些?
2. 简述多媒体通信的服务质量参数体系结构。
3. 简述电路交换网络和分组交换网络的特点,分析它们对多媒体通信的适应性。
4. 简述通过 DDN 数据终端设备接入 DDN 的优点。
5. 简述 NGN 的主要特征并分析其对多媒体通信的支持。

多媒体通信同步技术

第*6*章

在多媒体通信中,多媒体数据在传输、分组、交换等过程中不可避免地会引入信号的延时、抖动,导致媒体间应有的相对关系发生变化。对于那些经过压缩编解码的多媒体数据,或者经过不同渠道汇聚到同一点的多媒体数据而言,这种情况更严重。由此,多媒体通信的一个很重要的问题就是如何保持各种媒体之间的同步,即如何采取有效的措施来消除延时、抖动,恢复保持这些媒体流之间的时间同步关系。本章在对同步的基本概念进行介绍的基础上,介绍多媒体数据的组成、多媒体数据时域特征表示、多媒体同步参考模型以及多媒体同步控制机制。

6.1 多媒体同步的基本概念

6.1.1 同步的基本概念

多媒体系统中集成了具有各种不同时态特性的媒体,这些媒体有依赖于时间的媒体(如视频、音频、动画等)和独立于时间的媒体(如文本、静止图像、表格等)。多媒体同步就是保持和维护各个媒体对象之间和各个媒体对象内部存在的时态关系,维持各种媒体序列以实现某种特定的表现任务。

多媒体同步可以从多媒体同步规范和多媒体同步控制两个层次来讨论。多媒体同步规范描述媒体对象之间和各个媒体对象内部存在的时态关系,确定多媒体的时态说明,是多媒体系统的重要组成部分。多媒体同步规范通常包括:媒体对象内的同步、媒体对象之间的同步以及业务品质 QoS 描述。多媒体同步控制机制是开发各种同步控制策略以及同步控制协议,解决由于网络延迟、抖动、进程调度等各种不确定因素带来的负面影响,实现多媒体同步规范描述的多媒体时态说明。

6.1.2 同步的类型

多媒体的同步类型分为上层同步、中层同步和底层同步。

上层同步也称为表现级同步或交互同步、应用层同步,即用户级同步。在这一级,用户可以对各个媒体进行编排,由此决定何种媒体何时以何种时空关系表现出来。这一类同步是从用户应用的角度出发而进行的同步,重点在于表现与交互。这要求同步过程既能体现用户的交互性,又要容易被用户理解和使用。上层同步的同步机制是由多媒体信息中的脚本信息提供的。在实际的多媒体应用中,它是一种事件驱动同步,发生在系统中某一节点需要起始动作的情况下。此动作的发生即同步点,如文献中的特定点、用户鼠标的动作点、系统设备到达某特定状态等。例如,在一个多媒体幻灯片的演示过程中,使用者要对某组图像进行口头解释,图像就要出现在上一段语音完成之后;此时,同步点就处于图像段的改变点或者口头讲解段的起始点上。将一部小说改编为电影剧本(或话剧剧本)或直接编写剧本,考虑的是以什么样的次序、场景来组织人物及故事情节的变换发展,最后一个镜头接一个镜头(或一场接一场)地呈现给观众。同样,对于多媒体表现,各媒体以何种时间关系和空间关系在屏幕上呈现给用户,可以用类似电影剧本的"脚本"方式来组织。这便是多媒体表现的脚本模型。脚本,就是把用户对多媒体表现形式(结合其交互参与行动)的意图与构思,最终像电影剧本一样,"一场一场"地表示出来。场次的控制加入了用户的交互件。例如,选择不同的按钮(或菜单),会导致不同场次的继续。这也正是多媒体脚本不同于一般电影剧本的主要特征,即由于交互性的参与,脚本的场次流程是非单一路径、非线性的,它可以有多条路径,也可以有逆路径(即返回)。

中层同步是信息合成同步,即不同媒体类型的数据之间的合成,所以,合成同步又称为"媒体之间的同步"。这层同步涉及不同类型的媒体数据,侧重于它们在合成表现时的时间关系的描述。如在可视电话中,音频和视频必须始终同步地表现在接收端上,以确保口形与声音的同步。这时媒体之间的同步,除了数据的开始点和结束点必须保证以外,从开始点到结束点的整个过程中均要求保持同步。

底层同步即系统同步,也称为媒体内部同步。该层同步是要完成合成同步所描述的各媒体对象内数据流间的时序关系,这要根据具体多媒体系统性能参数来进行。在单机多媒体情况下,同步技术要考虑计算机的读盘时间、图像的显示速度和处理速度;这和磁盘的存取速度、视频适配器和中央处理器的处理能力有关。在网络传输的情况下,要考虑网络的延迟、无法预料的网络阻塞等因素。这些因素可能影响媒体内部的同步,造成单一连续媒体(音频或视频信息)在传输和播放时的稳定性较差,也可能影响媒体间的同步,造成各个媒体间的配合出现障碍。为解决这些问题,引出了同步协议的设计和各种相应的同步技术。

6.1.3 影响媒体同步的因素

从媒体关系的角度出发,媒体对象的同步包括两个方面:媒体内同步和媒体间同步。媒体内同步主要是维持一个媒体流内部各信息单元的连续性;媒体间同步主要是维持多个相关媒体流中媒体单元间的时间关系。媒体同步关系主要受以下因素的影响。

1. 媒体间延时偏移

由于各个相关媒体流可能来自不同的信源,每个信源所处的地理位置可能不同,每个媒体流选择的信道也不同,因此各个媒体流的延时也不同,这就是媒体间的延时偏移,这些偏移使媒体间的时间关系发生变化。解决办法可以通过在信宿端设置缓存加以补偿,也可使各个媒体流在不同时刻发送,但须保证在经历了不同延时后能够同时到达接收端。后者特别适合存储数据,能够充分利用存储数据的灵活性,大大节省信宿端缓存。此外还可以将这两种方法配合使用。

2. 延时抖动

抖动定义为最大时延与最小时延的差,也即时延的变化。系统的很多部分都可能产生时延抖动。网络抖动是指数据包从发送方到接收方网络 I/O 设备的传输过程中所经历的时延变化,这是由中间节点的缓存引入的。端系统抖动是指端系统中引起的时延变化,这些变化主要是由于系统负荷的改变以及媒体单元在各个协议层的打包拆包。抖动通常是在信宿端通过采用弹性缓冲区来补偿的。

3. 时钟漂移

连续媒体的捕获、重新生成和播映都是由端系统时钟来驱动的。一般来说,不能假定所有时钟同步。由于温度的变化或晶体振荡器本身的缺陷,在经过了较长一段时间后,端系统的时钟频率会发生变化,其结果是与真实时间或其他时钟产生偏移。时钟漂移的问题可以通过在网络中使用时间同步协议来解决,例如,网络时间协议(NTP)为它的用户提供一个全网(虚拟)时钟。

4. 网络条件变化

网络条件的变化不是由抖动引入的,它是指网络连接性质的变化,例如平均时延的改变或媒体单元丢失率的增高。一般地,多媒体数据的传输都是利用数据报服务,数据报服务是一种不可靠的服务,不时会发生媒体单元丢失的事件。处理丢失单元的同步机制是重复播映前一个媒体单元的内容。

6.2 多媒体数据

6.2.1 多媒体数据的分类

媒体数据指的是文本、图形、图像、动画、语音和视频图像对应的数据,而多媒体数据是由这些相互关联的数据构成的一个复合信息实体。多媒体数据的形成过程就是在多媒体计算机的控制下多种媒体数据的合成过程。这些媒体数据,有些是实时的,有些是非实时的。其中,有着严格时间关系的音频、视频和动画等类型的数据称为实时媒体数据或连续媒体数据。其他类型的数据称为非实时媒体数据或静态媒体数据。一般说到多媒体数据时,至少要包含一种实时媒体数据和一种非实时媒体数据。

连续媒体数据可以看成是由逻辑数据单元(Logic Data Unit,LDU)构成的时间序列,或称为流。LDU 的划分(即包含的内容)可以由具体的应用、编码方式、数据的存储方式和传输方式等因素决定。例如,对于符合 H.261 标准的视频码流,一个 LDU 可以是一个宏块、一个宏块组、一帧图像或几帧图像构成的一个场景,如图 6-1 所示。

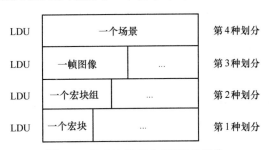

图 6-1　H.261 码流中 LDU 的划分

连续媒体数据的各个 LDU 之间存在着固定的时间关系。例如,以一帧图像为一个 LDU,对 25 帧/秒的帧率来说,则相继的 LDU 之间的时间间隔为 40 ms,如图 6-2 所示。这种时间关系是在数据获取时确定的,而且要在存储、处理、传输和播放的整个过程中保持不变,一旦这种时间关系发生变化,就会损伤媒体显示的质量,比如会产生图像的停顿、跳动或声音的间断。在静态媒体数据内部则不存在这种时间关系。

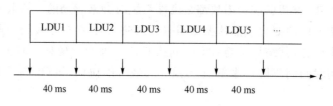

图 6-2　连续媒体 LDU 之间的相对时间关系

6.2.2　多媒体数据约束关系

在多媒体数据中,各种媒体数据对象之间并不是相互独立的,它们之间存在着许多种相互制约的同步关系。反之,如果媒体对象之间毫无联系,则这些媒体所构成的集合不能称为多媒体对象。多媒体数据的约束关系有 3 种:基于内容的约束关系、空域约束关系和时域约束关系。

1. 基于内容的约束关系

基于内容的约束关系是指在用不同的媒体对象代表同一内容的不同表现形式之间所具有的约束关系。内容关系定义了媒体对象之间的依赖关系,如对于同样的数据进行分析,可以以不同的形式表现出来,如报表、柱状图和饼状图等,即同样的数据以不同的方式表达。

为了支持这种约束关系,多媒体系统要解决的问题是怎样保证在多媒体数据的更新过程中,维持不同媒体对象所含信息的一致性,即在数据更新后,保证代表不同表现形式的各媒体对象都与更新后的数据对应。解决这一问题的一种方法是:定义原始数据和不同类型媒体之间的转换原则,并由系统而不是由用户来完成对多媒体文档内容的调整。

2. 空域约束关系

空域约束关系也称为布局关系,用来定义多媒体数据显示过程中某个时刻,不同媒体对象在输出设备(如显示器等)上的空间位置关系。空域约束关系是排版系统、电子出版著作系统首先要解决的问题。

如在桌面出版系统中,空域关系通常表达为布局框架。布局框架生成后,就可往该框架中填入相应的内容。布局框架在文档中的位置既可固定于文档的某一点,也可固定于文档的某一页,并且可相对于其他布局框架来说明位置。

3. 时域约束关系

时域约束关系是多媒体数据对象的时域特征,反映媒体对象在时间上的相互依赖关系,主要表现在两个方面。

①媒体内同步:连续媒体对象的各个 LDU 之间的相对时间关系。

②媒体间同步:各个媒体对象之间(包括连续媒体之间以及连续媒体和非连续媒体之间)的相对时间关系。

媒体内同步即流内同步,是要维持单个媒体数据流内各个信息单元的连续性,表现为媒体流的连续性,以满足人们对媒体感知上的要求。媒体流内部同步的复杂性不仅和单个媒体的种类有关,而且也和分布式系统所提供的服务质量 QoS 有关;同时也和源端和目的端的操作系统的实时性有关。

媒体间同步即流间同步,主要是保证不同媒体数据流间的时间关系,如音频和视频流之间的时态关系,音频和文本之间时态关系等,表现为各个媒体数据流中在同步点上的同时播放。媒体流之间的复杂性和需要同步的媒体流的数量有关。

媒体数据对象之间的时域约束关系按照时间来区分又可以进一步分成实时(Live)同步和综合(Synthetic)同步。实时同步是指媒体数据信息在获取的过程中建立的时间同步关系。例如人物口形动作和声音之间配合的唇音同步。综合同步是指在分别获得不同的媒体数据信息之后,再对这些媒体数据人为地指定某种同步关系。综合同步关系可以事先定义也可以在多媒体系统的运行过程中进行定义。例如,在多媒体导游服务系统中,根据用户即时输入的要求,系统自动产生用户要求的旅游线路的解说并同时播放对应旅游线路录像。对旅游线路的解说和播放的录像之间的时间约束关系就是在系统运行过程中被指定并执行的。

在这 3 种约束关系中,时域约束关系最为重要。当多媒体数据在表现时的时域特征遭到破坏时,用户就可能遗漏或误解多媒体数据所要表达的信息内容。由此可知,时域特征是多媒体数据语义的一个十分重要的组成部分,时域特征遭到破坏也就是多媒体数据语义的完整性受到破坏。

6.2.3　多媒体数据的构成

多媒体数据的构成如图 6-3 所示。其主体部分是不同媒体的数据,这些数据包含了所要表达的信息内容,称为成分数据。此外,从 6.2.2 节的分析可以看出,多媒体数据的约束关系(同步关系)也是构成多媒体数据的不可缺少的部分。这些约束关系称为同步规范。在存储和传输成分数据时,必须同时存储和传输它们之间的同步关系。在对成分数据作处理时,必须维持它们之间的同步关系。当只考虑时域约束关系时,时域同步规范由同步描述数据和同步容限两部分组成。同步描述数据表示媒体内部和媒体之间的时间约束关系,同步容限则表示这些约束关系所允许的偏差范围。

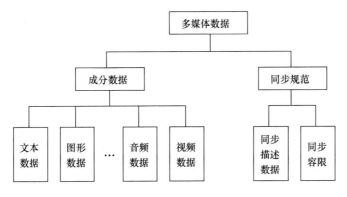

图 6-3　多媒体数据的构成

6.3　多媒体数据时域特征表示

6.3.1　时域场景及时域定义方案

多媒体数据时域特征的表示过程（如图 6-4 所示）中所要完成的具体任务，是对多媒体数据进行抽象、描述和给出必要的同步容限。抽象的过程是忽略多媒体数据中与时域特征不相干的细节（如数据量、编码方式、传输方式等），将多媒体数据概括为一个时域场景的过程。一个时域场景是由若干时域事件构成，其中的每一个时域事件都是与多媒体数据在时域中发生的某个具体动作（如开始播放、暂停、结束播放、恢复播放等）相对应的。时域事件的发生可以是在某个时刻瞬间完成的，也可以是持续一段时间完成。如果一个时域事件在时域场景中的时间位置是完全确定的，该事件就称为确定性事件，否则就称为非确定性事件。例如暂停、恢复播放等事件，其在时域场景中的位置是不能固定的，要根据实际用户的使用情况来确定。由确定性时域事件构成的时域场景为确定性时域场景，包含有非确定性时域事件的时域场景为非确定性时域场景。

图 6-4　多媒体数据时域特征表示过程

在将一个多媒体数据对象进行抽象并转变为一个时域场景后，需要利用某种时间模型对此时域场景加以描述。时间模型是对数据进行抽象描述的数据模型，由若干基本部件和部件的使用规则组成。它是在计算机系统内为时域场景进行建模的依据。所采用的时间模型不同，得到的同步描述数据也就不会完全相同。建模的结果再通过某种形式化语言转化为形式化描述，这种形式化描述数据就是同步描述数据。时间模型及其相应的形式化语言合称为时域定义方案。除了同步描述数据外，还需要考虑同步机制提出必要的服务质量要求，这种要求是用户和同步机制之间在应当以何种准确程度来维持时域特征方面所达成的一种质量约定。这种约定就是前面所说的同步容限。最后，描述数据和同步容限相结合就构成了在计算机内部对多媒体数据时域特征表示。

6.3.2　时域参考框架

时域参考框架由多媒体场景、时域定义方案和同步机制 3 个部分构成，如图 6-5 所示。它是研究多媒体同步问题的一个很好的基础。

多媒体场景是对多媒体数据在时间特征和空间特征抽象的结果，反映了多媒体数据在相关方面所具备的语义。时域场景是多媒体场景的一个重要组成部分，是参考框架中时域定义方案要处理的对象。时域定义方案是在计算机系统内为时域场景建模并对建模结果进行形式化描述的方法，由时间模型和形式化语言两部分构成。前者为时域定义方案的语义部分，后者为语法部分。通过时域定义方案，把时域场景转化为同步描述数据。同步描述数

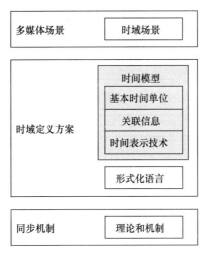

图 6-5　时域参考框架

据是同步机制处理的对象。同步机制是一种服务过程，它能够了解同步描述数据所定义的时域特征，并根据用户所要求的同步容限，完成对该特征的维护（在运行过程中保证时域特征不遭到破坏）。

6.3.3　时间模型

1. 时间模型的构成

一个时间模型由基本时间单位、关联信息（Contextual Information）和时间表示技术 3 个部分组成。

基本时间单位可以分为时刻和间隔两种类型，可以用时刻来表示时域事件，也可以用间隔来表示时域事件。

关联信息反映了时域事件的组织方式，可以分为定量关联信息和定性关联信息两类。在定量关联信息的时间模型中，认为时域场景中的各个时域事件是相互独立的，因而可以单独地描述每一个时域事件在时域场景中的位置，从而间接地反映各个事件间的关系。在定性关联信息的时间模型中，认为时域场景中的各个时域事件是彼此关联的，因此在关联信息中所包含的是对时域事件约束关系的描述。有些时间模型的定性关联信息中包含了对事件之间时域关系的描述，主要分为两个时刻之间的基本时域关系和两个间隔的时域关系。

两个时刻之间的基本时域关系包括：之前（before）、之后（after）和同时（at-the-same-time），如图 6-6 所示。对于确定性时域场景，任意两个时刻之间只有一种基本时域关系。

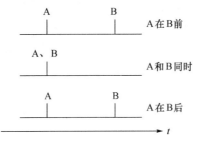

图 6-6　两个时刻之间的基本时域关系

两个间隔之间的基本时域关系总共有 13 种,其中 6 种关系可由其他关系的逆来表示(如 after 和 before 互逆),还有一种是等价的(equals 和其逆),因此只需要研究其中的 7 种时域关系,即 before、meets、overlaps、during-1、starts、finishes-1 和 equals,如图 6-7 所示。

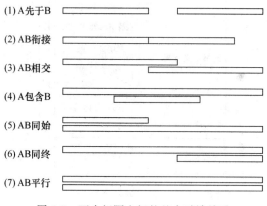

(1) A 先于 B

(2) AB 衔接

(3) AB 相交

(4) A 包含 B

(5) AB 同始

(6) AB 同终

(7) AB 平行

图 6-7　两个间隔之间的基本时域关系

时间表示技术是时间模型依照关联信息来定义场景中各事件与时间轴之间对应关系的方法,是多媒体对象的播放、传送等机制根据描述数据生成调度方案的出发点。

2. 时间模型的分类

根据基本时间单位、关联信息和时间表示技术这 3 个构成成分的具体内容,可以将时间模型分为 5 类,即定量定期型、定性定期型、定性时刻型、定性间隔型和定量间隔型。

定量定期型时间模型的基本时间单位是时刻,其关联信息为定量关联信息,时间表示技术为定期方式。时间轴模型是这种时间模型比较常见的模型,其定量关联信息所包含的是时域事件发生的准确时间。该模型的缺点是难以表示非确定性事件。

定性定期型时间模型的基本时间单位是时刻,关联信息是表示次序的定性关联信息,时间表示技术为伪定期方式。虚轴模型是一种比较常见的定性定期型时间模型,其关联信息包含的是非确定性时域事件的全排序信息。可以把这种模型视为对时间轴模型的扩展,具有较强的表示非确定性时域场景的能力。所采用的时间轴可以是物理的计时单位,因此也称为物理时间轴;也可以采用逻辑计时单位,称为逻辑时间轴。可以采用不止一条时间轴来进行描述。

定性时刻型时间模型的基本时间单位是时刻,其关联信息是时刻间时域关系的定性关联信息,个别情况下也可以包含定量关联信息,其时间表示技术为约束传播方式。萤烛(Firefly)模型是一种典型的定性时刻时间模型。

定性间隔型时间模型的基本时间单位为间隔,其关联信息是间隔时域关系的定性关联信息,时间表示技术为约束传播方式,有时也可以包含定量关联信息。对象合成 Petri 网(Object Composition Petri Net,OCPN)是一种典型的定性间隔时间模型。其定性关联信息包含的是两个时间间隔间基本的时域关系描述,该模型不具有表示非确定性时域场景的能力。

定量间隔型时间模型的基本时间单位是时间间隔,关联信息是定量信息(时间间隔的宽度)和定性信息(间隔排序信息)。

6.3.4　同步容限

在实际工作中,多媒体系统总存在着一些影响准确恢复时域场景的因素,例如其他进程对 CPU 的抢占、缓冲区不够大、传输带宽有限等,这些因素的存在常常会导致在恢复后的时域场景中时域事件间的相对位置发生变化,称这种变化称为事件间偏差,如图 6-8 所示。属于同一媒体对象的时域事件之间的偏差称为对象内偏差,不同媒体对象的时域事件之间的偏差为对象间偏差。偏差的存在必然会造成多媒体同步质量的降低,偏差的大小对同步质量的影响也有所不同。

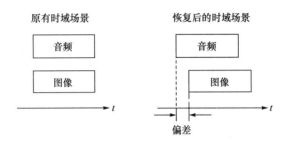

图 6-8　事件间的偏差

同步容限是用户与同步机制之间就偏差的许可范围所达成的协议。同步容限包含了用户对偏差许可范围的定义,同步机制则需依据同步容限,保证在恢复后的时域场景中,事件间的偏差在其许可范围之内。流内同步与流间同步是同步机制所要完成的两个主要任务,前者旨在实现对连续媒体对象内部偏差的控制,后者以对连续媒体对象间偏差的控制为目的。由于很难找到定义偏差许可范围的客观标准,通常采用的方法是主观评估。由主观评估所得到的大致许可范围如表 6-1 所示。

表 6-1　媒体间偏差的许可范围

媒体		条件	许可范围/ms
视频	动画	相关	±120
	音频	唇音同步(Lip-syn)	±80
	图像	重叠显示	±240
		不重叠显示	±500
	文本	重叠显示	±240
		不重叠显示	±500
音频	音频	紧密耦合(立体声)	±11
		宽松耦合(会议中来自不同参加者的声音)	±120
		宽松耦合(背景音乐)	±500
	图像	紧密耦合(音乐与乐谱)	±5
		宽松耦合(幻灯片)	±500
	文本	字幕	±240

6.4 多媒体同步参考模型

6.4.1 时间轴模型

时间轴(Timeline)模型运用十分广泛。在时间轴模型中,如图 6-9 所示,所有对象开始和结束的时间都对应到一个全局的时间轴上,但各个对象互相独立,修改单独的对象不会影响其他对象的时间属性。

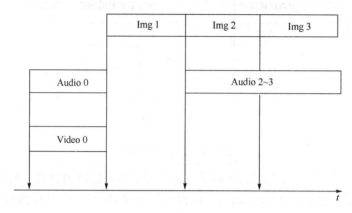

图 6-9　时间轴模型

时间轴模型十分直观,因此被许多系统采用。但是由于这种模型的对象独立性,因此在实现时需要考虑一些问题:

- 每个对象必须保证实现和时间轴的绝对同步,由此来保证相关对象之间的同步;
- 修改一个对象的时间属性可能会引起相关的全部对象在时间轴上修改时间属性;
- 所有对象的时间长度必须预先知道,否则无法处理未知时间长度的对象。

(1)基于全局时间轴的同步描述

基于全局时间轴的同步是通过把相互独立的对象依附到一个时间轴上来描述,丢掉或更改一个对象不影响其他对象的同步。这种描述要维持一个全局时间(World Time)轴。每个对象可将此全局时间映射到局部时间,并沿此局部时间前进。当全局时间和局部时间误差超出一个给定范围时,则要求与全局时间重新进行同步。

时间轴同步能较好地表达源于媒体对象内部结构的抽象定义。它定义了一个与视频流中某图像相关的说明文字的演示的起始位置,而不再要求有相关视频帧的知识。由于同步仅能基于固定的时间点定义,若媒体对象无确定的演示时间,这种方法就能力有限了(如对于依赖用户交互才出现的现象)。

(2)基于虚拟时间轴的同步描述

参考时间轴的一般化情形是虚拟时间轴方法。在该方法中,按用户定义的度量单位定义坐标系统,同步关系基准参考是该时间轴,并且可用若干虚拟轴产生一个虚拟的坐标空间。例如使用注解进行乐曲的描述:乐曲的连续和持续时间用一个坐标轴定义,而其节奏频率用另一个坐标轴定义。在运行时可将虚拟时间轴映射到实际时间轴。

6.4.2　参考点模型

参考点同步模型本质上是对时间轴模型的一种改进,它将时间相关媒体看成是一系列离散时间无关的子单元构成的序列。媒体对象的开始、结束时间,以及时间相关媒体对象子单元的开始时间都可视为一个参考点。媒体对象间的同步是通过连接媒体对象的参考点来定义的,如图 6-10 所示。一组连接在一起的参考点称为一个同步点,同步是通过在同步点上发信号机制实现的。即每个到达同步点的媒体对象给与此同步点相关联的所有其他媒体对象发信号,其他媒体对象在收到此信号后,在必要时做"加速动作"以保持同步。参考点同步模型中一般人为指定一个主媒体流,其他媒体流以此作为参考。

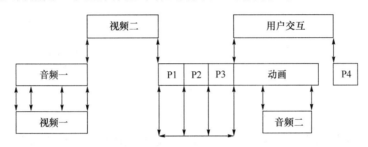

图 6-10　参考点同步模型例子

参考点同步模型的缺点是将连续媒体离散化,破坏了连续媒体之间的相互依赖关系,从而破坏了连续媒体的整体特性。另外还需要检查不一致性的机制来保证同步定义的正确性。

6.4.3　层次模型

多媒体同步的四层参考模型如图 6-11 所示。在实际的多媒体系统中,同步机制往往不是作为一个独立的部分存在,而是分散在传输层之上的各个模块中,因此在实际系统中不一定能够清晰地看到图示的层次。四层参考模型的意义在于通过层次化分析来理解各种相关的因素,并据此研究同步控制机制。

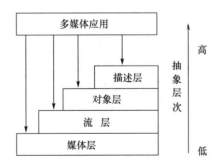

图 6-11　媒体同步的四层参考模型

该模型本身的层次结构与 OSI-RM 七层网络协议参考模型及时域参考框架的大致对应关系如图 6-12 所示。时域参考框架的重要性在于它对时间模型的定义,而四层参考模型的意义在于它规定了同步机制的层次及各层所应完成的主要任务。按层次的划分从上而下来看,由多媒体应用生成时域场景,时域场景是描述层的处理对象。描述层处理的核心是时域定义方案,产生的同步描述数据和同步容限,经过对象层的适当转换后进入到由对象层、流层和媒体层构成的同步机制。

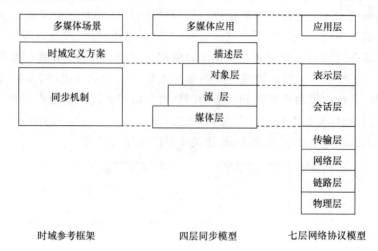

图 6-12 时域参考框架与四层参考模型间的对应关系

为实现同步所做的规划常称为调度。同步机制首先依照同步描述数据生成某种调度方案,调度方案与将要进行的对多媒体数据的处理(如提取、发送、播放等)有着直接的关系,它包括何时对其中哪一个媒体对象或哪个 LDU 进行处理的安排;其次,同步机制需要根据同步容限以及多媒体数据的特点申请必要的资源(如 CPU 时间、通信带宽、通信缓冲区等);最后,在执行调度方案的过程中,同步机制将按照同步容限要求完成对偏差的控制,以维持多媒体数据的时域关系。

1. 媒体层

媒体层处于同步机制的最下层,是同步机制与底层服务系统之间的接口。

媒体层的处理对象是来自于连续码流(如音频、视频数据流)的 LDU。LDU 的大小在一定程度上取决于同步容限。偏差的许可范围越小,LDU 越小;反之,LDU 越大。通常,视频信号的 LDU 为 1 帧图像,而音频信号的 LDU 则是由若干在时域上相邻的采样点构成的一个集合。为了保证媒体流的连续性,媒体层对 LDU 的处理通常是有时间限制的,因而需要底层服务系统(如操作系统、通信系统等)提供必要的资源预留及相应的管理措施(如服务质量保障措施等)。

在媒体层接口,该层负责向上提供与设备无关的操作,如 Read(Device handle,LDU)、Write(Device handle,LDU)等。其中,由 Device handle 所标识的设备可以是数据播放器、编解码器或文件,也可以是数据传输通道。

在媒体层内主要完成两项任务:其一是申请必要的资源(如 CPU 时间、通信带宽、通信缓冲区等)和系统服务(如服务质量保障服务等),为该层各项功能的实施提供支持;其二是访问各类设备的接口函数,获取或提交一个完整的 LDU。例如,当设备代表一条数据传输通道时,发送端的媒体层负责将 LDU 进一步划分成若干适合于网络传输的数据包,而接收端的媒体层则需要将相关的数据包组合成一个完整的 LDU。

媒体层其内部不包含任何的同步控制操作。这意味着,当一个多媒体应用直接访问该层时,同步控制将全部由应用本身来完成。

2. 流层

流层的处理对象是连续码流或码流组,其内部主要完成流内同步和流间同步两项任务,即将 LDU 按流内同步和流间同步的要求组合成连续码流或码流组。由于流内同步和流间同步是多媒体同步的关键,所以在同步机制的 3 个层次中,流层是最为重要的一层。

在接口处,流层向上层提供诸如 Start(Stream)、Stop(Stream)、Creategroup(list-of-streams)、Start(group)、Stop(group)等功能函数。这些函数将连续码流作为一个整体来看待,即对该层用户来说,流层利用媒体层的接口功能对 LDU 所做的各种处理是透明的。

流层在对码流或码流组进行处理前,首先需要根据同步容限决定 LDU 的大小以及对各 LDU 的处理方案(即何时对何 LDU 作何种处理)。此外,流层还要向媒体层提交必要的服务质量(QoS)要求,这种要求是由同步容限推导而来的,是媒体层对 LDU 进行处理所应满足的条件,例如传输 LDU 时,LDU 的最大延时及延时抖动的范围等。媒体层将依照流层提交的 QoS 要求,向底层服务系统申请资源以及 QoS 保障。

在执行 LDU 处理方案的过程中,流层负责将连续媒体对象内的偏差以及连续媒体对象间的偏差保持在许可的范围之内,即实施流内与流间的同步控制,但它不负责连续媒体和非连续媒体之间的同步。当多媒体应用直接使用流层的各接口功能时,连续媒体与非连续媒体之间的同步控制则要由应用本身来完成。

3. 对象层

对象层能够对不同类型的媒体对象进行统一地处理,使上层不必考虑连续媒体对象和非连续媒体对象之间的差异。对象层的主要任务是实现连续媒体对象和非连续媒体对象之间的同步并完成对非连续媒体对象的处理。与流层相比,该层同步控制的精度较低。

对象层在处理多媒体对象之前先要完成两项工作:第一,从规范层提供的同步描述数据出发,推导出必要的调度方案(如显示调度方案、通信调度方案等)。在推导过程中,为了确保调度方案的合理性及可行性,对象层除了要以同步描述数据为根据外,还要考虑各媒体对象的统计特征(如静态媒体对象的数据量,连续媒体对象的最大码率、最小码率、统计平均码率等)以及同步容限。同时,对象层还需要从媒体层了解底层服务系统现有资源的状况。第二,进行必要的初始化工作。对象层首先将调度方案及同步容限中与连续媒体对象相关的部分提交给流层并要求流层进行初始化。然后,对象层要求媒体层向底层服务系统申请必要的资源和 QoS 保障服务,并完成其他一些初始化工作,如初始化编/解码器、播放设备、通信设备等与处理连续媒体对象相关的设备。

得到调度方案并完成初始化工作以后,对象层开始执行调度方案。通过调用流层的接口函数,对象层执行调度方案中与连续媒体对象相关的部分。在调度方案的执行过程中,对象层主要负责完成对非连续媒体对象的处理以及连续媒体对象和非连续媒体对象间的同步控制。

对象层的接口提供诸如 prepare、run、stop、destroy 等功能函数,这些函数通常以一个完整的多媒体对象为参数。显然,同步描述数据和同步容限是多媒体对象的必要组成部分。当多媒体应用直接使用对象层的功能时,其内部无须完成同步控制操作,多媒体应用只需利用规范层所提供的工具完成对同步描述数据和同步容限的定义即可。

4. 描述层

描述层的处理对象是由多媒体应用生成的时域场景。它主要解决的是多媒体表现中各个场景的安排与对象同步的描述问题,这一层关心的是多媒体对象是否能够被描述或描述是否正确,而不关心具体如何实现同步。

描述层的核心是时域定义方案,其接口为用户提供了使用时间模型描述多媒体数据时域约束关系的工具,如同步编辑器、多媒体文档编辑器和著作系统等。描述层产生的同步描述数据和同步容限,经由对象层的适当转换后进入由对象层、流层和媒体层构成的同步机制。此外,还可以将用户级的 QoS 要求映射到对象层接口。

6.5 多媒体同步控制机制

多媒体同步控制机制的作用是将各个媒体的同步误差控制在它所能容忍的范围内。同步机制实际上是一种服务过程,它能够了解同步描述数据所定义的时域特征,并根据用户所要求的同步容限,完成对该特征的维护(即在运行过程中保证时域特征不受破坏)。

在理想情况下,各媒体流采用虚电路传输,演示动作同时启动,演示设备以等速率方式运行,这样便可以保证多媒体对象的同步播放。然而,在实际网络环境下的多媒体系统中,各个媒体流由于来源于不同的媒体源,且往往采用不同的传输路径,使得它们在接收端进行播放时,常常出现失调的现象,因此,往往将强制同步机制引入到多媒体对象演示过程中。

一般而言,所使用的同步控制机制既要保证多媒体数据流的媒体内同步,又要保证多媒体数据流的媒体间同步。媒体内的同步关系表现为媒体流的连续性和实时性,媒体间的同步关系表现为各种媒体流中同步点的同时播放。

6.5.1 媒体内同步

1. 基于播放时限的同步方法

一个连续媒体数据流是由若干 LDU 构成的时间序列,LDU 之间存在着固定的时间关系。当网络传输存在延时抖动时,连续媒体内部 LDU 的相互时间间隔会发生变化。这时,在接收端必须采取一定的措施,恢复原来的时间约束关系。一个方法是让接收到的 LDU 先进入一个缓存器对延时抖动进行过滤,使从缓存器向播放器(或解码器)输出的 LDU 序列是一个连续的流,如图 6-13 所示。

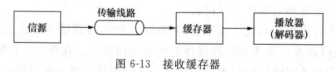

图 6-13 接收缓存器

通过缓存器会带来播放的延迟。因此,必须适当地设计缓存器的容量,既能消除延时抖动的影响,又不过分地加大播放时延时间。这种方法适用于收发时钟同步且延时抖动在一个确定的范围之内的情况,不仅可以解决传输时延抖动,而且可以解决由数据提取、数据处理等原因引起的延时抖动。

2. 基于缓存数据量控制的同步方法

采用基于缓存数据量控制方法的两种系统模型如图 6-14 所示,其区别在于控制环路是否将信源和传输线路包含在内。信宿端缓存器的输出按本地时钟的节拍连续地向播放器提供媒体数据单元,缓存器的输入速率则由信源时钟、传输延时抖动等因素决定。由于信源和信宿时钟的偏差、传输延时抖动或网络传输条件变化等影响,缓存器中的数据量是变化的,因此,需要周期性地检测缓存的数据量。如果缓存器超过预定的警戒线,例如,快要溢出或快要变空,就认为存在不同步的现象,需要采取再同步手段。在第一种模型中〔如图 6-14(a)所示〕,再同步是在信宿端进行的。可以通过加快或放慢信宿时钟频率,也可以删去或复制缓存器中的某些数据单元,使缓存器中的数据量逐渐恢复到警戒线之内的正常水平。在第二种模型中〔如图 6-14(b)所示〕,类似的再同步措施在信源端进行。在缓存数据量超过警戒线时,通过网络向信源反馈需要进行再同步的控制信息,让信源加快或放慢自己的发送频率。

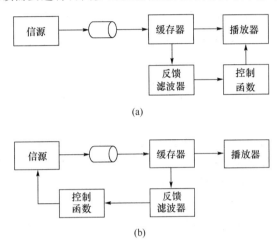

图 6-14　基于缓存数据量控制的系统模型

6.5.2　媒体间同步

媒体之间的同步包括静态媒体与实时媒体之间的同步和实时媒体流之间的同步。到目前为止,对于媒体流之间同步的方法还未形成通用的模式,许多方法都是基于特定的应用环境提出的。

1. 基于全局时钟的时间戳方法

时间戳技术是指在每个媒体的数据流单元中加进统一的时间戳,具有相同时间戳的信息单元将同时予以表现。我们知道,不同的媒体流通过分离的信道传输,媒体间同步是通过所有媒体流的数据单元都达到一样的端端延时这一间接的方法而完成的。数据分组在发送端打上时间戳,接收方在从发送时计起的一个固定延迟后,才将数据分组提交给用户。

时间戳同步技术的最大特点是接收方基于时间戳实现媒体间同步中一起传输,不要附加信道,不需另外的同步信息,不改变数据流。同步信息(即时间戳)装入数据分组绝对时间戳技术是接收方能利用时间戳计算出每个报文分组所经历的准确延迟,并据此来采取措施适应延迟特性的变化,平滑延迟抖动而不需引入额外的延迟,但它需要准确的全网同步化时钟,相对时间戳同步技术用相对时间戳取代绝对时间戳,在保持了同步准确性的同时,不需要全网同步化时钟。时间戳同步技术用时间戳参数来准确地描述媒体间的同步关系,不引入额外的延迟,是当前多媒体同步通信研究的热点。

时间戳可以采用绝对时间或从开始起的相对时间,因此该同步技术又分为绝对时间戳同步技术和相对时间戳同步技术。

在具有统一网络时钟的同步通信网中，可以加上绝对时间标记(时戳)，这种方法称为绝对时戳方法。在没有统一时钟的网络中，可以在多媒体的各类信息中选择一种作为主媒体，其他为从属媒体，在主媒体上的各个单元按时间顺序打上时戳，从属媒体则由系统视其和哪个主媒体时间单元一致而打上该单元的时戳，使用这种方法建立的同步关系就称为相对时戳同步。采用相对时戳的同步方法，在媒体流连续同步的情况下，能准确地实现媒体同步。

时间戳同步法既可用于多媒体通信，也可用于多媒体数据的存取。在发送时(或存储时)，设想将各个媒体都按时间顺序分成若干小段，放在同一根时间轴上。给每个单元都做一个时间记号，即时间戳。处于同一时标的各个单元具有相同的时间戳。各个媒体到达接收端(或读出)时，具有相同时间戳的媒体单元同时进行表现，由此达到媒体之间同步的目的。

这种方法基于了一个假设：所有信源和信宿的本地时钟都与一个全局时钟同步，以此来解决信源和信宿的时钟偏差问题。但往往这种全局时钟在技术上难以维持，因此，可通过在网络中使用时钟同步协议来解决这个问题。

比较常见的是在 Internet 上运行的网络时间协议(Network Time Protocol，NTP)。该协议规定用中央时间服务器来维护一个高精度和高稳定度的时钟，并向网上的站点周期性地广播定时信号，各站点将这个定时信号作为调整本地时钟的基准。实践表明，经过这样的调整，各站点的时钟同步的精度可保持在 10 ms 之内。在这么微弱的时间偏差范围内，接收端根据发送端在发送媒体数据流时设定的时间戳信号来恢复媒体数据流间的时间关系，能够符合用户对播放质量的要求。

2. 基于反馈的流间同步方法

基于反馈的同步机制是网络环境下常用的同步方法。在接收端要进行失调检测是这种方法的关键。根据失调检测信息，可以在发送端进行同步控制，也可以在接收端进行同步控制。

发送端根据接收端反馈回来的失调检测信息采取相应的措施进行同步控制。一般是在信源和信道之间增加适当容量的缓冲区，当网络负载严重时，可以把发送的数据流先存入缓冲区，等网络空闲了再发送。也就是说，发送端根据网络当前的拥塞情况来动态调节数据流的发送速率，因此可能会降低部分媒体的质量，例如，只传送图像基本层或者降低图像分辨率，以满足用户对媒体数据流的同步需求。但这种控制手段因为需要反馈，延迟了发送端的反应，具有一定的滞后性。所以尽可能早的让发送端发现问题，及时做出调整，是较新的一种同步设想。

在接收端也可进行同步控制。这种同步控制实际上是一种对传输过程中出现的各种不同步问题的补偿性措施，可以称其为再同步。接收端的再同步技术有不同的同步算法，如有基于神经网络和模糊逻辑的同步机制，有基于特定算法的同步机制(以实时数据流的播放时间大于它们的到达时间为原则)等。一般来说，网络发生的最大延时和最大延时抖动是进行同步控制的根据，在接收端设置一个容量适当的缓冲器用于缓存接收到的媒体数据，然后根据播放情况和网络当前运行情况由同步调度器来控制播放速度。这样做，往往会增大端到端的通信延时，从而使实时性较差。因此，这种方法不太适合于多媒体会议系统这类实时性应用。如果根据网络的当前状况，动态地调整缓冲器的大小，即用动态可调缓冲器替代缓冲器,则可以达到减小端到端延时的目的,但这样会使控制机制复杂化。

3. 基于 RTP 协议的同步机制

RTP 协议包括了 RTP/RTCP,是 IETF 的音频/视频传输工作组设计的实时传输协议,它为实时数据的应用提供点到点或多点通信的传输服务。在本书第 8 章对它进行了较为详细的讨论。RTP 报头的序列号、时间戳和 SSRC 字节,以及 RTCP 协议中的网络监测等字段在多媒体同步中需要用到。一般来说,媒体内同步使用"序列号"字段,接收端根据它对单种媒体流进行重组;媒体间同步使用"时间戳"字段,接收端根据各媒体流的这个字段来寻找应该同时播放的逻辑数据单位 LDU;媒体源使用"SSRC"字段用于标识不同的来源。作为一种协议,RTP 要真正用于实时同步控制,还要靠具体的应用程序。

基于 RTP 协议的同步机制实质上也是一种基于反馈的同步机制。RTCP 轻载信息就是它的反馈信息,这就是 RTP 协议的同步机制与其他基于反馈同步机制的不同之处。它的控制策略是:各个接收端周期地将一种称为接收者报告的轻载信息反馈给发送端,在接收端轻载信息中包含有接收者观察到的网络失调状态信息,发送端将接收者报告提交给上层应用程序,应用程序据此进行失调检测评价。如果出现了失调现象,就要进行强制性同步控制。

通过改变数据发送速率、控制传输带宽等方法来实施发送端强制同步,发送端应用程序可以完成这些功能。也可以在接收端采取诸如静帧、跳帧和分级传输这些再同步控制方法来满足接收端演示质量(QoP)的要求。在 RTP 协议中,为了保证实时数据流的传输质量,规定 RTCP 数据报只占整个通信带宽的 5%。通俗地说,这种方法就是利用 RTCP 的收、发报文来判断网络的 QoS,用错误隐藏的方法来解决短时冲击,用减小多媒体载荷的方法来解决长时拥塞。

RTP 协议处于传输层,故基于 RTP 协议的同步机制具有支持异构网络环境的特点,可以用于各类局域网和分组交换网中,因此是一种比较有前途的多媒体同步机制。

6.6　网络时间协议

NTP (RFC1305)是随着 Internet 的发展建立的网络授时系统中使用的授时软件协议,它是用于设计使 Internet 上的计算机保持时间同步的一种通信协议。具体的实现方案是:在网络上指定若干时钟源网站,为用户提供授时服务,并且这些网站间能够相互对比,提高准确度。该协议由美国德拉瓦大学的 David L. Mills 教授于 1985 年提出。

时间服务器(time server)是利用 NTP 的一种服务器,通过它可以使网络中的机器维持时间同步。在大多数的地方,NTP 可以提供 1~50 ms 的可信赖性的同步时间源和网路工作路径。在 RFC-1305 中详细定义了网络时间协议(NTP),RFC-1305 对 NTP 协议自动机在事件、状态、转变功能和行为方面给出了明确的说明。NTP 协议以合适的算法以增强时钟的准确性,并且减轻多个由于同步源而产生的差错,实现了准确性低于毫秒的时间服务,以满足目前因特网中路径量测的需要。

NTP 协议是 OSI 参考模型的高层协议,符合 TCP/IP 协议族中 UDP 传输协议格式,拥有专用端口 123,64 bit 的二进制码,前 32 bit 以二进位表示自公元 1900 年 1 月 1 日 0 时起开始的秒数,时区都是格林尼治时区;后 32 bit 用以表示秒以下的部分,并加上网络延时量的估计。理论上可以精确到 2^{-32} s,实际使用在 Internet 上大约有 50 ms,在局域网可达 1 ms。在实际中必须确定最近而且最稳定的 Server 作为时间源。

1. NTP 同步原理

(1)NTP 工作模式

NTP 有 3 种工作模式:主/被动对称工作模式;客户/服务器模式;广播模式。主/被动对称工作模式均可同步对方或被对方同步,两者的时间质量同级,主动方发申请向被动方同步。客户/服务器模式下只能客户方被服务器同步。广播模式为一对多连接,由服务器主动发出时间信息,客户由此调整自己的时间,计算时忽略网络延时,在准确度上有损失。

实际应用中用得较多的为客户/服务器模式。如果仅仅从一个时间服务器获得校对信息,并不能校正通信过程所造成的时间偏差,而同时与许多时间服务器通信校对时,就可利用算法找出相对可靠的时间来源。为此,客户/服务器模式下,NTP 服务器以层状结构形成时间同步系统,为了保证时间同步的精度,在多条路径上互发多个同步协议包,并且选择 3 种以上的同步路径,提供冗余性和多样性的时间服务。对于每条路径,时钟过滤器利用交集和聚类算法,从最近几次时钟偏差值中挑选出最佳者作为输出,时钟合成器则利用组合算法,将各时钟偏差值加权合成,形成修改时钟的依据。

(2)NTP 工作原理

NTP 的基本原理可以用图 6-15 解释。

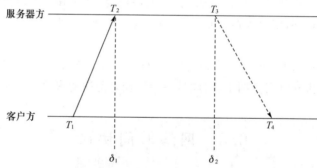

T_1: 客户方发送查询请求时间 (以客户方时间系统为参照)
T_2: 服务器受到查询请求时间 (以服务器方时间系统为参照)
T_3: 服务器方回复时间信息包时间 (以服务器方时间系统为参照)
T_4: 客户方收到时间信息包时间 (以客户方时间系统为参照)
δ_1: 请求信息在网上的传输时间
δ_2: 回复信息在网上的传输时间

图 6-15 NTP 的基本原理

图 6-15 实际上就是传输层的协议操作,如果把 θ(服务器和客户端之间的时间偏差)作为客户方的时间补偿,那么就有如下时间计算公式:

$$T_2 = T_1 + \theta + \delta_1 \tag{6-1}$$

$$T_4 = T_3 - \theta + \delta_2 \tag{6-2}$$

$$\delta = \delta_1 + \delta_2 \tag{6-3}$$

假设请求和回复在网上传播的时间相同,即 $\delta_1 = \delta_2$,那么

$$\theta = \frac{(T_2 - T_1) - (T_4 - T_3)}{2} \tag{6-4}$$

$$\delta = (T_2 - T_1) + (T_4 - T_3) \tag{6-5}$$

从式(6-5)可以看出，θ、δ 只与 T_2、T_1 和 T_4、T_3 的差值有关，与服务器处理请求的时间无关。于是，由式(6-5)，客户方就可以根据 T_1、T_2、T_3、T_4 计算与服务器之间的时间误差来调整本地时钟。

2. SNTP 同步原理

NTP 为保证高度的精确性，需要很多复杂算法，但是在许多实际应用中，秒级的精确度就足够了。在这种情况下，当不需要实现 NTP 完全功能的情况下，还有一种简单网络时间协议(Simple Network Time Protocol，SNTP)可以实现。它通过简化原来的访问协议，在保证时间精确度的前提下，使得对网络时间的开发和应用变得容易。SNTP 算是 NTP 的一个子集，它不像 NTP 可以同时和多个 Server 对时，一般在 Client 端使用。RFC2030 描述了SNTP，目的是为了那些不需要完整 NTP 实现复杂性的主机。通常让局域网上的若干台主机通过因特网与其他的 NTP 主机同步时钟，接着再向局域网内其他客户端提供时间同步服务。

SNTP 主要通过交换时间服务器和客户端的时间戳，计算出客户端相对于服务器的延时和偏差，从而实现时间同步。

SNTP 协议采用客户/服务器工作方式，服务器通过接收 GPS 信号或自带的原子钟作为系统的时间基准，客户机通过定期访问服务器提供的时间服务获得准确的时间信息，并调整自己的系统时钟，达到网络时间同步的目的。客户和服务器通信采用 UDP 协议，端口为 123。

(1)SNTP 协议工作模式

SNTP 协议可以使用单播、广播或多播模式进行工作。单播模式是指一个客户发送请求到预先指定的一个服务器地址，然后从服务器获得准确的时间、来回时延和与服务器时间的偏差。广播模式是指一个广播服务器周期地向指定广播地址发送时间信息，在这组地址内的服务器侦听广播并且不发送请求。多播模式是对广播模式的一种扩展，它设计的目的是对地址未知的一组服务器进行协调。在这种模式下，多播客户发送一个普通的 NTP 请求给指定的广播地址，多个多播服务器在此地址上进行侦听。一旦收到一个请求信息，一个多播服务器就对客户返回一个普通的 NTP 服务器应答，然后客户依此对广播地址内剩下的所有服务器做同样的操作，最后利用 NTP 迁移算法筛选出最好的 3 台服务器使用。

为了使广播或多播服务不占用太多的网络资源，调节多播信息 IP 头中的 TTL 值到一个合理的水平非常重要。只有在地址范围内的多播客户能接收到多播信息，只有在地址范围内的服务器组能够对客户的响应进行应答。在 Internet 上，SNTP 广播或多播客户极易受到来自其他 SNTP 服务器的攻击，因此在 Internet 上使用该服务时，一定要采用访问控制和加密的措施。

(2)SNTP 数据格式

SNTP 协议同其他的网络应用层协议一样，都具有一定的数据格式，它主要涉及时间的表示(即时间戳的格式)、数据如何组帧在网络上传输(即信息帧格式)。

①SNTP 时间戳格式

SNTP 时间戳是该协议的重要成果，用来对时间进行精确表示。它由一个 64 位无符号浮点数组成，整数部分为头 32 位，小数部分为后 32 位，单位为 s，时间从 1900 年 1 月 0 点开始。它能表示的最大数字为 4 294 967 295 s，同时具有 232PS 的精确性，这能满足最苛刻的时间要求。值得注意的是，在 1968 年的某一个时间（2 147 483 648 s），时间戳的最高位已被设置为 1，在 2036 年的某一个时间（4 294 967 295 s），64 位字段将会溢出，所有位将会被置为 0，此时的时间戳将会被视为无效。为了解决这一问题，尽量延长 SNTP 时间戳的使用时间，一种可能的办法为：如果最高位设置为 1，UTC 时间范围为 1968—2036 年之间，时间计算起点从 1900 年 1 月 0 点 0 分 0 秒开始计算；如果最高位设置为 0，UTC 时间范围为 2036—2104 年之间，时间计算起点从 2036 年 2 月 7 日 6 点 28 分 16 秒开始计算。

②SNTP 信息帧格式

SNTP 协议是 UDP 协议的客户，它利用 UDP 的 123 端口提供服务，SNTP 客户在设置请求信息时要把 UDP 目的端口设置为该值，源端口可以为任何非零值，服务器在响应信息中对这些值进行交换。同其他应用层协议一样，SNTP 协议的数据通信也是按数据帧的格式进行，图 6-16 是对 SNTP 信息帧格式的描述。

2	5	8	16	24	32 bit
LI	VN	Mode	Stratum	Poll	Precision
Root Delay					
Root Dispersion					
Reference Identifier					
Reference Timestamp (64)					
Originate Timestamp (64)					
Receive Timestamp (64)					
Transmit Timestamp (64)					
Key Identifier (optional) (32)					
Message Digest (optional) (128)					

图 6-16 SNTP 信息帧格式

LI：跳跃指示器，警告在当月最后一天的最终时刻插入的迫近闰秒（闰秒）。字段长度为 2 位整数，只在服务器端有效。取值定义为：LI＝0，无警告；LI＝1，最后一分钟是 61 s；LI＝2，最后一分钟是 59 s；LI＝3，警告（时钟没有同步）服务器在开始时 LI 设置为 3，一旦与主钟取得同步后就设置成其他值。

VN：版本号。字段长度为 3 位整数，当前版本号为 4。

Mode：模式。该字段包括以下值：0——预留；1——对称行为；3——客户机；4——服务器；5——广播；6——NTP 控制信息。Mode＝7，保留为用户定义，在单播和多播模式，客户在请求时把这个字段设置为 3，服务器在响应时把这个字段设置为 4，在广播模式下，服务器把这个字段设置为 5。

Stratum：对本地时钟级别的整体识别。该字段只在服务器端有效，字段长度为 8 位整数。取值定义为：Stratum＝0，故障信息；Stratum＝1，一级服务器；Stratum＝2～15，二级服务器；Stratum＝16～255，保留。

Poll:有符号整数,表示连续信息间的最大间隔。以秒为单位,作为 2 的指数方的指数部分,该字段只在服务器端有效。字段长度为 8 位整数,取值范围为 4～17,即 16 s 到131 072 s。

Precision:有符号整数,表示本地时钟精确度。以秒为单位,作为 2 的指数方的指数部分,该字段只在服务器端有效。字段长度为 8 位符号整数,取值范围为−20～−6。

Root Delay:有符号固定点序号,表示主要参考源的总延迟,以秒为单位,该字段只在服务器端有效。字段长度为 32 位浮点数,小数部分在 16 位以后,取值范围从负几毫秒到正几百毫秒。

Root Dispersion:无符号固定点序号,表示相对于主要参考源的正常差错,以秒为单位,该字段只在服务器端有效。字段长度为 32 位浮点数,小数部分在 16 位以后,取值范围从零毫秒到正几百毫秒。

Reference Identifier:识别特殊参考源。指示时钟参考源的标记,该字段只在服务器端有效。对于一级服务器,字段长度为 4 字节 ASCII 字符串,左对齐不足添零。对于二级服务器,取值为一级服务器的 IP 地址。

Originate Timestamp:指示客户向服务器发起请求的时间,以前面所述 64 位时间戳格式表示。

Receive Timestamp:这是向服务器请求到达客户机的时间,采用 64 位时标(Timestamp)格式。

Transmit Timestamp:这是向客户机答复分离服务器的时间,采用 64 位时标(Timestamp)格式。

Authenticator(Optional):当实现了 NTP 认证模式,主要标识符和信息数字域就包括已定义的信息认证代码(MAC)信息,包含密钥和信息加密码。

(3)SNTP 服务器的基本工作过程

以最常用的 SNTP 单播工作模式为例说明 SNTP 服务器的工作过程如下:SNTP 服务器在初始化时,Stratum 字段设置为 0,LI 字段设置为 3,Mode 字段设置为 3,Reference Identifier字段设置为 ASCII 字符"INIT",所有时间戳信息设置为 0;一旦 SNTP 服务器与外部时钟源取得同步后,进入工作状态,Stratum 字段设置为 1,LI 字段设置为 0,Reference Identifier字段设置为外部时钟源的 ASCII 字符,如"GPS",Precision字段设置为−20～−6 的一个数值,通常设置为−16。VN 字段设置为客户端请求信息包的 VN 字段值,Root Delay和 Root Dispersion 字段通常设置为 0,Reference Timestamp 字段设置为从外部时钟源最新取得的时间,Originate Timestamp 字段设置为客户请求包的 Transmit Timestamp 字段值,Transmit Timestamp 字段设置为服务器发出时间戳给客户的时间。

SNTP 服务器在工作过程中,如果与外部时钟源失去同步,Stratum 字段设置为 0,Reference Identifier 字段设置为故障原因的 ASCII 字符,如"LOST",若客户收到这个信息时,要丢弃服务器发给它的时间戳信息。

本章小结

　　本章在对同步的基本概念进行介绍的基础上,重点讲解了多媒体数据的组成、多媒体数据时域特征表示、多媒体同步参考模型;简要介绍了多媒体同步控制机制和网络时间协议。通过本章的学习使读者对多媒体同步技术有一个比较全面的了解。

思考练习题

1. 多媒体同步的类型有哪些?
2. 简述多媒体数据的组成。
3. 简述多媒体数据的约束关系。
4. 多媒体同步的四层模型中,各层的作用是什么?
5. 说明基于反馈的流间同步方法的基本思想。

第7章

多媒体通信终端

在多媒体通信系统中,多媒体通信终端是重要的一个组成部分,它是具有集成性、交互性、同步性的通信终端,并且随着网络技术的发展和多媒体通信终端标准的制定和完善,多媒体通信终端技术得到了很大的发展,出现了新的发展趋势。本章在对多媒体通信终端的组成、特点及关键技术进行介绍的基础上,描述了多媒体通信终端的几个相关标准,并着重介绍基于 IP 网络的 H.323 和 SIP 标准。最后介绍了基于多媒体计算机的通信终端的硬件组成和软件组成。

7.1 多媒体通信终端概述

一般的多媒体系统主要由 4 部分内容组成:多媒体硬件系统、多媒体操作系统、媒体处理系统工具和用户应用软件。

多媒体操作系统:也称为多媒体核心系统(Multimedia Kernel System),具有实时任务调度、图形用户界面管理以及通过多媒体数据转换和同步控制对多媒体设备进行驱动和控制等功能。

多媒体硬件系统:包括计算机硬件、声音/视频处理器、多种媒体输入/输出设备及信号转换装置、通信传输设备及接口装置等。其中,最重要的是根据多媒体技术标准而研制生成的多媒体信息处理芯片、光盘驱动器等。

媒体处理系统工具:或称为多媒体系统开发工具软件,是多媒体系统重要组成部分。

用户应用软件:根据多媒体系统终端用户要求而定制的应用软件或面向某一领域的用户应用软件系统,它是面向大规模用户的系统产品。

多媒体通信系统是指能完成多媒体通信业务的系统,包括了网关(Gateway)、服务器和多媒体通信终端。如图 7-1 所示。

7.1.1 多媒体通信终端概述

多媒体通信终端是多媒体硬件系统中的客户端硬件系统、多媒体操作系统和用户应用软件相互融合形成的系统,是指接收、处理和集成各种媒体信息,并通过同步机制将多媒体数据同步的呈现给用户,同时具有交互式功能的通信终端。

多媒体终端是由搜索、编解码、同步、准备和执行 5 个部分以及接口协议、同步协议、应用协议 3 种协议组成的。

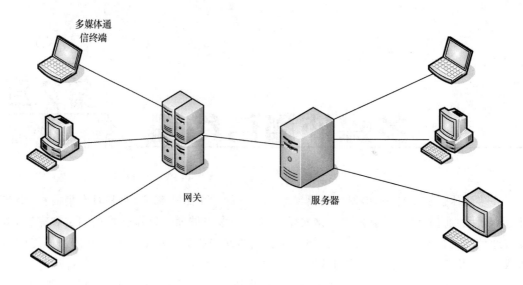

图 7-1　多媒体通信系统

　　搜索部分是指人机交互过程中的输入交互部分,包括各种输入方法、菜单选取等输入方式。

　　编解码部分是指对多种信息表示媒体进行编解码,编码部分主要将各种媒体信息按一定标准进行编码并形成帧格式,解码部分主要对多媒体信息进行解码并按要求的表现形式呈现给人们。

　　同步处理部分是指多种表示媒体间的同步问题,多媒体终端的一个最大的特点是多种表示媒体通过不同的途径进入终端,由同步处理部分完成同步处理,送到用户面前的就是一个完整的声、文、图、像一体化的信息,这就是同步部分的重要功能。

　　准备部分的功能体现了多媒体终端所具有的再编辑功能。例如,一个影视编导可以把从多个多媒体数据库和服务器中调来的多媒体素材加工处理,创作出各种节目。

　　执行部分完成终端设备对网络和其他传输媒体的接口。接口协议是多媒体终端对网络和传输介质的接口协议。同步协议传递系统的同步信息,以确保多媒体终端能同步地表现各种媒体。应用协议管理各种内容不同的应用。

7.1.2　多媒体通信终端与传统终端设备的不同

　　多媒体通信终端由于要处理多种具有内在逻辑联系的多种媒体信息,与传统的终端设备相比,有以下几个显著的特点。

　　1. 集成性

　　指多媒体终端可以对多种信息媒体进行处理和表现,能通过网络接口实现多媒体通信。这里的集成不仅指各类多媒体硬设备的集成,而且更重要的是多媒体信息的集成。

　　2. 同步性

　　指在多媒体终端上显示的图、文、声等以同步的方式工作。它能保证多媒体信息在空间上和时间上的完整性。它是多媒体终端的重要特征。

　　3. 交互性

　　指用户对通信的全过程有完整的交互控制能力。多媒体终端与系统的交互通信能力给用户提供了有效控制使用信息的手段。它是判别终端是否是多媒体终端的一个重要准则。

7.1.3　多媒体通信终端的关键技术

多媒体通信终端涉及的关键技术包括以下几个。

1. 开放系统模式

为了实现信息的互通,多媒体终端应按照分层结构支持开放系统,模式设计的通信协议要符合国际标准。

2. 人-机和通信的接口技术

多媒体终端包括两个方面的接口:与用户的接口和与通信网的接口。多媒体终端与最终用户的接口技术包括输入法和语音识别技术、触摸屏及最终用户与多媒体终端的各种应用的交互界面。多媒体终端与通信网的接口包括电话网、分组交换数据网、N-ISDN 和 B-ISDN、LAN、无线网络等通信接口技术。

3. 多媒体终端的软、硬件集成技术

多媒体终端的基本硬件、软件支撑环境,包括选择兼容性好的计算机硬件平台、网络软件、操作系统接口、多媒体信息库管理系统接口、应用程序接口标准及设计和开发等。

4. 多媒体信源编码和数字信号处理技术

终端设备必须完成语音、静止图像、视频图像的采集和快速压缩编解码算法的工程实现,以及多媒体终端与各种表示媒体的接口,并解决分布式多媒体信息的时空组合问题。

5. 多媒体终端应用系统

要使多媒体终端能真正地进入使用阶段,需要研究开发相应的多媒体信息库、各种应用软件(如远距离多用户交互辅助决策系统、远程医疗会诊系统、远程学习系统等)和管理软件。

7.2　基于特定网络的多媒体通信终端

ITU-T 从 20 世纪 80 年代末期开始制定了一系列多媒体通信终端标准,主要框架性标准如下。

(1)ITU-T H.323:不保证服务质量的局域网可视电话系统和终端。

(2)ITU-T H.320:窄带可视电话系统和终端(N-ISDN)。

(3)ITU-T H.322:保证服务质量的局域网可视电话系统和终端。

(4)ITU-T H.324:低比特率多媒体通信终端（PSTN）。

(5)ITU-T H.321:B-ISDN 环境下 H.320 终端设备的适配。

(6)ITU-T H.310:宽带视听终端与系统。

除此之外,国际上的其他标准化组织也制定了一系列的多媒体通信标准。比如 IETF(Internet Engineering Task Force)针对在 IP 网上建立多媒体会话业务而制定的 SIP 协议族。

7.2.1　基于 IP 网络的多媒体通信终端相关标准

1. H.323 协议

随着 IP 网络通信质量的改善,IP 网络已成为目前最重要的一种网络形式,不论是网络运营商还是增值服务提供商都对IP网络情有独钟,因此ITU-T制定了基于IP网络的多媒体通信的H.323标准。

H.323是ITU-T的一个标准簇,它于1996年由ITU-T的第15研究组通过,最初叫作"工作于不保证服务质量的LAN上的多媒体通信终端系统"。1997年年底通过了H.323V2,改名为"基于分组交换网络的多媒体通信终端系统"。H.323V2的图像质量明显提高,同时也考虑了与其他多媒体通信终端的互操作性。1998年2月正式通过时又去掉了版本2的"V2"称呼,就叫作H.323。

1999年5月ITU-T又提出了H.323的第三个版本。由于基于分组交换的网络逐步主宰了当今的桌面网络系统,包括基于TCP/IP、IPX分组交换的以太网、快速以太网、令牌网、FDDI技术,因此,H.323标准为LAN、MAN、Intranet、Internet上的多媒体通信应用提供了技术基础和保障。

H.323标准协议的分层结构如图7-2所示。

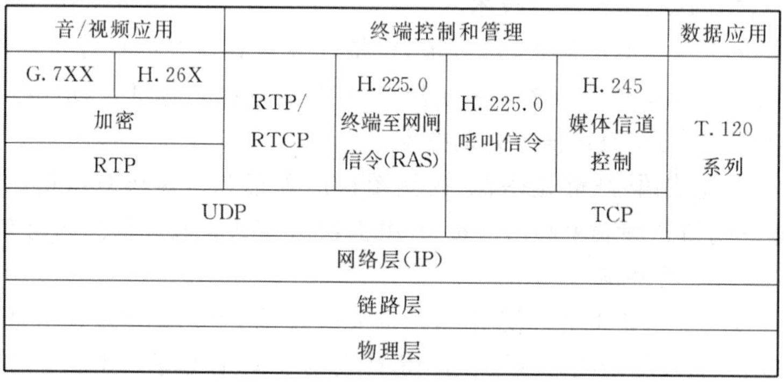

音/视频应用		终端控制和管理			数据应用
G.7XX	H.26X	RTP/ RTCP	H.225.0 终端至网闸 信令(RAS)	H.225.0 呼叫信令	H.245 媒体信道 控制
加密						T.120 系列
RTP					
UDP				TCP	
网络层(IP)					
链路层					
物理层					

图7-2　H.323标准协议的分层结构

音频编码采用G.7XX系列协议,可根据应用选择具体的音频编码标准。视频编码采用H.261或H.263标准。音频和视频数据加密后都采用RTP协议进行封装。RTP协议此时相当于会话层,提供同步和排序功能,对网络的带宽、时延、差错有一定的自适应性。RTP虽然为实时协议,但只是提供了实时应用的适配功能和质量监视手段,并不提供保证数据实时传输的机制,不能保证QoS,这些功能是由RTCP和多层协议提供的。

实时控制协议RTCP主要用于监视带宽和延时,它定期地将包含服务质量信息的控制信息包分发给所有通信节点,一旦所传送的多媒体信息流的带宽发生变化,接收端立即通知发送端,改变识别码和编码参数。

在H.323标准中,网络层采用IP协议,负责两个终端之间的数据传输。由于采用无连接的数据包,路由器根据IP地址(不需信令)把数据送到对方,但不保证传输的正确性。在IP的上层TCP(传输控制协议)保证数据顺序传送,发现误码就要求重发,因此,TCP不适用于实时性要求较高的场合,而对误码要求高的数据传送,则可以采用TCP。UDP(用户数据包协议)采取无连接传输方式,它的协议简单,用于视音频实时信息流。如果有误码,则把该包丢掉,因为较少的等待时间对实时信息传输而言比误码纠正更为重要,对实时音频和视频来说,丢掉少量错误的数据包并不影响视听。而对数据需采用RTCP协议,如果有误码,为了保持音频和视频等信息包之间彼此正确衔接,则应采用反馈重发方式。视频和音频数据传输采用 RTP 协议,因而 RTP 在每个从信源离开的数据包上留下了时间标记以便在接收端正确重放。为了解决连续媒体的延迟敏感性,可以采取优先控制策略,即连续媒体优先于离散媒体传输,音频连续媒体优先于视频连续媒体传输,利用连续媒体对错误率的不敏感性,在发生传输错误的情况下,可以选择重新传输或者不再重新传输。

数据应用采用 T.120 系列协议,它是 1993 年以来陆续推出的用于声像和视听会议的一系列标准,也称为"多层协议"。该系列协议是为支持多媒体会议系统发送数据而制定的,既可以包含在 H.32X 协议框架下,对现有的视频会议进行补充和增强,也可独立的支持多媒体会议。T.120 系列协议包括了 T.120、T.121、T.122、T.123、T.124、T.125、T.126 和 T.127 等协议。

H.225.0 协议和 H.245 协议是 H.323 中的控制管理协议。H.225.0 协议用于控制呼叫流程,H.245 用于控制媒体信道的占用、释放、参数设定、收发双方的能力协商等;另外,在使用多个逻辑信道的情况下,它还必须控制管理多个信道的协调配合。H.245 的控制信号必须在一条专门的可靠信道上传输,称为 H.245 信道。该控制信道必须在建立任何逻辑信道之前先行建立,并在结束通信后才能关闭。

H.225.0 协议主要有两个功能,即规定如何使用 RTP 对音频和视频数据进行封装,定义了登记、接纳和状态(Registration,Admission and Status,RAS)协议。RAS 协议为网守(Gate Keeper,GK)提供确定的端口地址和状态、实现呼叫接纳控制等功能。在建立任何呼叫之前,首先须在端点之间建立呼叫联系,此时建立 H.245 控制信道,然后可以使用 H.245 信道建立媒体信道,进行数据和音视频信息的传输。当控制功能从 H.225 移交给 H.245 以后,H.225 呼叫即可释放。

H.323 协议的主体已日渐稳定,并且它的基本框架已被广泛的采用,它定义了 4 种基本功能单元:用户终端、网关(Gateway)、网守 GK(Gatekeeper)和多点控制单元(MCU)。如图 7-3 所示即为 H.323 系统构成图。

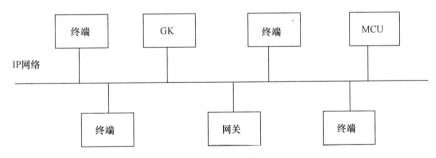

图 7-3　H.323 系统构成

(1)H.323 多媒体通信终端

用户终端能和其他的 H.323 实体进行实时的、双向的语音和视频通信,H.323 多媒体通信终端的构成如图 7-4 所示,它能够实现以下的功能。

①信令和控制:支持 H.245 协议,能够实现通道建立和能力协商;支持 Q.931 协议,能够实现呼叫信令通道;支持 RAS 协议,能够实现与网守的通信。

②实时通信:支持 RTP/RTCP 协议。

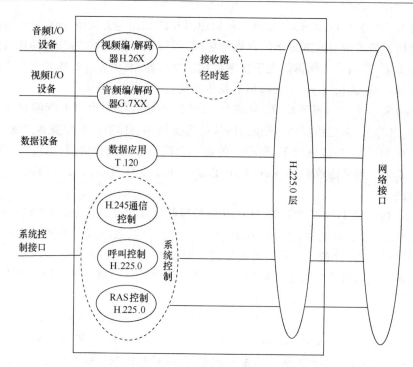

图 7-4 H.323 多媒体通信终端的构成

③编解码:支持各种主流音频和视频的编解码功能。

④系统控制:系统控制功能是 H.323 终端的核心,它提供了 H.323 终端正确操作的信令。这些功能包括呼叫控制(建立与拆除)、能力切换、命令和指示信令以及用于开放和描述逻辑信道内容的报文等。整个系统的控制由 H.245 控制通道、H.225.0 呼叫信令信道以及 RAS 信道提供。

H.245 控制能力能通过 H.245 控制通道,承担管理 H.323 系统操作的端到端的控制信息,包括通信能力交换、逻辑信道的开和关、模式优先权请求、流量控制信息及通用命令的指示。H.245 信令在两个终端之间、一个终端和 MCU 之间建立呼叫。H.225 呼叫控制信令用来建立两个 H.323 终端间的连接,首先是呼叫通道的开启,然后才是 H.245 信道和其他逻辑信道的建立。

H.225.0 标准描述了无 QoS 保证的 LAN 上媒体流的打包分组与同步传输机制。H.225.0 对传输的视频、音频、数据与控制流进行格式化,以便输出到网络接口,同时从网络接口输入报文中补偿接收到的视频、音频、数据与控制流。另外,它还具有逻辑成帧、顺序编号、纠错与检错功能。

音频信号包含了数字化和压缩的语音。H.323 支持的压缩算法都符合 ITU 标准。为进行语音压缩,H.323 终端必须支持 G.711 语音标准,也可选择性的采用 G.722、G.728、G.729.A 和 G.723.1 进行音频编解码。因为视频编码处理所需时间比音频长,为了解决唇音同步问题,在音频编码器上必须引入一定的时延。H.323 标准规定其音频可以使不对称的上下行码率进行工作。编码器使用的音频算法是通过使用 H.245 的能力交换到的。每个为音频而开放的逻辑信道应伴有一个为音频控制而开放的逻辑信道。H.323 终端可同时发送或接收多个音频信道信息。

视频编码标准采用 H.261/H.263，为了适应多种彩电制式，并有利于互通，图像采用 SQCIF、QCIF、CIF、4CIF、16CIF 等公用中间格式。每个因视频而开放的逻辑信道应伴有一个为视频控制而开放的逻辑信道。H.261 标准利用 $P \times 64$ kbit/s($P = 1, 2, \cdots, 30$)通道进行通信，而 H.263 由于采用了 1/2 像素运动估计技术、预测帧以及优化低速率传输的哈夫曼编码表，使 H.263 图像质量在较低比特率的情况下有很大的改善。

由于 T.120 是 H.323 与其他多媒体通信终端间数据互操作的基础，因此，通过 H.245 协商可将其实施到多种数据应用中，如白板、应用共享、文件传输、静态图像传输、数据库访问、音频图像会议等。

(2)网关

网关提供了一种电路交换网络(SCN)和包交换网络的连接途径，它在不同的网络上完成呼叫的建立和控制功能。

网关是 H.323 多媒体通信系统的一个可选项。网关的具体功能包括：实现不同网络之间信令和媒体的转换，实现协议转换，这种功能包括传输格式(如 H.225.0～H.221)和通信规程的转换(如 H.245～H.242)；实现 IP 数据分组的打包和拆包；执行语音和图像编解码器的转换，以及呼叫建立和拆除功能；提供静音检测和回音消除，补偿时延抖动，对分组丢失和误码进行差错隐藏。H.323 终端使用 H.245 和 H.225.0 协议与网关进行通信。采用适当的解码器，H.323 网关可支持符合 H.310、H.321、H.322 等标准的终端。

(3)网守

网守也称为关守、网闸，是 H.323 系统中的信令单元，管理一个区域里的终端、MCU 和网关等设备。网守(GK)向 H.323 终端提供呼叫控制服务，完成以下的功能：地址翻译、呼叫控制和管理、带宽控制和管理、呼出管理、域管理等。

网守执行两个重要的呼叫控制功能。第一是地址翻译功能，在 RAS 中有定义。例如，将终端和网关的 PBN 别名翻译成 IP 或 IPX 地址，方便网络寻址和路由选择。第二是带宽管理功能。网守可以通过发送远程访问服务(RAS)消息来支持对带宽的控制功能，RAS 消息包括带宽请求(BRQ)、带宽确认(BCF)和带宽丢弃(BRJ)等，通过带宽的管理，可以限制网络可分配的最大带宽，为网络其他的业务预留资源。例如，网络管理员可定义 PBN 上同时参加会议用户数的门限值，一旦用户数达到此设定值，网守就可以拒绝任何超过该门限值的连接请求。这将使整个会议所占有的带宽限制在网络总带宽的某一可行的范围内，剩余部分则留给 E-mail、文件传输和其他 PBN 协议。

网守的其他功能可能包括访问控制、呼叫验证、网关定位、区域管理功能、呼叫控制功能等。域中所有的设备都要在网守上注册，网守提供对整个域(包括终端、网关、MCU、MC 以及 H.323 设备)的管理功能。

H.323 协议规定终端至终端的呼叫信令有两种传送方式：一种是经由网守转发呼叫信令方式，双方不知道对端的地址，有利于保护用户的隐私权，网守介入呼叫信令过程；另一种是端到端的直接路由呼叫信令，网守只在初始的 RAS 过程中提供被叫的呼叫信令信道传输层地址，其后不再介入呼叫信令过程。

虽然从逻辑上关守和 H.323 节点设备是分离的，但是生产商可以将关守的功能融入 H.323 终端、网关和多点控制单元等物理设备中。

(4)多点控制单元

多点控制单元(Multipoint Control Unit,MCU)完成视频会议的控制和管理功能,它由多点控制器(MC)和多点处理器(MP)组成,MC 和 MP 只是功能实体,并非物理实体,都没有单独的地址。MCU 既可以是独立的设备,也可以集成在终端、网关或网守中。MCU 采用 H.245 协议实现其控制功能。

多点控制器提供多点会议的控制功能,在多点会议中,多点控制器和每个 H.323 终端建立一条 H.245 控制连接来协商媒体通信类型;多点处理器则提供媒体切换和混合功能。H.323 支持集中和分散的多点控制和管理工作方式。在集中工作方式中,多点处理器(MP)和会议中的每个 H.323 终端建立媒体通道,把接收到的音频流和视频流进行统一的处理,然后再送回到各个终端。而在分散工作方式中,每个终端都要支持多点处理的功能,并能够实现媒体流的多点传送。

2. SIP 协议

SIP(Session Initiation Protocol)是互联网工程任务组(Internet Engineering Task Force,IETF)制定的多媒体通信协议,是基于 IP 的一个文本型应用层控制协议,独立于底层协议,用于建立、修改和终止 IP 网上的双方或多方的多媒体会话。会话可以是终端设备之间任何类型的通信,如视频会晤、即时信息处理或协作会话。该协议不会定义或限制可使用的业务,传输、服务质量、计费、安全性等问题都由基本核心网络和其他协议处理。SIP 得到了微软、AOL 等厂商及 IETF 和 3GPP 等标准制定机构的大力支持。

SIP 最早是由 MMUSIC IETF 工作组在 1995 年研究的,由 IETF 组织在 1999 年提议成为的一个标准,主要借鉴了 Web 的 HTTP 和 SMTP 两个协议。SIP 支持代理、重定向、登记定位用户等功能,支持用户移动,与 RTP/RTCP、SDP、RTSP、DNS 等协议配合,可支持和应用于语音、视频、数据等多媒体业务,同时可以应用于 presence(呈现)、instant message(即时消息,类似于 QQ)等特色业务。

(1)SIP 特点

SIP 的最大亮点在于简单,它只包括 7 个主要请求、6 类响应,成功建立一个基本呼叫只需要两个请求消息和一个响应消息;基于文本格式,易实现和调试,便于跟踪和处理。

从协议角度上看,易于扩展和伸缩的特性使 SIP 能够支持许多新业务,对不支持业务信令的透明封装,可以继承多种已有的业务。

从网络架构角度上看,分布式体系结构赋予系统极好的灵活性和高可靠性,终端智能化,网络构成清晰简单,从而将网络设备的复杂性推向边缘,简化网络核心部分。

- 独立于接入:SIP 可用于建立与任何类型的接入网络的会晤,同时还使运营商能够使用其他协议。
- 会话和业务独立:SIP 不限制或定义可以建立的会晤类型,使多种媒体类型的多个会晤可以在终端设备之间进行交换。
- 协议融合:SIP 可以在无线分组交换域中提供所有业务的融合协议。

(2)SIP 的体系结构

SIP 体系结构包括以下 4 个主要部件。

用户代理(User Agent):就是 SIP 终端,也可以说是 SIP 用户。按功能分为两类:用户代理客户端(User Agent Client,UAC),负责发起呼叫;用户代理服务器(User Agent Server,

UAS），负责接受呼叫并做出响应。

　　代理服务器（Proxy Server）：可以当作一个客户端或者是一个服务器。具有解析能力，负责接收用户代理发来的请求，根据网络策略将请求发给相应的服务器，并根据应答对用户做出响应，也可以将收到的消息改写后再发出。

　　重定向服务器（Redirect Server）：负责规划 SIP 呼叫路由。它将获得的呼叫的下一跳地址信息告诉呼叫方，呼叫方由此地址直接向下一跳发出申请，而重定向服务器则退出这个呼叫控制过程。

　　注册服务器（Register Server）：用来完成 UAS 的登录。在 SIP 系统中所有的 UAS 都要在网络上注册、登录，以便 UAC 通过服务器能找到。它的作用就是接收用户端的请求，完成用户地址的注册。如图 7-5 所示。

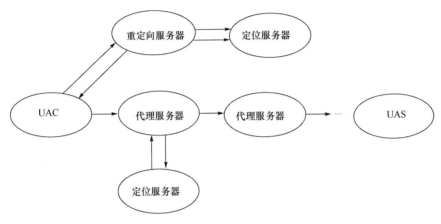

图 7-5　SIP 系统网络结构

　　这几种服务器可共存于一个设备，也可以分别存在。UAC 和 UAS，Proxy Server 和 Redirect Server 在一个呼叫过程中的作用可能分别发生改变。例如，一个用户终端在会话建立时扮演 UAS，而在主动发起拆除连接时，则扮演 UAC。一个服务器在正常呼叫时作为 Proxy Server，而如果其所管理的用户移动到了别处，或者网络对被呼叫地址有特别策略，则它就成了 Redirect Server，告知呼叫发起者该用户新的位置。

　　（3）SIP 呼叫的建立

　　SIP 使用 6 种信令：INVITE、ACK、BYE、OPTIONS、CANCEL、REGISTER。IN-VITE、和 ACK 用于建立呼叫，完成三次握手，或者用于建立以后改变会话属性；BYE 用于结束会话；OPTIONS 用于查询服务器能力；CANCEL 用于取消已经发出但未最终结束的请求；REGISTER 用于客户向注册服务器注册用户位置等消息。

　　SIP 支持 3 种呼叫方式：由 UAC 向 UAS 直接呼叫；由 UAC 进行重定向呼叫；由代理服务器代表 UAC 向被叫发起呼叫。

　　SIP 通信采用客户机和服务器的方式进行。客户机和服务器是有信令关系的两个逻辑实体（应用程序）。前者向后者构建、发送 SIP 请求，后者处理请求，提供服务并回送应答。例如：SIP IP 电话系统的呼叫路由过程是先由用户代理发起和接收呼叫，再由代理服务器对呼叫请求和响应消息进行转发，然后注册服务器接受注册请求，并更新定位服务器中用户的地址映射信息。

(4)SIP 协议实现的功能

理论上,SIP 呼叫可以只有双方的用户代理参与,而不需要网络服务器。实际中,网络服务器有助于形成一个可运营的 SIP 网络,实现用户认证、管理和计费等功能,并对用户呼叫进行有效的控制,提供丰富的智能业务。

SIP 协议用来形成、修改和结束两个或多个用户之间的会话。这些会话包括互联网多媒体会议、互联网(或 IP 网络)电话呼叫和多媒体信息传输。具体讲,SIP 提供以下功能。

- 名字翻译和用户定位:确保呼叫达到位于网络的被叫方,执行描述信息到定位信息的映射。
- 特征协商:允许与呼叫有关的组在支持的特征上达成一致。
- 呼叫参与者管理:在通话中引入或取消其他用户的连接,转移或保持其他用户的呼叫。
- 呼叫特征改变:用户能在呼叫过程中改变特征。

7.2.2　SIP 和 H.323 的不同

H.323 和 SIP 是目前国际上 IP 网络多媒体通信终端的主要标准,两者也同时应用在以软交换为核心的 NGN 中。但两者的设计风格各有千秋:H.323 解决了点到点及点到多点视频会议中的一系列问题,包括一系列协议,协议栈较为成熟;而 SIP 是 IP 网络中实时通信的一种会话协议,其借鉴了互联网协议,其中的会话可以是各种不同类型的内容,例如普通的文本数据、音/视频数据等,其应用具有较大的灵活性。

两者都对 IP 电话系统的信令提出了自己的方案,其共同点是都使用 RTP 作为传输协议。但是,当采用 H.323 协议时,各个不同厂商的多媒体产品和应用可以进行互相操作,用户不必考虑兼容性问题;而 SIP 协议应用较为灵活,可扩展性强。两者各有侧重,具体的差异如下。

1. 系统结构差异

从系统结构上分析,在 H.323 系统中,终端主要为媒体通信提供数据,功能比较简单,而对呼叫的控制、媒体传输控制等功能的实现则主要由网守来完成。H.323 系统体现了一种集中式、层次式的控制模式。

而 SIP 采用 Client/Server 结构的消息机制,对呼叫的控制是将控制信息封装到消息的头域中,通过消息的传递来实现。因此 SIP 系统的终端就比较智能化,它不只提供数据,还提供呼叫控制信息,其他各种服务器则用来进行定位、转发或接收消息。这样,SIP 将网络设备的复杂性推向了网络终端设备,因此更适于构建智能型的用户终端。SIP 系统体现的是一种分布式的控制模式。

相比而言,H.323 的集中控制模式便于管理,像计费管理、带宽管理、呼叫管理等在集中控制下实现起来比较方便,其局限性是易造成瓶颈。而 SIP 的分布模式则不易造成瓶颈,但各项管理功能实现起来比较复杂。

2. 应用领域之分

H.323 和 SIP 都是实现 VoIP 和多媒体应用的通信协议。H.323 协议的开发目的是在分组交换网络上为用户提供取代普通电话的 VoIP 业务和视频通信系统。SIP 的开发目的是用来提供跨越因特网的高级电话业务。这两种协议定位有一定的重合,并且随着协议向纵深发展,这种重合竞争的关系日益加剧。但两者所要达到的目的是一致的,就是构建 IP

多媒体通信网。由于它们使用的方法不同,因此它们是不可能互相兼容的,两者之间只存在互通的问题。

H.323 是属于国际电联(ITU)的标准,以 H.323 为标准构建的多媒体通信网很容易与传统 PSTN 电话网兼容,从这点上看,H.323 更适合于构建电信级大网。国际上几乎所有的商业性 IP 电话网或视频会议网都是以 H.323 为基础的。而且,不同版本的 H.323 协议通过不断升级和扩展,已经日趋完善,为基于 H.323 的 IP 多媒体业务提供了很好的保障。

7.2.3　基于 N-ISDN 网的多媒体通信终端

1990 年 12 月 ITU-T 批准了针对窄带 ISDN 应用的 H.320 协议,如图 7-6 所示。它是基于电路交换网络的会议终端设备和业务的框架性协议。它描述了保证服务质量的多媒体通信和业务。它是 ITU-T 最早批准的多媒体通信终端框架性协议,因此,也是最成熟和在 H.323 终端出现前应用最广泛的多媒体应用系统,H.320 系统在 N-ISDN 的 64 kbit/s(B 信道)、384 kbit/s(H0 信道)和 1 536/1 920 kbit/s(H11/H12 信道)上提供视听业务。

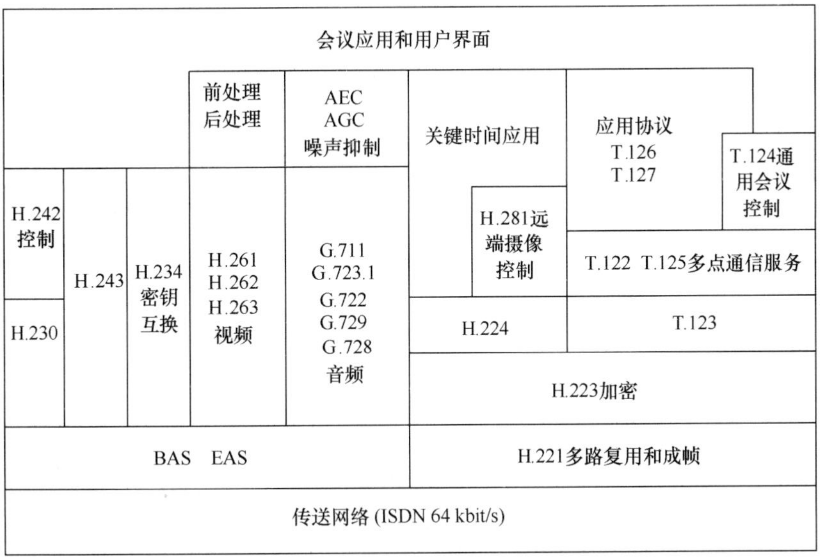

图 7-6　H.320 协议栈

会议电视终端的基本功能是能够将本会场的图像和语音传到远程会场,同时,通过终端能够还原远程的图像和声音,以便在不同的地点模拟出在同一个会场开会的情景。因此,任何一个终端必须具备视音频输入/输出设备。视、音频输入设备(摄像机和麦克风)将本地会场图像和语音信号经过预处理和 A/D 转换后,分别送至视频、音频编码器。

视频和音频编解码器依据本次会议开会前系统自动协商的标准(如视频采用 H.261 或者 H.263,音频采用 G.711、G.722 或者 G.728),对数字图像和语音依据相关标准进行数据压缩,然后将压缩数据依据 H.221 标准复用成帧传送到网络上。同时,视频和音频编解码器还将远程会场传来的图像和音频信号进行解码,经过 D/A 转换和处理后还原出远程会场的图像和声音,并输出给视、音频输出设备(电视机和会议室音响设备)。这样,本地会场就可以听到远程会场的声音并看到远程会场的图像。

但是,在完成以上任务以前,系统还需要其他相关标准来支持。如果是两个会场之间,不经过多点控制单元 MCU 开会,就需要用 H.242 标准来协商系统开会时用何种语言或者参数。如果是两个以上会场经过多点控制单元 MCU 开会,终端就需要 H.243、H.231 等标准来协商开会时会议的控制功能,如主席控制、申请发言等功能。如果使用的是可控制的摄像机,一般而言,还需要 H.281 标准实现摄像机的远程遥控。如果系统除开普通的视音频会议之外,还需要一些辅助内容如数据、电子白板等功能,系统就需要采用 T.120 系列标准。

依据网络的不同,所有数据进入网络时需要依据相关的网络通信标准进行通信,如 G.703 或者 I.400 系列协议。

可见,一个完整的 H.320 终端功能和结构相当复杂,图 7-7 为基于 H.320 标准的多媒体电视会议系统终端结构示意图。

从图 7-7 中可以看出,H.320 多媒体通信终端涉及的标准相当多,这些标准主要如表 7-1 所示。

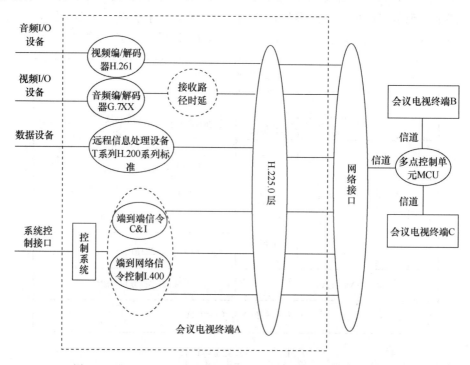

图 7-7　基于 H.320 标准的多媒体电视会议系统终端结构示意图

表 7-1　H.320 多媒体通信终端涉及的标准

协　　议	作　　　　　用
H.261	关于 $P \times 64$ kbit/s 视听业务的视频编解码器
H.221	视听电信业务中 64~1 920 kbit/s 信道的帧结构
H.233	视听业务的加密系统
H.230	视听系统的帧同步控制和指示信号(C&I)
H.231	用于 2 Mbit/s 数字信道的视听系统多点控制单元
H.242	使用 2 Mbit/s 数字信道的视听终端间的通信系统,实际为端到端之间的互通规程
H.243	利用 2 Mbit/s 通道在 2 个或 3 个以上的视听终端建立通信的方法,实际为多个终端与 MCU 之间的通信规程

续表

协　议	作　用
H. 281	会议电视的远程摄像机控制规程。它是利用 H. 224 实现的
H. 224	利用 H. 221 的 LSD/HSD/MLP 通道单工应用的实时控制
T. 120 系列	作为 H. 320 框架内的有关声像(静止图像)会议的相关标准
G. 703	脉冲编码调制通信系统网络数字接口参数
G. 728	低时延码本激励线性预测编码(音频编码)
G. 711	脉冲编码调制(音频编码)
G. 722	自适应差分脉冲编码(音频编码)
G. 735	工作在 2 Mbit/s 并提供同步 384 kbit/s 数字接口和/或同步 64 kbit/s 数字接入的基群复用设备的特性
G. 704	用于 2. 048 Mbit/s 等速率的数字元通信帧结构
H. 332	广播型视听多点系统和终端设备

7.2.4　基于 H. 324 标准的多媒体通信终端

用于低速率电路交换网络的 H. 324 于 1995 年通过,是第二代 ITU-T 多媒体会议标准中最早的标准,当前版本 1998 年 2 月通过。H. 324 定义了基于低比特率电路交换网络(CSN)的多媒体终端,开始用于最大速率为 33. 6 kbit/s 的 V. 34 调制解调器的公共电话交换网(PSTN)模拟线路(即简易老式电话业务 POTS)。H. 324 已经扩展到其他 CSN 网络,如 ISDN 和无线网络(数字蜂窝通信和卫星通信)。

与 H. 323 所涉及的包交换网络不同,电路交换网络的主要特征是直接点对点同步数据连接,在长时间内以恒定比特率工作。CSN 连接上的端对端延迟是固定的,并且不需要执行路由,所以这里不需要包转发寻址或者其他处理不可预测到达时间或乱序传送额外开销。H. 324 的设计目的是在低比特率时尽可能提供最好的视频和音频质量等性能。

H. 324 是一个"工具箱标准",它支持实时视频、音频、数据以及它们的任意组合,允许实现者在给定的应用中选择所需要的部分。图 7-8 说明了 H. 324 系统的主要组成。最主要的组成部分是 V. 34 调制解调器(用于 PSTN)、H. 233 复用协议以及 H. 245 控制协议。视频、音频和数据流都是可选的,可以同时使用这几种类型。H. 324 支持许多类型终端设备的互操作,包括基于 PC 的多媒体视频会议系统、便宜的语音/数据调制解调器、加密电话、支持视频现场直播的 WWW 浏览器、远程安全摄像机和电视电话等。

与其他多媒体通信终端不同的标准如下所示。

①复接/分接协议:ITU-T H. 223(用于低比特率多媒体通信的复用协议)。

②数据协议:LAPM(Link Access Procedures for Modems,调制解调器链路接入规程)。

③ITU-T V. 14(在同步承载通道上传输起止式字符)。

④控制过程:简单再传输规程 LAPM/SRP(Simple Retransmission Protocol)规程。

⑤调制解调器:ITU-T V. 25ter(串行同步的自动拨号和控制)。

⑥ITU-T V. 8(在 PSTN 上开始数据传输会话的规程)。

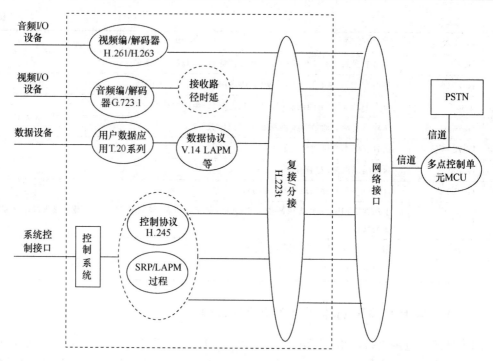

图 7-8   H.324 终端设备结构

⑦ITU-T V.34(PSTN 和点对点二线租用电话型电路上使用的、以 33.6 kbit/s 数据信号速率操作的调制解调器)。

7.2.5　其他多媒体通信终端

1. H.321

H.321 终端设备结构如图 7-9 所示。其中 T_b 和 S_b 是终端接入宽带网络的业务参考点,此处 b 是宽带(broadband)的意思。与 H.320 终端设备不同之处是:AAL、ATM 和 PHY 单元提供了宽带网络上安置 H.321 终端所需要的适配和接口功能;H.321 终端有与 H.320 终端所支持的同样的带内功能,如在 H.242、H.230、H.221 标准中所定义的功能,同时带外宽带相关信令功能如协商运用、自适应始终恢复方法等,均由 Q.2931 标准中的消息元来获得。

H.321 系列标准主要涉及的标准除在 H.320 中介绍的外,还有以下几个。

①ITU-T I.363:B-ISDN ATM 适配层(AAL)规范。

②ITU-T I.361:B-ISDN ATM 层规范。

③ITU-T I.413:B-ISDN 用户网络接口。

④ITU-T Q.2931:B-ISDN 数字用户信令系统 No.2——基本呼叫/连接控制的用户网络接口三层规范。

2. H.310

H.310 是工作在宽带网络上的视听多媒体系统和终端标准。该系统由 H.310 终端、ATM/B-ISDN 网络部分和多点控制单元组成。H.310 终端的音频、视频编解码器、用户到网络信令部分、复用/同步单元、端到端信令部分应遵守的相关标准如图 7-10 所示。

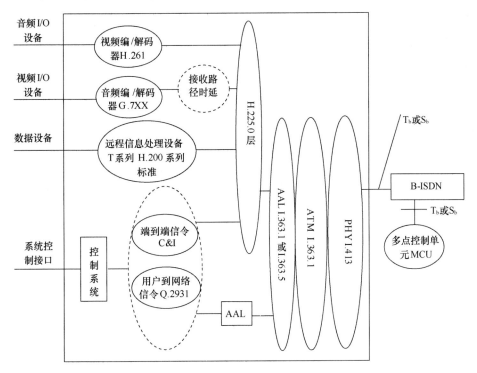

图 7-9 H.321 终端设备构成示意图

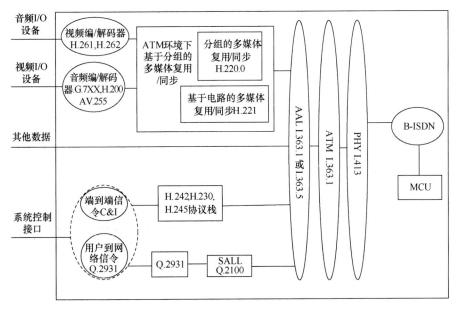

图 7-10 H.310 终端设备构成示意图

由于 H.310 终端是宽带网络下的多媒体通信终端,因此,H.310 终端允许更高质量的视频和音频编码方式。视频标准除了 H.261 外,还可以采用 H.262 压缩编码标准,即可以采用 HDTV 标准规定的一些编码方案。在音频信号方面,可以采用 MPEG 音频,即可以支持多声道的音频编码。

H.310 标准规定其传输速率很高,同时它应该支持 H.320/H.321 所采用的 N-ISDN 的 B、2B 和 H_0 等速率,而 H_{11} 和 H_{12} 是可选的,因此,它支持与 H.320/H.321 标准终端的互通。H.310 通常采用的速率为 6.144 Mbit/s 和 9.216 Mbit/s 两种,它们分别对应 MPEG-2 标准的中等质量和高质量的视频信号。当然,它还可以采用其他速率,这时需要在通信建立时通过 H.245 与接收端进行协商,以保证接收端具备接收该速率的能力。

7.2.6　H.322

ITU-T H.322 标准是"提供保证服务质量的局域网上的可视电话系统和终端设备"的标准。H.322 终端设备的结构如图 7-11 所示。该终端设备除具有 LAN 的接口外,其他各单元均与 H.320 终端标准定义相同。

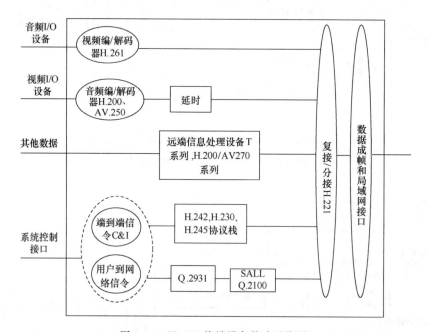

图 7-11　H.322 终端设备构成示意图

7.2.7　T.120 系列

ITU-T T.120 系列将数据和图像会议以及高层会议控制标准化,用于数据会议和会议控制。T.120 支持点对点、多点视频、数据和图像会议以及一系列复杂的、灵活的、强有力的特性,包括支持非标准应用协议。T.120 多点数据传输基于层次的 T.120 MCU,MCU 将数据路由到正确的目的地。

在早期的发展中,T.120 被称为多层协议 MLP,因为 H.221 中的数据信道 MLP 打算用来传输 T.120。

T.120 是独立于网络的,所以不同类型的终端,如 ISDN 上的 H.320 终端、包交换网络上的 H.323 终端、ATM 上的 H.310 终端、PSTN 上的 H.324 终端、语音/数据调制解调器等,都能加入同样的 T.120 会议。图 7-12 说明了 T.120 协议栈。

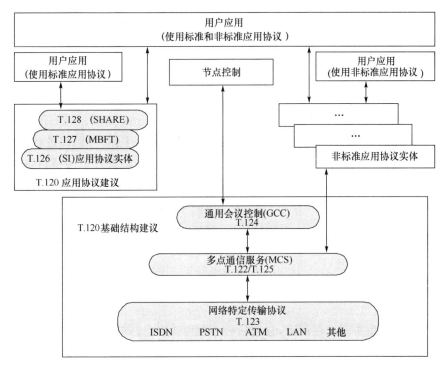

图 7-12　T.120 系统模型

T.120 系统并不直接处理音频或视频,而是依赖于传输音频和视频的 H 系列标准。T.120 穿越网络类型协调整个会议。

T.120 本身提供了整个系列的概貌,描述了组成 T.120 系列各标准的关系,并且规定与 T.120 相兼容的要求。

T.121 称为"常规应用模板",基于 T.120 应用协议提供正确使用 T.120 基础结构的过程和要求,所以不同应用能够无冲突地共存于同一会议中。

1. T.120 基础结构

T.122～T.125 标准形成 T.120 组成部分的基础结构,它既出现在 T.120 终端中,也出现在 MCU 中。

T.123 定义了一系列传输协议栈在多种网络上运行 T.120,为它上面的多点通信服务(MCS)层提供了统一的 OSI 传输层接口。T.120 要求可靠的有保证的消息传输,通常由 T.123 通过可靠的链接层使用重发错误消息来提供。

T.122 用于服务定义,T.125 用于多点通信服务(MCS)。MCS 在会议参与者间提供多个信道的一对一、一对多和多对多通信,将消息路由到合适的目的地。MCS 还提供令牌服务,使用令牌协调会议中的事件。

MCS 的一个重要特性是统一顺序的数据传输模式,这保证了从多个站点同时发送的相关数据能够在所有站点上以同样顺序接收。在一个白板协议中的消息必须对所有接收方以同样顺序进行处理,这是通过一个中央站点(最高 MCS 提供者)路由所有这样的数据来完成的。最高 MCS 提供者按统一顺序重新分配数据给所有接收者。

称为"通用会议控制"的 T.124 为建立和管理会议提供服务和过程。它控制会议中站点的增加和离开,协调 MCS 信道和令牌的使用,并且基于每个参与终端的能力保持活动和可用应用协议的登记。

2. T. 120 应用协议

在这个基础结构上定义了 T. 120 应用协议。应用只出现在终端中,T. 120 MCU 只需要支持基础结构协议。

T. 126 是"多点静止图片和注释协议"(multipoint still image and annotation protocol),1997 年 7 月通过,包括了多点静态图像传输(JPEG、JBIG)和注释,它允许进行实时共享和讨论高分辨率静态图像。一个演讲者利用 T. 126 指出图像或幻灯片中的项目,绘出图表或在白板上写注释。不同站点的多个用户能在一个普通的图画工作间中合作工作。

T. 127 是"多点二进制文件传送协议"(multipoint binary file transfer protocol),1995 年 8 月通过,提供多点二进制文件传输协议,支持在会议期间进行二进制文件分发。它用于需要在会议参与者之间共享任何类型文件的情况。

T. 128 是"多点应用共享"(multipoint application sharing),1998 年 2 月通过,提供一个 PC 应用共享协议,让两个或更多的会议参与者共同工作在一个基于计算机的设计项目上(如文档上)。

新的 T. 120 应用协议正在制定,它包括一个预留协议(允许 MCU 端口和其他会议资源预先保留起来)和 T. 130 系列音频/视频控制协议(提供会议中媒体处理管理,远程设备控制和音频视频流的路由)。

7.2.8 基于不同网络的多媒体通信终端的互通

ITU-T 的所有 H 系列标准支持双向实时音频和视频会话(在 H. 320、H. 321 和 H. 322 中音频和视频分别限制在各自的流中),同时为 T. 120 数据/图像会议和其他目的提供可选择的数据信道。这些标准的扩展支持多点会议(3 个或更多的站点加入一个会议组)、加密、远端摄像机的远程控制和广播应用。每个标准都指定了一个基本模式以保证互操作性,但是同时也允许使用标准或非标准模式,这是通过控制协议来自动协商的。

如图 7-13 所示,所有的 H 系列终端能通过合适的网关进行互操作,并且能加入多点会议。

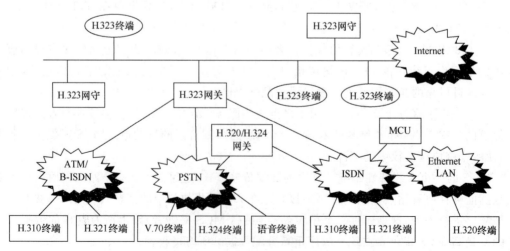

图 7-13 H 系列终端之间的互操作

7.3　基于计算机的多媒体通信终端

多媒体计算机是指能够对文本、音频和视频等多种媒体进行逻辑互连、获取、编辑、存储、处理、加工和显现的一种计算机系统,并且多媒体计算机还应具备良好的人机交互功能。在普通计算机的基础上,增加一些软件和硬件就可以把普通计算机改造为多媒体计算机。随着社会的发展和网络的普及,多媒体计算机正在进入越来越多的家庭,它的通信功能也日益显现。

1. 基于计算机的多媒体通信终端的硬件部分

在多媒体计算机系统上,增加多媒体信息处理部分、输入/输出部分以及与网络连接的通信接口等部分,就构成了基于计算机的多媒体通信终端。多媒体通信终端要求能处理速率不同的多种媒体,能和分布在网络上的其他终端保持协同工作,能灵活地完成各种媒体的输入/输出、人机接口等功能。从这个意义上可以将基于计算机的多媒体通信终端看成是多媒体计算机功能的扩展。如图 7-14 所示是基于计算机的多媒体通信终端组成框图,它主要包括主机系统和多媒体通信子系统两个部分。

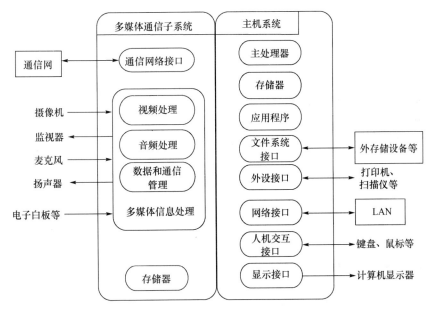

图 7-14　基于计算机的多媒体通信终端

主机系统是一台计算机,包括主处理器、存储器、应用程序、文件系统接口、外设接口、网络接口、人机交互接口和显示接口等。

多媒体通信子系统主要包括通信网络接口、多媒体信息处理和存储器等部分。其中,多媒体信息处理包括:视频的 A/D、D/A、压缩、编解码,音频的 A/D、D/A、压缩、编解码,各种多媒体信息的成帧处理以及通信的建立、保持、管理等。用这样的终端设备可作为实现视频、音频、文本的通信终端,例如,进行不同的配置就可实现可视电话、会议电视、可视图文、Internet 等终端的功能。

2. 基于计算机的多媒体通信终端的软件平台

多媒体通信终端不仅需要强有力的硬件的支持,还要有相应的软件支持。只有在这两者充分结合的基础上,才能有效地发挥出终端的各种多媒体功能。多媒体软件必须运行于多媒体操作系统之上,才能发挥其多媒体功效。多媒体软件综合了利用计算机处理各种媒体的新技术(如数据压缩、数据采样等),能灵活地运用多媒体数据,使各种媒体硬件协调地工作,使多媒体系统形象逼真地传播和处理信息。多媒体软件的主要功能是让用户有效地组织和运转多媒体数据。多媒体软件大致可分成 4 类。

(1)支持多媒体的操作系统

操作系统是计算机的核心,它控制计算机的硬件和其他软件的协调运行,管理计算机的资源。因此,它在众多的软件中占有特殊重要的地位,它是最基本的系统软件。所有其他系统软件都是建立在操作系统的基础上的。

操作系统有两大功能。首先是通过资源管理提高计算机系统的效率,即通过 CPU 管理、存储管理、设备管理和档案管理,对各种资源进行合理的调度与分配,改善资源的共享和利用状况,最大限度地发挥计算机的效率。其次,改善人-机接口向用户提供友好的工作环境。操作系统是用户与计算机之间的接口。窗口系统是图形用户接口的主体和基础。窗口系统是控制位映像、色彩、字体、游标、图形资源及输入设备。

为多媒体而设计的操作系统,要求具备易于扩充、数据存取与格式无关、面向对象的结构、同步数据流、用户接口直观等特点。这是在操作系统的层次上支持和增设的多媒体功能。

(2)多媒体数据准备软件

多媒体数据准备软件主要包括以下几个部分: 数字化声音的录制软件;录制、编辑 MI-DI 文件的软件;从视频源中获得图像的软件;录制、编辑全动视频片段的软件等。

(3)多媒体编辑软件

多媒体编辑软件又称为多媒体创作工具,它的主要作用是支持应用开发者从事创作多媒体应用软件。一套实用的多媒体编辑软件,应具备以下功能。

- 编程环境。提供编排各种媒体数据的环境,能对媒体元素进行基本的信息控制操作,包括循环分支、变量等价及计算机管理等。此外,还具有一定的处理、定时、动态文件输入/输出等功能。

- 媒体元素间动态触发。所谓动态触发,是指用一个静态媒体元素(如文字图表、图标甚至屏幕上定义的某一区域)去启动一个动作或跳转到一个相关的数据单元。在跳转时用户应能设置空间标记,以便返回到起跳点。多媒体应用经常要用到原有的各种媒体的数据或引入新的媒体,这就要求多媒体编辑软件具有输入和处理各种媒体数据的能力。

- 动画。能通过程序控制来移动媒体元素(位图、文字等),能制作和播放动画。制作或播放动画时,应能通过程序调节物体的清晰度、速度及运动方向。此外,还应具有图形、路径编辑,各种动画过渡特技(如淡入淡出、渐隐渐现、滑入滑出、透视分层等)等能力。

- 应用程序间的动态连接。能够把外面的应用控制程序与用户自己创作的软件连接,能由一个多媒体应用程序激发另一个应用程序,为其加载数据文件,然后返回第一个应用程序。更高的要求是能进行程序间通信的热连接(如动态数据交换),或另一对象的连接嵌入。

- 制作片段的模块化和面向对象化。多媒体编辑软件应能让用户编成的独立片段模块化,甚至目标化,使其能"封装"和"继承",使用户能在需要时独立取用。
- 良好的扩充性:多媒体编辑软件能兼顾尽可能多的标准,具有尽可能大的兼容性和扩充性。此外,性能价格比较高。
- 设计合理,容易使用。应随附有详细的文档材料,这些材料应描述编程方法,媒体输入过程,应用示例及完整的功能检索。

由上述可见,多媒体编辑软件的基本思想是将程序的"底层"操作模块化。总之,多媒体编辑软件应操作简便、易于修改、布局合理。

(4)多媒体应用软件

多媒体通信的应用软件是将多媒体信息最终与人联系起来的桥梁,多媒体应用范围极广,包括教育、出版、娱乐、咨询及演示等许多方面。多媒体应用软件的开发,不仅需要掌握现代软件技术,而且需要有很好的创意,需要技术和文化、艺术巧妙结合,才能真正发挥多媒体技术的魅力,达到一种新的意境和效果,可以说,多媒体应用是一个高度综合的信息服务领域。

本章小结

本章在对多媒体通信终端进行概述的基础上,重点讲解了多媒体通信终端与传统终端的不同及其关键技术;详细讨论了基于特定网络的多媒体通信终端及相关协议标准等;最后对基于计算机的多媒体通信终端也进行了介绍。多媒体终端是多媒体通信系统的一个重要组成部分,用户通过使用多媒体通信终端而和系统中的其他终端进行通信沟通,通过本章的学习使读者对多媒体通信中的终端技术有一个较为深入的了解。随着电子技术、数据压缩技术不断地发展,必将出现更多更先进的终端技术和终端种类。

思考练习题

1. 简述多媒体通信终端的组成及其各部分功能。
2. 简要分析多媒体通信终端所涉及的几个关键技术。
3. 画图说明基于 IP 网络的 H.323 协议的多媒体通信终端的构成及各自的功能。
4. 说明 SIP 协议的工作原理。
5. 基于不同网络的多媒体通信终如何互通?
6. 简要说明基于计算机的多媒体通信终端的软件平台的分类。

第8章

流媒体技术

流媒体技术是多媒体和网络领域的交叉学科,多媒体技术使 PC 能够将声音、视频、文字等多种信息整合成多媒体信息,并实现方便的交互,从而给人们的工作和娱乐带来丰富多彩的变化,只是这些多媒体信息的数据量比传统的文本文件要大得多。当人们不再满足只在单机上才能看到丰富的声、文、图等多媒体信息,而是希望能从网络中获得多媒体信息的时候,网络的数据传输压力大大增加,因为即使下载一个很短时间的音视频文件也需要用户等待很长的时间。形成这种等待的主要原因是多媒体文件需要从服务器上全部下载到客户端后才能播放。为了解决这个问题,流媒体技术应运而生。

8.1　流媒体概述

8.1.1　流媒体的定义

目前尚没有一个关于流媒体的公认定义。一般来说,流媒体(Streaming Media)是指在 Internet/Intranet 中使用流式技术进行传输的连续时基媒体,如音视频等多媒体内容。其中"流式"(Streaming)技术是指在媒体传输过程中,服务器将多媒体文件压缩解析成多个压缩包后放在 IP 网上按顺序传输,客户端(通常是指 PC)则开辟一块一定大小的缓冲区(计算机内存中用于临时存放数据的存储块)来接收压缩包,缓冲区被充满只需几秒钟或数十秒钟的时间,之后客户就可以解压缩缓冲区中的数据并开始播放其中的内容,客户在消耗掉缓冲区内数据的同时,下载后续的压缩包到空出的缓冲区空间中,从而实现了边下载边播放的流式传输。可见流式传输是流媒体实现的关键技术。

与传统媒体的媒体技术相比,流媒体具有如下特点。

① 流媒体是实时的,当用户下载媒体文件时,不需要像传统的播放技术那样将整个文件都下载下来之后再播放,而是边下载边播放,从而不仅节省了用户端的缓冲区容量,还大大减少了用户的等待时间。

② 流媒体数据在播放后即被丢弃,不会存储在用户的计算机上,便于流媒体文件的版权保护。

③ 流媒体的服务器支持用户端对流媒体进行 VCR(录像机)操作控制,即用户可以像使用家用录像机一样对流媒体进行播放、暂停、快进、快退、停止等操作。

8.1.2　流媒体通信原理

由于目前的网络带宽还不能完全满足巨大的 A/V、3D 等多媒体数据流量的要求,所以在流媒体通信技术中,首先应对 A/V、3D 等多媒体文件数据进行预处理后才能进行流式传输。它主要包括降低质量和采用先进、高效的压缩算法两个方面。其次,与下载方式相比,尽管流式传输大大降低了对系统缓存容量的要求,但它的实现仍需要缓存,这是因为 Internet 是以包传输为基础进行断续地异步传输的。数据在传输中要被分解为许多包,但网络又是动态变化的,各个包选择的路有可能不尽相同,故到达用户计算机的时间延迟也就不同。所以,使用缓存系统来弥补延时和抖动的影响,并保证数据包传输顺序的正确,使媒体数据能连续输出,不会因网络暂时拥堵而出现播放停顿。在整个的传输和控制过程中,必须采用一定的网络协议来实现流式传输,为用户提供可靠服务质量保证。

媒体流传输过程如图 8-1 所示。用户(Web 浏览器)通过 HTTP/TCP 与 Web 服务器(Web Server)交换信息,获取流媒体服务清单,根据获得的流媒体服务清单向媒体服务器(A/V Server)请求相关服务;然后客户机的 Web 浏览器启动相应的媒体播放器(A/V Player),通过 RTP/UDP 从媒体服务器中获取流媒体数据,实时播放。在播放过程中,客户机的媒体播放器需要实时通过 RTCP/UDP 与媒体服务器交换控制信息,媒体服务器根据客户机反馈的流媒体接收情况智能调整向客户机传送的媒体数据流,从而在客户端达到最优的接收效果。

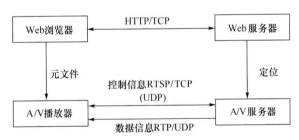

图 8-1　流式传输基本原理

实现流式传输有两种方法:实时流式(Realtime Streaming)传输和顺序流式(Progressive Streaming)传输。一般说来,如果视频为实时广播,或使用流式传输媒体服务器,或应用如 RTSP 的实时协议,则流式传输为实时流式传输。如果使用 HTTP 服务器,文件即通过顺序流发送,这种传输方式就称为顺序流式传输。流式文件在播放前可完全下载到硬盘上。

1. 顺序流式传输

顺序流式传输是顺序下载,在下载文件的同时用户可观看在线媒体,在给定时刻,用户只能观看已下载的那部分,而不能跳到还未下载的后续部分。顺序流式传输不像实时流式传输那样,可在传输期间根据用户连接的速度做调整。由于标准的 HTTP 服务器可发送这种形式的文件,因而不需要其他特殊协议,它经常被称为 HTTP 流式传输。顺序流式传输比较适合高质量的短片段,如片头、片尾和广告,由于该文件在播放前观看的部分是无损下载的,这种方法保证电影播放的最终质量。这意味着用户在观看前必须经历延迟,对较慢的连接尤其如此。

顺序流式文件是放在标准 HTTP 或 FTP 服务器上的,这种文件易于管理,基本上与防火墙无关。顺序流式传输不适合长片段和有随机访问要求的视频,如讲座、演说与演示。它也不支持现场广播,严格说来,它是一种点播技术。

2. 实时流式传输

实时流式传输保证媒体信号带宽与网络连接匹配,使媒体可被实时观看到。实时流式传输与 HTTP 流式传输不同,它需要专用的流媒体服务器与传输协议。实时流式传输总是实时传送,特别适合现场事件,也支持随机访问,用户可快进或后退以观看前面或后面的内容。理论上,实时流一经播放就不可停止,但实际上可能发生周期性暂停现象。

实时流式传输必须匹配连接带宽,这意味着在以调制解调器速度连接时图像质量较差,而且,由于出错丢失的信息被忽略掉,网络拥挤或出现问题时视频质量很差。如欲保证视频质量,采用顺序流式传输也许更好。实时流式传输需要特定服务器,如 QuickTime Streaming Server、RealServer 与 Windows Media Server。这些服务器允许对媒体发送进行更多级别的控制,因而系统设置、管理比标准 HTTP 服务器更复杂。实时流式传输还需要特殊网络协议,如 RTSP (Realtime Streaming Protocol)或 MMS (Microsoft Media Server)。这些协议在有防火墙时有时会出现问题,导致用户不能看到一些地点的实时内容。

8.1.3 流媒体实现原理

流媒体实现原理简单地说就是首先通过采用高效的压缩算法,在降低文件大小的同时伴随质量的损失,让原有的庞大的多媒体数据适合流式传输,然后通过架设流媒体服务器,修改 MIME 标识。通过各种实时协议传输流数据。

按照内容提交的方式,流媒体可以分为两种:实况流媒体广播(即 Web 广播)和由用户按需访问的存档的视频和音频。不论是哪一种类型的流媒体,其实现从摄制原始镜头到媒体内容的回放都要经过一定的过程。下面以 RealMedia 为例来说明流媒体的制作、传输和使用的过程:

- 采用视频捕获装置对事件进行录制;
- 对获取的内容进行编辑,然后利用视频编辑硬件和软件对它进行数字化处理;
- 经数字化的视频和音频内容被编码为流媒体(. rm)格式;
- 媒体文件或实况数据流被保存在安装了流媒体服务器软件的宿主计算机上;
- 用户点击网页请求视频流或访问流内容的数据库;
- 宿主服务器通过网络向最终用户提交数字化内容;
- 最终用户利用桌面或移动终端上的显示媒体内容的播放程序(如 Realplayer)进行回放和观看。

8.2 流媒体传输协议

流媒体采用流式传输方式在网络服务器与客户端之间进行传输。流式传输的实现需要合适的传输协议。因特网工程任务组(Internet Engineering Task Force,IETF)制定的很多协议可用于实现流媒体技术。

8.2.1　RTP/RTCP

实时传输协议(Real-time Transport Protocol,RTP)是针对 Internet 上多媒体数据流的一个传输协议,由 IETF 作为 RFC1889 发布。RTP 被定义为在一对一或一对多的传输情况下工作,其目的是为交互式音频、视频等具有实时特征的数据提供端到端的传送服务、时间信息以及实现流同步。RTP 的典型应用建立在 UDP 上,但也可以在 TCP 或 ATM 等其他协议之上工作。RTP 本身只保证实时数据的传输,并不能为按顺序传送数据包提供可靠的传送机制,也不提供流量控制或拥塞控制,必须由下层网络来保证。

RTP 的功能如下。

- 分组。RTP 协议把来自上层的长的数据包分解成长度合适的 RTP 数据包。
- 复接和分接。RTP 复接由定义 RTP 连接的目的传输地址(网络地址＋端口号)提供。例如,对音频和视频单独编码的远程会议,每种媒介被携带在单独的 RTP 连接中,具有各自的目的传输地址。目标不再将音频和视频放在单一 RTP 连接中,而根据同步源标识(SSRC Synchronization Source Identifier)、段载荷类型(PT)进行多路分接。
- 媒体同步。RTP 协议通过 RTP 包头的时间戳来实现源端和目的端的媒体同步。
- 差错检测。RTP 协议通过 RTP 包头数据包的顺序号可检测包丢失的情况;也可通过底层协议如 UDP 提供的包校验和检测包差错。

实时传输协议(RTP)的报文由报头和净负荷两部分组成,其格式如图 8-2 所示。

0	2	3	4	8	16	24	31
V	P	X	CC	M	(PT)载荷类型	序号(SN)	
时间戳(TIMESTAMP)							
同步源标识符(SSRC)							
提供源标识清单(CSRC)(1~15 项)							
用户数据							

图 8-2　实时传输协议报文结构

RTP 报头为固定长度,共 12 字节,包含的主要字段如下所示。

- V(版本):2 bit,标识 RTP 的版本号,此处为 2。
- P(填充):1 bit,标识 RTP 报文是否在报文末尾有填充字节,至于填充了多少字节则由填充字节中的最后一个字节指示。填充的目的是一些加密算法可能需要固定字节的报文。
- X(扩展):1 bit,标识该 RTP 包头之后是否还有一个包头的扩展,此时 RTP 包头被修改。
- CC(CSRC 计数):4 bit,标识在该 RTP 包头之后的 CSRC 标识符的数量,表示该同步流是由几个提供源组合而成的。
- M(标记位):1 bit,标识连续码流中的某些特殊事件,例如帧的边界等。至于标记的具体解释则在轮廓文件中定义。
- PT(负荷类型):7 bit,标识 RTP 净负荷的数据格式。接收端可以据此解释并播放

RTP 数据。

- Sequence Number(序列号)：16 bit,每发送一个 RTP 报文,该序号值加 1,可以被接收端用来检测报文丢失,并将接收到的报文排序。
- Time Stamp(时间戳)：32 bit,用于标识发送端用户数据的第一个字节的采样时刻。如果有多个 RTP 报文逻辑上同时产生,例如它们都属于同一视频帧,则这几个 RTP 报文的时间戳是相同的。时间戳是实时应用的重要信息。
- SSRC(同步源标识)：32 bit,标识一个同步源,该标识符值通过某种算法随机产生,在同一 RTP 会话中,不可能有两个同步源有相同的 SSRC 标识符。
- CSRC(提供源标识列表),列表中最多可以列出 15 个提供源的标识,具体数目则由上面的 CC 字段给出。每一项标识的长度为 32 bit。如果提供源的数量大于 15,也只列出 15 个提供源。该项由混合器插入到报头中。

RTP 协议包含两个密切相关的部分,即负责传送具有实时特征的多媒体数据的 RTP 和负责反馈控制、监测 QoS 和传递相关信息的 RTCP(Real-time Transport Control Protocol)。在 RTP 数据包的头部中包含了一些重要的字段使接收端能够对收到的数据包恢复发送时的定时关系和进行正确的排序以及统计包丢失率等。RTCP 是 RTP 的控制协议,它周期性地与所有会话的参与者进行通信,并采用和传送数据包相同的机制来发送控制包。

实时传输控制协议 RTCP(Realtime Transport Control Protocol)：负责管理传输质量在当前应用进程之间交换控制信息。在 RTP 会话期间,各参与者周期性地传送 RTCP 包,包中含有已发送的数据包的数量、丢失的数据包的数量等统计资料,因此,服务器可以利用这些信息动态地改变传输速率,甚至改变有效载荷类型。RTP 和 RTCP 配合使用,能以有效的反馈和最小的开销使传输效率最佳化,故特别适合传送网上的实时数据。

RTCP 主要有 4 个功能：

- 用反馈信息的方法来提供分配数据的传送质量,这种反馈可以用来进行流量的拥塞控制,也可以用来监视网络和用来诊断网络中的问题;
- 为 RTP 源提供一个永久性的 CNAME(规范性名字)的传送层标志,因为在发现冲突或者程序更新重启时 SSRC(同步源标识)会变,需要一个运作痕迹,在一组相关的会话中接收方也要用 CNAME 来从一个指定的与会者得到相联系的数据流(如音频和视频);
- 根据与会者的数量来调整 RTCP 包的发送率;
- 传送会话控制信息,如何在用户接口显示与会者的标识,这是可选功能。

RTP/RTCP 工作过程为：工作时,RTP 协议从上层接收流媒体信息码流(如 H.263),装配成 RTP 数据包发送给下层,下层协议提供 RTP 和 RTCP 的分流。如在 UDP 中,RTP 使用一个偶数号端口,则相应的 RTCP 使用其后的奇数号端口。RTP 数据包没有长度限制,它的最大包长只受下层协议的限制。

RTCP 的控制报文主要有以下几种类型：

- SR(Sender Report),发送者报告;
- R(Receiver report),接收者报告;
- SDES(Source description items),源描述项;
- BYE(Indicates end of participation),再见;

- PP(Application specific functions),应用特定功能。

8.2.2　RSVP

IETF 的资源预留协议 RSVP(Resource Reservation Protocol)是网络中预留所需资源的传送通道建立和控制的信令协议,它能根据业务数据的 QoS 要求和带宽资源管理策略进行带宽资源分配,在 IP 网上提供一条完整的路径。通过预留网络资源建立从发送端到接收端的路径,使得 IP 网络能提供接近于电路交换质量的业务。它既利用了面向无连接网络的多种业务承载能力,又提供了接近面向连接网络的质量保证。但是 RSVP 没有提供多媒体数据的传输能力,它必须配合其他实时传输协议来完成多媒体通信服务。

RSVP 能够支持多种消息类型,其中最重要的两个消息是 Path 和 Resv。

RSVP 路径 Path 消息是由发送端主机经路由器逐跳地(hop-by-hop)向下游传送给接收端,其目的是指示数据流的正确路径,以便稍后由 Resv 消息在沿途预留资源。在 Path 消息中包含以下重要内容。

- 上一个发送此 Path 消息的网络节点的 IP 地址。
- 发送模板(Sender-Template),定义了发送端将要发送的数据分组的格式,因为一个单播数据流可能有多个发送房,要想从同一个链路上的同一会话的其他分组中区分这个发送端的分组就要用到这个发送端的模板,如这个发送端 IP 地址和端口号。
- 发送流量说明(Sender-Tspec),指明了发送端将产生的数据流的流量特征,以防止下一步预约过程中的过量预约,从而导致不必要的预约失败。

RSVP 资源请求(Resv)消息是由发送端主机向上由传送给发送端,这些消息严格地按照 Path 消息的反向路径上传送到所有的发送端主机,其目的是根据 Path 消息指定的路径,逆向在沿途的每个节点处预留资源,同一数据流中的不同分组请求预留的资源(QoS)可以不同。在(Resv)消息中包含以下重要内容。

- 流规范(Flow spec),用于描述一个请求的 QoS,即描述请求预留的资源,例如带宽为 1 Mbit/s,端到端的延迟为 10 ms 等。
- 过滤器规范(Filter-Spec),是指能够使用上述预留资源的数据流中的某一组数据分组。此处的预留资源是由 Flow spec 来描述的。

RSVP 协议的工作过程如图 8-3 所示。

图 8-3　RSVP 协议工作过程

发送端主机发出 Path 消息,路由器根据路由选择协议,例如 OSPF、DVMRP 选择路由转发此消息。沿途每一个接收到该(Path)消息的节点,都会建立一个"Path 状态",保存在每一个节点中。在"Path 状态"信息中至少包括前一跳节点的单播 IP 地址,Resv 消息就是根据这个前一跳地址来确定反向路由的方向。

接收端主机负责向发送端发出 Resv 消息,Resv 消息依据先前记录在网络节点中的

"Path 状态"信息,沿着与 Path 消息相反的路径传向发送端。在沿途的每一个节点处依照 Resv 消息所包含的资源预留的描述 Flowspec 和 Filter-Spec,生成"Resv 状态",各个节点根据这个"Resv 状态"信息,预留出所要求的资源。

发送端的数据沿着已经建立资源预留的路径传向接收端。

在 RSVP 协议的工作过程中,保证了一个数据流的 QoS,其资源预留的实现在网络节点内部是由称为"业务控制"的机制来完成的,这些机制如图 8-4 所示,主要包括以下几个模块:接入控制模块、策略控制模块、分组类别模块、分组调度模块和 RSVP 处理模块。其中接入控制模块用来确定某个节点是否有足够的可用资源来提供请求的 QoS。策略控制模块用来确定接收端用户是否拥有进行资源预留的所有权。

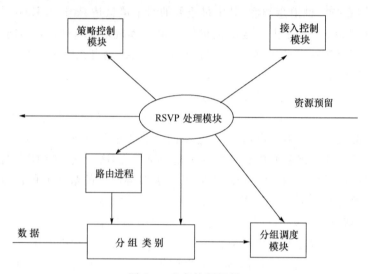

图 8-4 业务控制机制

在预留建立期间,RSVP 处理模块将接收端发来的一个 RSVP QoS 请求——Resv 消息传递给接入控制模块和策略控制模块。如果其中任何一个控制模块测试失败,预留请求都被拒绝,此时 RSVP 处理模块将一个错误的消息返回给接收端。只有两个测试模块都测试成功,节点才会进一步处理,分别依据 RSVP 消息中的 Flowspec 和 Filter-Spec 设置分组类别模块和分组调度模块中的参数,以满足所需的 QoS 请求。

预留资源后便可进行数据传输,当数据传输到该节点后,分组类别模块确定每一个数据分组的 QoS 等级,将具有不同 QoS 等级的数据分组进行分类。然后把它们送到分组调度模块中按照不同的 QoS 等级进行排队,再通过接口发送出去。

综上所述,RSVP 协议具有如下特点。

- RSVP 是单工的,仅为单向数据流请求资源,因此 RSVP 的发端和收端在逻辑上被认为是截然不同的。
- RSVP 协议是面向接受者的,即一个数据流的接收端初始化资源预留。
- RSVP 不是一个路由选择协议,但是依赖于路由选择协议,路由选择协议决定的是分组向何处转发,而 RSVP 仅关心这些分组的 QoS。
- RSVP 对不支持 RSVP 协议的路由器提供透明的操作。
- RSVP 既支持 IPv4,也支持 IPv6。

8.2.3　RTSP

实时流协议(RTSP)是用于控制具有实时特征数据传输的应用层协议。它提供了一个可扩展的框架以控制、按需传送实时数据,如音频、视频等,数据源既可以是实况数据产生装置,也可以是预先保存的媒体文件。该协议致力于控制多个数据传送会话,提供了一种在UDP、组播 UDP 和 TCP 等传输通道之间进行选择的方法,也为选择基于 RTP 的传输机制提供了方法。

RTSP 可建立和控制一个或多个音频和视频连续媒体的时间同步流。虽然在可能的情况下,它会将控制流插入连续媒体流,但它本身并不发送连续媒体流。因此,RTSP 用于通过网络对媒体服务器进行远程控制。尽管 RTSP 和 HTTP 有很多类似之处,但不同于HTTP,RTSP 服务器维护会话的状态信息,从而通过 RTSP 的状态参数可对连续媒体流的回放进行控制(如暂停等)。

8.2.4　MIME

用因特网邮件扩展(Multipurpose Internet Mail Extensions,MIME)是 SMTP 的扩展,不仅用于电子邮件,还能用来标记在 Internet 上传输的任何文件类型。通过它,Web 服务器和 Web 浏览器才可以识别流媒体并进行相应的处理。Web 服务器和 Web 浏览器都是基于 HTTP 协议,而 HTTP 内建有 MIME。HTTP 正是通过 MIME 标记 Web 上繁多的多媒体文件格式。为了能处理一种特定文件格式,需对 Web 服务器和 Web 浏览器都进行MIME 类型设置。对于标准的 MIME 类型,如文本和 JPEG 图像,Web 服务器浏览器提供内建支持;但对 Real 等非标准的流媒体文件格式,则需设置 audio/x-pn-real audio 等 MIME 类型。浏览器通过 MIME 来识别流媒体的类型,并调用相应的程序或 Plug-in(插件)来处理。在IE 和 Netscape 这两个最常用的浏览器中,都提供了很多的内建流媒体支持。

8.3　流媒体系统的构成及开发平台简介

8.3.1　流媒体系统的基本构成

一般而言,流媒体系统大致包括:媒体内容制作、媒体内容管理、用户管理、视频服务器和客户端播放系统。媒体内容制作包括媒体采集与编码。媒体内容管理主要完成媒体存储、查询及节目管理、创建和发布。用户管理涉及用户的登记、授权、计费和认证。视频服务器管理媒体内容的播放。客户端播放系统主要负责在用户端的 PC 上呈现比特流的内容。系统结构如图 8-5 所示。

当一个网站提供流媒体服务时,首先需要使用媒体内容制作模块中的转档/转码工具,将一般的多媒体文件进行高品质压缩并转成适合网络上传输的流媒体文件,再将转好的文件传送到视频服务器端发送出去;用户通过客户端向流媒体系统发送请求,经用户管理模块认证后,媒体内容管理模块控制视频服务器向该用户发送相应的流媒体内容,最后由客户端播放软件进行播放。对范围广、用户多的播放,常常利用多服务器协作,协同完成播放。

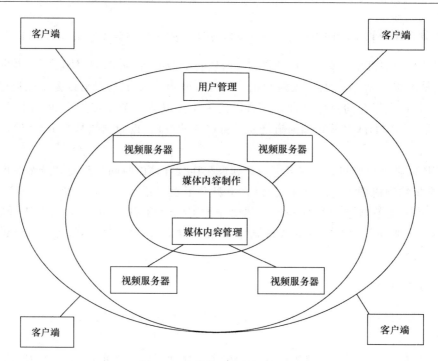

图 8-5　流媒体系统结构示意图

1. 媒体内容制作

媒体内容制作模块可进行 Stream 的制作与生成。它包括了从独立的视频、声音、图片、文字组合到制作丰富的流媒体的一系列的工具,这些工具产生的 Stream 文件可以存储为固定的格式,供发布服务器使用。它还可以利用视频采集设备,实时向媒体服务器提供各种视频流,提供实时的多媒体信息的发布服务。

转档/转码软件:可将普通格式的音频、视频或动画媒体文件通过压缩转换为流服务器进行流式传输的流格式文件,它是最基本的制作软件,实际也就是一个编码器(Encoders)。常见的软件有 Real Producer、Windows Media Encoder。

流媒体编辑软件:对流媒体文件进行编辑,常与转档/转码软件捆绑在一起。

合成软件:利用合成软件,可以将各类图片、声音、文字、视频、幻灯片或网页同步,并合成为一个流媒体文件。常见的软件有 RealSlidshow、RealPresenter、Windows Media Author 等。

编程软件:流媒体系统提供的 SDK 可使开发者对系统进行二次开发。利用 SDK,开发者通常可以开发流式传输的新数据类型,创建客户端应用,自定义流媒体系统。

2. 媒体内容管理

媒体内容管理包括流媒体文件的存储、查询及节目管理、创建和发布。节目不多时可使用文件系统,当节目量大时,就必须使用数据库管理系统。

• 视频业务管理媒体发布系统

视频业务管理媒体发布系统包括广播和点播的管理,节目管理,创建、发布及计费认证服务,提供定时按需录制、直播、传送节目的解决方案,管理用户访问及多服务器系统负载均衡调度的服务。

- 媒体存储系统

由于要存储大容量的影视资料,因此媒体存储系统必须配备大容量的磁盘阵列,具有高性能的数据读写能力,访问共享数据,高速传输外界请求数据,并具有高度的可扩展性、兼容性,支持标准的接口。这种系统配置能满足上千小时的视频数据的存储,实现大量片源的海量存储。

- 媒体内容自动索引检索系统

媒体内容自动索引检索系统能对媒体源进行标记,捕捉音频和视频文件并建立索引,建立高分辨率媒体的低分辨率代理文件,从而可以用于检索、视频节目的审查、基于媒体片段的自动发布,形成一套强大的数字媒体管理发布应用系统。

索引和编码:允许同时索引和编码,使用先进的技术实时处理视频信号,而且可以根据内容自动地建立一个视频数据库(或索引)。

媒体分析软件:可以实时地根据屏幕的文本来识别。实时语音识别可以用来鉴别口述单词、说话者的名字和声音类型,而且还可以感知出屏幕图像的变化,并把收到的信息归类成一个视频数据库。媒体分析软件还可以感知到视觉内容的变化,可以智能化地把这些视频分解成片段并产生一系列可以浏览的关键帧图像,也可以从视频信号中识别出标题文字或是语音文本,同时可以识别出视频中的人像。通过声音识别,该软件可以将声音信号中的话语、说话者的姓名、声音类型转换成可编辑的文本。用户使用这些信息索引还可以搜索想要的视频片段。使用一个标准的 Web 浏览器可以检索视频片段。

3. 用户管理

用户管理主要进行用户的登记、授权、计费和认证。对商业应用来说,用户管理功能至关重要。

用户身份验证:可以限制非法用户使用系统,只有合法用户才能访问系统。通常可根据不同的用户身份,提供对系统不同的访问控制功能。

计费系统:根据用户访问的内容或时间进行相应的费用统计。

媒体数字版权加密系统(DRM):这是在互联网上以一种安全方式进行媒体内容加密的端到端的解决方案,它允许内容提供商在其发布的媒体或节目中对指定的时间段、观看次数及其内容进行加密和保护。

服务器能鉴别和保护需要保护的内容,DRM 认证服务器支持媒体灵活的访问权限(时间限制、区间限制、播放次数和各种组合),支持其他具有完整商业模型的 DRM 系统集成。包括订金、VOD、出租、所有权、BtoB 的多级内容分发版权管理领域等,是运营商保护内容和依靠内容赢利的关键技术保障。

4. 视频服务器

视频服务器是网络视频的核心,直接决定着流媒体系统的总体性能。为了能同时响应多个用户的服务要求,视频服务器一般采用时间片调度算法。视频服务器的主要功能有以下 3 个。(1)响应客户的请求,把媒体数据传送给客户。流媒体服务器在流媒体传送期间必须与客户的播放器保持双向通信(这种通信是必需的,因为客户可能随时暂停或快放一个文件)。(2)响应广播的同时能够及时处理新接收的实时广播数据,并将其编码。(3)可提供其他额外功能,如数字权限管理(DRM)、插播广告、分割或镜像其他服务器的流、组播。视频服务器为了能够适应实时、连续稳定的视频流,其存储量要大,数据率要高,并应具备以上多种功能,以确保用户请求在系统资源下的有效服务。存储设备多采用 SCSI 接口,以确保高速、并行、多重 I/O 总线的能力。基于 ATM 的 VOD 系统,采用的视频服务器是以多路径自选路由选择开关(Multi Path Self-Routing,MPSR)为中心的宽带视频服务器。这种结构的服务器可提供即时交互式视频点播(Interactive VOD with Instaneous Access,IVOD-I)和延时交互式视频点播(Interactive VOD with Delayed Access,IVOD-D)两种服务方式。在大量用户同时点播时,服务器的传输速率很高,同时要求其他相关设备也能支持这种高传输速率是很难实现的。为此,可以在网络边缘(如 ATM 网络前端开关处)设置视频缓冲池,把点播率高的节目复制到缓冲池中,使部分用户只需访问缓冲池即可,若缓冲池中没有要点播的节目,可再去访问服务器,这减轻了服务器的负担,并可以随着用户增加而增加缓冲池。装载缓冲池可用 150 Mbit/s 速率,而从缓冲池中向用户传送节目是用 2 Mbit/s 速率,从而使一个服务器可支持多个用户。

在实际应用中,用户数量通常较大,且分布不均匀。这样,一个服务器或多个服务器的简单叠加常常不能满足需求。流媒体系统通常支持多服务器协同工作,服务器之间能自动进行负载均衡,从而使系统能以较好的性能为更多的用户服务。目前常用的服务器软件有 RealServer、Windows Media Server 等。

5. 客户端系统

流媒体客户端系统支持实时音频和视频直播和点播,可以嵌入到流行的浏览器中,可播放多种流行的媒体格式,支持流媒体中的多种媒体形式,如文本、图片、Web 页面、音频和视频等集成表现形式。在带宽充裕时,流式媒体播放器可以自动侦测视频服务器的连接状态,选用更适合的视频,以获得更好的效果。目前应用最多的播放器有 RealNetworks 公司的 RealPlayer、Microsoft 公司的 Media Player 和 Apple 公司的 QuickTime 这三种产品。

8.3.2 流媒体开发平台简介

目前市场上主流的流媒体技术有 3 种:RealNetworks 公司的 RealMedia、Microsoft 公司的 Windows Media 和 Apple 公司的 QuickTime。这 3 家都有各自的流媒体格式、编解码算法和传输控制协议等。

1. RealMedia 流媒体

RealNetworks 公司于 20 世纪 90 年代中期最早推出了流媒体技术——RealMedia,在 Internet 上被公认为流媒体传输技术的先驱者。随着 Internet 的飞速发展,RealNetworks 公司拥有目前最多的用户,其用户数量已经超过 20 亿。

由 RealMedia 技术构成的系统 RealSystem 如图 8-6 所示,该系统由 3 部分组成:媒体内容制作工具 RealProducer、媒体服务器 RealServer 和客户端播放器 RealPlayer。

RealProducer 实际是一个编码器,它的作用是将其他格式的音视频等多媒体文件或实时的现场信号转换成 RealSystem 使用的 Real 格式文件(* . rm 等)传送给 RealServer,RealServer 将 RealProducer 制作好的流媒体内容通过 IP 网传送给用户,用户端则通过安装好的 RealPlayer 播放器提出请求,并对传送来的媒体节目进行播放。Real 格式文件有多种,表 8-1 示出了其中的几种。

RealSystem 的编解码采用自己开发的 codec,其中包含很多先进的设计,如 SVT(Scalable Video Technology,可扩展视频技术)、Two-pass Encoding(两次编码技术)。SVT 技术是其主要视频编解码技术,采用了基于小波变换的 Real 专用算法。当用户的连接速率低于编码的速率时,服务器端通过丢弃不重要的增强信息,来自动调整媒体的播放质量。Two-pass Encoding 技术类似于可变比特率编码(VBR),它可以通过预先扫描整个媒体内容,再根据扫描结果选择最优化的压缩编码从而提高编码质量。RealSystem 的音频部分采用了 RealAudio 编码技术,在低带宽环境中传输时具有非常突出的优良性能。

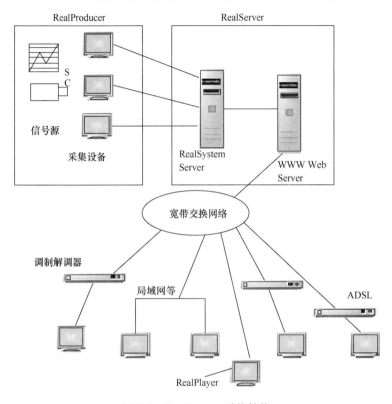

图 8-6　RealSystem 系统结构

表 8-1　Real 格式文件类型

文件类型(后缀)	文件内容	文件类型(后缀)	文件内容
RealMovie(＊.rm)	音视频流	RealText(＊.rt)	文本流
RealAudio(＊.ra)	音频流	RealPix(＊.rp)	图片流
RealVideo(＊.rv)	视频流	RealFlash(＊.rf)	RealNetworks 公司与 Macromedia 公司合作推出的高压缩比的动画格式流

　　为了提高流传输的质量,RealNetworks 采用了 SureStream 自适应流技术,该技术是 RealNetworks 公司最具有代表性的技术。先确立一个编码框架,编码器可以对同一多媒体数据按多种压缩比率进行编码,对应生成多种传输速率的数据流以适应不同网络带宽的需求,这些多个数据流集成在一个多媒体节目中。当播放器连接到一个能提供这种节目的媒体服务器时,服务器根据该播放器的连接速度,提供与之匹配的数据流。当播放器的网络带宽下降导致丢包时,服务器就会转向发送更低速率的数据流;而当播放器的连接速度又上升后,服务器又会自动转向提供更高速率的数据流。这中间的转变过程是瞬时完成的,用户不会感觉到中断或有间隔。

RealMedia 发展到现在,各个产品的版本不断升级,产品的功能也在不断壮大。例如,播放器已升级为 RealOne plus,并且播放器已不再是单纯的播放器,而是将播放器、曲库管理、浏览器功能集于一身,RealProducer 已升级到 RealProducer10 plus,服务器则升级到功能更强大的 Helix Server,能够以更低的成本向更多的用户传送高质量的流媒体数据。

2. Windows Media 流媒体

Microsoft 公司是较晚涉足流媒体技术这个市场的,但是利用其 Windows 操作系统的便利性,将它的流媒体产品 Windows Media 捆绑在 Windows 操作系统这个平台上,免费提供流媒体服务以及相应的播放器,从而很快占据了相当的市场份额。

Windows Media 的系统结构类似于 RealSystem,也是由 3 部分组成,包括 Windows Media Encoder、Windows MediaServer 和 Windows MediaPlayer。Encoder 用于将源音视频数据转换成 Windows Media 使用的格式文件(* .asf、* .wma、* .wmv 等)并传送给 MediaServer;MediaServer 用于网络流媒体发布;MediaPlayer 位于客户端,用于音视频数据的解码。

Windows Media 的核心是高级流格式(Advanced Streaming Format,ASF),它既是一个独立于编码方式的、支持在 IP 网上实时传播多媒体数据的公开技术标准,也是一种数据格式,微软定义为同步媒体的统一容器文件格式。ASF 可以使用任何一种底层传输协议,支持任意的压缩/解压缩编码方式,其在网络上传输的内容,被称为 ASF 流。

音视频、控制命令脚本等多媒体数据通过 ASF 技术编码成 ASF 格式,经网络传输,实现流式多媒体内容的发布。图 8-7 说明了通过 Windows Media 系统向用户提供流媒体内容的过程。

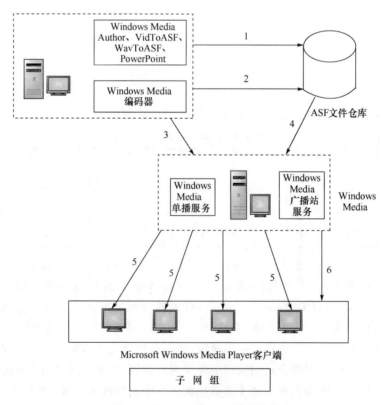

图 8-7　Windows Media 系统结构

（1）Windows Media 工具将其他格式的文件转换为 .asf 格式文件存入 ASF 文件仓库。

（2）Encoder 直接创建 .asf 文件放入 ASF 文件仓库（数据库）中存储起来。

（3）Encoder 将实时媒体内容（如一个摄像头实时捕捉到的信息）通过一个端口传送给 MediaServer。

（4）MediaServer 可以使用 ASF 文件仓库中的非实时文件。

（5）MediaServer 将其发布的媒体内容单播到客户端。

（6）MediaServer 将其发布的媒体内容组播到客户端。

.asf 文件内容包括音视频数据，后来微软公司将仅限于音频的 .asf 文件改为 .wma 扩展名，将仅限于视频的 .asf 文件改为 .wmv 扩展名。

Windows Media 采用了微软公司特有的智能流（Intelligent Stream）媒体技术，它与 RealNetworks 采用的 SureStream 自适应流技术一样，也是一种高级流技术，同样使服务器与播放器之间可以根据网络带宽进行播放以及质量的动态沟通和调整，其原理与 SureStream 自适应流技术相同。

3. QuickTime 流媒体

Apple 公司的 QuickTime 是数字媒体领域事实上的工业标准，它实际是一个媒体集成技术，包含了各种流式和非流式的媒体技术，是一个开放式的结构体系。从 1999 年发布的 QuickTime4.0 版本它开始支持真正的流媒体。QuickTime 同样依托于其操作系统 MacOS 的便利，拥有不少的用户。

QuickTime 系统将 QuickTime Broadcaster（编码器）、QuickTime Streaming Server（流媒体服务器）和 QuickTime Player（播放器）结合起来提供了基于 MPEG-4 的 Internet 广播系统。

QuickTime 的优点在于其极大的包容性和灵活的交互性，基于 QuickTime 平台可以使用多种媒体技术共同制作媒体内容，其中包括各种互动的界面和动画。

8.4　流媒体播放方式

1. 单播

客户端与媒体服务器之间是点到点连接，媒体服务器为每一提出请求的客户端单独发送一条媒体流，这种播放方式称为单播。可见，只有当客户端首先发出请求，服务器才会发送单播流，并且请求的用户数越多，单播流就越多，这会给服务器和网络带宽带来沉重负担。

2. 组播

媒体服务器只需发送一条媒体流，之后通过组播转发树再复制并转发该媒体流，使网络中的所有客户端共享同一条流，这种播放方式称为组播。可见，组播的好处是减少了网络上传输的媒体流的数量，从而节省了网络带宽。

3. 点播和广播

点播是指客户端主动与服务器取得联系，要求服务器传送他指定的媒体流。点播连接时，用户可以对流进行开始、暂停、后退等 VCR 操作，实现了对流的最大控制。由于点播最终传送的是单播流，因此，当点播的用户数不断增加时，网络带宽会迅速消耗殆尽。

广播是指服务器将一条媒体流向网络中的所有用户发布,而用户只能被动接收,并且不能通过 VCR 操作来控制流。这种广播连接同样会浪费网络带宽。

8.5 移动流媒体技术

随着 3G 移动通信技术的逐渐成熟以及 3G 网络设备和终端设备的不断完善,移动通信网不仅能够提供传统的语音服务,还能提供高速率的宽带视频服务,支持高质量的语音、分组数据业务以及实时视频传输。对移动用户而言,流媒体能够实时播放音/视频和多媒体内容,用户也可以对其进行点播,具有交互性。这一特点与移动通信固有的移动性相结合,使移动用户能够随时、随地获得或点播实时的流媒体信息,大大增强了移动流媒体业务的灵活性。将移动流媒体技术引入移动数据增值业务,已经成为目前全球范围内移动业务研究的热点之一。目前第三代合作伙伴计划(The 3rd Generation Partnership Project,3GPP*)、3GPP2、开放移动联盟(Open Mobile Alliance,OMA)等标准化组织都已经开始了对移动流媒体的研究,并已经制定了相应的标准。移动流媒体业务的各种应用也相继出现,如视频点播(Video on Demand,VOD)、远程教育和远程监控等。

8.5.1 移动流媒体业务系统的结构和功能

1. 移动流媒体业务系统的结构

移动流媒体业务系统通常由以下几个部分构成,如图 8-8 所示。

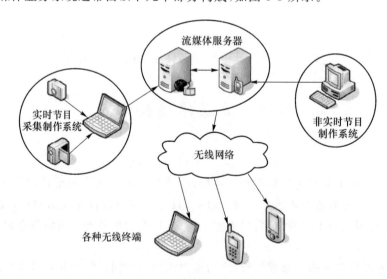

图 8-8　移动流媒体业务系统的结构

(1)移动流媒体门户网站:主要用来实现用户认证和为用户提供个性化的内容发现、搜索功能。

(2)移动终端:具备内容发现的功能,并可以通过终端上的流媒体播放器实现流媒体内容的再现。

(3)传送网:负责完成流媒体服务所有信息的传输,既包括控制命令信息,也包括数据内容信息。传送网部分一般包括空中接口、无线接入网、IP 分组核心网及 Internet 等。

（4）后台流媒体业务系统：包括流媒体内容创建子系统、流媒体播放子系统（包括流媒体服务器）和后台管理子系统等，分别负责流媒体内容的编码、创建和生成，媒体流的传输，用户管理、计费及业务综合管理等功能。

2. 移动流媒体业务系统的功能

概括而言，从业务使用的角度出发，一个移动流媒体业务系统必须向用户提供内容发现和业务使用两大基本功能。所谓流媒体内容的发现是指用户使用支持流媒体业务的手机或其他移动终端，访问流媒体业务平台门户网站，通过页面浏览、分类查找或直接搜索等功能发现流媒体内容的过程。流媒体业务的使用则是指用户发现指定流媒体内容后进一步使用流媒体业务的过程，包括流媒体内容的在线播放、流媒体内容下载播放以及收看实时流媒体广播服务等，此外还必须具备与其他服务或应用的接口能力。事实上，一个完整的移动流媒体业务系统应包括以下功能。

（1）业务发现功能。用户可以通过 WAP 或 HTTP 方式主动访问移动流媒体业务的门户网站，发现流媒体业务。用户发给门户网站的请求信息中包含了用户当前所使用的浏览器类型信息和用户身份识别信息。门户网站可以根据此信息，确定用户身份及用户所使用的终端类型，并将相应格式的门户网站页面发送给用户。另外，服务提供商还可以采用 PUSH 的方式，通过短消息、WAP PUSH 等形式，将新业务的介绍以及链接发送给终端用户，用户可以直接点击链接，访问流媒体业务。此类发现方式适合于新业务的推广、为亲朋好友点播流媒体内容等。

（2）业务认证功能。业务认证功能主要用于对用户身份的识别和业务使用的授权。

（3）计费功能。计费功能是业务商用的必要条件，移动流媒体业务系统应能够记录用户的使用记录，并提供灵活的和可定制的资费策略以满足不同服务的计费需要。

（4）内容传送功能。内容传送是指流媒体服务器将用户选择的流媒体内容以数据流的方式发送到用户的终端上，该功能是移动流媒体业务的核心功能。

（5）内容制作功能。内容制作是指流媒体业务系统将需要传送的流媒体内容自动制作编码成符合用户使用要求的流媒体数据流并发送给用户的功能。

（6）对终端的适配功能。不同的移动终端其处理能力有很大区别，所支持的协议也各不相同，流媒体业务系统应能够支持不同类型的移动流媒体终端。

（7）网络带宽适配功能。对于移动用户，由于无线环境的多变性，即使在同一地点的不同时间或在同一时间的不同地点所能使用的网络带宽会有很大不同，所以用统一带宽速率压缩的内容无法满足不同用户的实时播放需求。移动流媒体业务系统应根据用户的实际使用状况，提供带宽适配的功能。当用户在播放流媒体内容时，流媒体业务系统能够探测用户当前的实际带宽，然后把以接近实际带宽速率压缩的内容发送给用户，保障用户在不同的带宽情况下都能看到无中断的播放。网络带宽适配功能是移动流媒体系统所特有的功能之一。

（8）业务管理功能。主要包括内容管理、设备管理、用户管理、收入管理和 SP 管理等。

（9）内容下载功能。流媒体下载服务允许用户将流媒体内容下载到本地播放，从而避免了网络带宽变化对内容播放的影响，适合发布一些高质量的流媒体内容。

（10）版权机制（DRM）。对数字版权机制的支持主要用于限制用户下载的媒体文件的转发和播放次数，从而保证内容提供商和运营商的商业利益。

8.5.2 移动流媒体的发展需解决的技术问题

面向无线网络的流媒体应用对当前的编码和传输技术提出了更大的挑战。首先，相对于有线网络而言，无线网络状况更不稳定，除去网络流量所造成的传输速率的波动外，手持设备的移动速度和所在位置也会严重地影响到传输速率，因此高效的可自适应的编码技术至关重要。其次，无线信道的环境也要比有线信道恶劣得多，数据的误码率也要高许多，而高压缩的码流对传输错误非常敏感，还会造成错误向后面的图像扩散，因此无线流媒体在信源和信道编码上需要很好的容错技术。在移动流媒体业务的发展过程中，存在如下问题。

1. 高压缩比及低运算量

与有线信道相比较，无线信道所能提供的带宽是受限的，且移动用户所付费用与该用户在无线链路中所传送的总数据量成正比。要想在有限的带宽情况下传送海量数字视频信号，就要求流媒体传输系统对流媒体编码时，采用某种极低数码率的视频压缩编码算法，即要求有很高的压缩比。在选择视频编码标准时，不仅要考虑高压缩比，还需要考虑该标准压缩、解压缩运算的复杂程度。采用较高计算复杂度的编/解码标准，不仅会提高移动终端的硬件成本，而且增加了终端的功耗。一般情况下压缩比越高，运算越复杂，故往往选择一种折中的方案。

2. 高容错性

相对于有线信道，移动通信所使用的无线传输信道的环境要恶劣得多，数据包的接收误码率比有线信道要高几个数量级，且随着基站和终端位置、方向的变换，误码率会发生很大的变化。而压缩的视频流对误码十分敏感，即使是不高的误码率，也会严重影响终端回放的图像质量。为了尽可能地减少误码对视频质量的影响程度，需要提高信源与信道编码的容错能力，即通过增强信源编码算法的容错性、使用强有力的信道编码方式和采用最佳接收检测技术，来满足视频传输的要求。此外，承载流媒体业务的网络传输层及底层移动通信系统也可以进一步改善流媒体传输的抗误码性能。

3. 实时适应网络宽带的变化

在移动通信系统中，受环境的影响网络传输速率变化很大；要想在移动网络上开展流媒体业务，必须使流媒体系统能实时适应网络传输带宽的变化。其中至关重要的一点是应尽量减少在播放过程中的中断，以保证终端用户有良好的感受。

4. 终端适配问题

移动用户数量庞大，用户终端种类繁多，且它们之间的差异很大，例如在终端对文件格式的支持能力、图形与字符的显示能力（屏幕大小、比例、分辨率、色彩域）、音频能力（单声道、立体声）等方面存在很大的差异。这些差异造成了同一节目在不同终端上播放的效果不一样，甚至在某些终端上无法播放。因此，在移动流媒体解决方案中，流媒体服务器必须与终端设备进行交互，要根据终端设备的特点，传送相应节目类型。

5. 数字版权管理

对数字内容版权进行有效管理是开展流媒体业务很重要的问题。如果数字版权无法得到保证，流媒体业务将失去商业运营的可能。为了保护节目制作者和内容提供商的利益，要求终端用户无法录制下载节目内容或将节目内容转发给其他用户，即使转发给了其他用户，其他用户在没有通过版权认证的情况下也无法观看。数字版权管理(Digital Rights Management，DRM)技术为流媒体业务的开展提供了有效的控制手段,通过对内容加密来保护数据和通过附加适用规则来判断用户的使用权限。这是保护多媒体内容免受未经授权的播放和复制的一种方法。

8.6 流媒体的应用

8.6.1 IPTV 系统

1. IPTV 系统定义和需求

IPTV(Internet Protocol TV 或 Interactive Personal TV)也叫交互式网络电视,是一种基于互联网的多媒体通信技术。IPTV 是一种以家用电视机或 PC 为显示终端,通过互联网络协议传送电视信号,提供包括电视节目在内的内容丰富的多种交互式多媒体服务。IPTV 是计算、通信、多媒体和家电产品崭新技术的融合。IPTV 是一个双向的网络。

IPTV 业务利用 IP 网络(或者同时利用 IP 网络和 DVB 网络),把来源于电视传媒、影视制片公司、新闻媒体机构、远程教育机构等各类内容提供商的内容,通过 IPTV 宽带业务应用平台(该平台往往不仅支持 TV,也支持其他业务)整合,传送到用户个人电脑、机顶盒＋电视机、多媒体手机(用于移动 IPTV)等终端,使得用户享受 IPTV 所带来的丰富多彩的宽带多媒体业务内容。

目前,IPTV 在全球范围内迅速发展,2006 年 6 月 30 日,全球 IPTV 用户数达到 300 万,是 2005 年同期两倍。其中,欧洲用户数最多并且在 2006 年发展最快,包括法国电信、意大利电信、英国电信都提供了 IPTV 业务,并且从相关咨询机构对 IPTV 的预测来看,IPTV 业务的发展前景非常乐观。在中国,IPTV 也在向积极的方向发展,中国电信和中国网通分别在 6 个地市获得了 IPTV 落地许可。

2. IPTV 系统组成

IPTV 的工作原理是把源端的电视信号数据进行编码处理,转化成适合 IP 网络传输的数据形式,然后通过 IP 网络传送,最后在接收端进行解码,再通过电脑或是电视播放。由于数据的传输速度要求比较高,所以要采用最新的高效视频压缩技术,例如 H. 264、MPEG4 等。

IPTV 系统主要包括了节目提供系统、内容管理系统、中心媒体服务系统、运营支撑系统、IP 网络、边缘流媒体服务器、接入系统和 IPTV 终端等,如图 8-9 所示。

(1)节目提供系统

该部分主要完成节目的数字化,使原始节目成为能够在 IP 网络上传输的数字节目。其主要功能是直播节目的编码压缩、转换和传送。

(2)内容管理系统

内容管理系统主要功能是对 IPTV 的节目和内容进行管理,其主要是内容管理和用户管理,功能包括:内容审核、内容发布、内容下载、用户管理以及用户认证计费等。

(3)流媒体传送系统

流媒体传送系统主要包括的设备是中心/边缘流媒体服务器和存储分发网络。

存储分发网络可以由多个服务器组成,它们之间通过负载均衡来实现大规模组网,如内容分发网络(Content Delivery Network,CDN)。

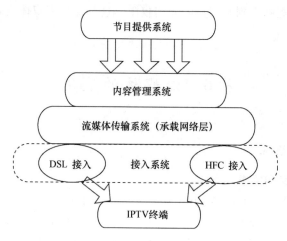

图 8-9　IPTV 系统的组成

流媒体服务器是提供流式传输的核心设备。要求有很高的稳定性,同时能满足支持多个并发流和直播流的应用需求。

(4)接入系统

接入系统主要为 IPTV 终端提供接入功能,使 IPTV 终端能够顺利接入到 IP 网络,目前常见的接入方式为 xDSL 和 LAN 方式,也可采用 FTTC/FTTB 的方式,结合 ADSL、SDSL、Cable Modem 等技术,也可使用 FTTC＋HFC 的方式向用户提供宽带接入。

(5)IPTV 终端

目前 IPTV 终端主要有三种形式,即 PC、机顶盒＋普通电视机和手机。其中,机顶盒＋普通电视机是 IPTV 的用户最常见的消费终端。

3. IPTV 体系架构

为了适应 IPTV 快速推进迅速发展的需求,电信领域两大国际标准组织 ITU-FG 组 IPTV(Focus Group Internet Protocol TV)和 ETSI-TISPAN 为了推进 IPTV 的标准化,对 IPTV 的有关标准进行了定义。ITU-T 于 2006 年 4 月成立焦点 IPTV(FG IPTV)。FG IPTV 的职责是协调和促进全球各标准化组织、论坛、协会以及 ITU-T 相关研究组的 IPTV 标准化活动。FG IPTV 将向全球所有的 ITU-T 成员国、小会员(Sector Member)和协会开放,向任何 ITU-T 会员国的个人和企业开放,包括各种国际性、地区性和国家组织。FG IPTV 首选需要进行的工作包括以下几个。

- 确定 IPTV 的定义;明确 IPTV 的业务场景、驱动力以及与其他业务和网络的关系;确定 IPTV 的业务需求和体系架构。
- 对现有 IPTV 标准和正在制定的标准进行审阅,分析标准缺失的环节,明确 ITU-T 在 IPTV 标准化中的工作方向。
- 协调现有的 IPTV 标准化工作,开发必要的新标准。
- 推进现有不同 IPTV 系统实现互操作。

FG IPTV 给出的 IPTV 的定义为:IPTV 是在 IP 网络上传送包含电视、视频、文本、图形和数据等,提供 QoS/QoE、安全、交互性和可靠性的、可管理的多媒体业务。IPTV 需要能够提供一定的服务质量保证,并满足可控、可管和交互性的相关要求。

FGIPTV 在 IPTV 业务需求文档中专门对 IPTV 的业务需求进行要求和说明。

对于 IPTV 需要支持的业务,FG IPTV 和 TISPAN 的描述虽不尽相同,但是可以看出都需要支持各种广播业务、点播业务、各种交互业务(如信息类、商务类、通信类、娱乐类、学习类等交互业务)。并且将 IPTV 业务所涉及的 4 个角色分别提出了相关需求,包括内容提供商、业务提供商、网络提供商和终端用户。目前我国网络提供商业务都是由运营商承担的,内容很多来自于广电的内容源。下面对 ITU-T FGIPTV 架构进行简单的讨论。

(1)FGIPTV

图 8-10 是中国代表团 2007 年在斯洛文尼亚的 Bled 市举行的 ITU-T FG IPTV 第四次会议上提交的 IPTV 高层体系架构。

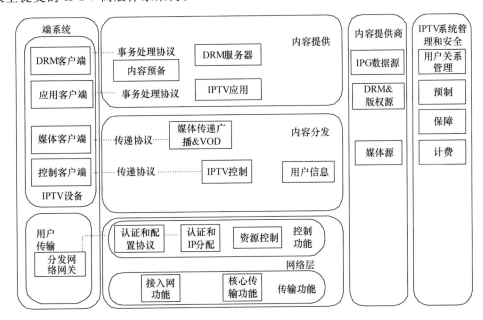

图 8-10　IPTV 高层体系架构

- 内容提供:负责提供与 IPTV 相关的内容,包括对 IPTV 进行一些预处理,如格式转换、根据版权管理的要求对内容加密等。
- IPTV 控制:提供对 IPTV 业务的预处理和业务提供处理,预处理包括向内容提供请求内容、生成内容分发策略、通过 EPG 部件发布业务信息;业务提供处理包括向用户分发业务信息,根据用户的定制信息提供内容授权信息,同时至少维护三类信息,包括内容清单、业务清单和用户清单。
- 内容分发:在提供 IPTV 业务之前或提供 IPTV 业务过程中,要将内容信息传送给内容分发部分,同时为了实现内容的有效传送,内容分发还提供对内容的存储/缓存功能。当用户请求内容时,由 IPTV 控制指示内容分发功能获取相关的内容。内容分发支持和用户之间的直接交互,如播放、暂停控制等,并控制 IP 承载网实现资源预留。
- 端系统:对应 IPTV 业务用户终端需要提供的相关功能,包括采集用户的相关控制命令,和 IPTV 控制功能进行交互获得业务信息(如 EPG)、内容授权信息和加密密钥,还包括内容获取、内容解密和内容解码能力。

- IPTV 系统管理和安全:负责对整个系统的状态监测、配置和安全。

2006 年 7 月 10～14 日在日内瓦召开的 IPTV 会议确定了 FG IPTV 的组织架构 IPTV 体系架构,根据第二次会议的讨论,确定了分别开发基于 NGN(ITU-T Rec. Y. 2012)和非 NGN 环境下的 IPTV 体系架构工作思路。

图 8-11 是 FG IPTV 体系架构文档中给出的 NGN-Based IPTV 架构。

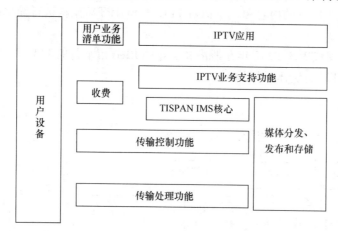

图 8-11　NGN-Based IPTV 架构

- 用户设备(UE):终止 IPTV 控制和媒体信令,将相应信息显示给用户,用户通过 UE 可以选择节目、内容、业务描述。
- IPTV 业务支持功能(IPTV Service Supporting Function):为各种 IPTV 业务和应用提供相应的支持功能,并为 IPTV 业务和应用提供相应的能力,如内容管理、业务选择和发现、EPG 等。
- IPTV 应用(IPTV Application):执行 IPTV 业务控制功能,向用户提供各种 IPTV 业务。
- UPSF(用户业务清单功能):存储和提供与用户相关的业务清单功能。
- 计费(Charging):提供计费相关功能。
- TISPAN IMS 核心(TISPAN Core-IMS):提供鉴权、授权,以及和业务提供和内容分发相关的信令处理。它负责将信令消息路由到相应的应用服务器,或根据 UPSF 中信息执行业务触发,同时和 RACS(资源接纳控制子系统)进行交互完成资源预留和接纳控制。
- 传送控制(Transport Control):主要包括 RACS 和 NASS 相关功能。
- 传送处理功能(Transport Process Function):指接入网和 IP 承载网。
- 媒体分发、发布和存储(Media Delivery,Distribution and Storing):媒体分发和发布功能接收和保存从内容提供商进入到 IPTV 系统中的直播信息和媒体流,主要提供媒体处理、分发、存储和发布功能,所有的功能在 IPTV 业务以及相关的控制之下完成。

(2)组播控制方面

为了支持广播类 IPTV 业务,IPTV 架构还需要考虑提供组播相关的功能,包括组播的实现和组播相关的控制。

在 FGIPTV 有专门的工作文档研究 IPTV 组播架构(IPTV Multicast Frameworks),组播控制可以采用 CDN、P2P 和 Overlay 控制方式,或者采用不同控制方式相结合,FGI-PTV 在组播控制文档中对 Overlay 这种组播控制架构进行了详细描述。在 Overlay 这种控制方式下,承载网络中每个节点动态建立组播分发路径(工作方式类似于 IP 组播路由器),路径中的每个网络节点负责向下行节点前传送上行节点收到的媒体信息,承载网络之上的组播控制节点之间可以进行能力交互,这些组播控制节点中的某些节点将针对 IPTV 相关的业务部件执行策略管理、配置和监视功能,组播控制节点结合动态信息处理用户的业务请求。

(3)内容安全和版权保护

对于以内容为主要卖点的 IPTV 来说,离开了内容的保障,开展业务将面临极大的风险。IPTV 的内容安全与业务开展息息相关,只有采用了完整的内容安全解决方案,才能保证 IPTV 业务的正常运营。通过对访问权限进行控制管理,充分保障用户的合法权限,从而有效地防止内容被非法盗看和篡改。而且,只有在充分的内容安全条件下,内容提供商才会愿意提供他们的宝贵内容。

FGIPTV 有专门的工作文档(IPTV Security Aspects)对 IPTV 面临的安全威胁、安全要求、安全架构以及相应的安全机制进行研究,目前该文档关于安全威胁和安全要求方面的内容相对已经比较完善,但具体的解决方案还需要深入研究。

在目前的 IPTV 系统中应用较多的安全技术是 IP-CAS 技术、DRM 技术和数字水印技术。

4. IPTV 系统的关键技术

IPTV 技术是一项系统技术,其关键技术主要包括音视频编解码技术、流媒体传送技术、宽带接入网络技术、IP 机顶盒技术、数字版权管理技术等。

(1)音视频编解码技术

IPTV 音视频编解码技术在整个系统中处于重要地位,IPTV 作为 IP 网络上的视频应用,对音视频编解码有很高的要求。首先,编码要有高的压缩效率和好的图像质量,压缩效率越高,传输占用带宽越小;图像质量越高,用户体验则越好。其次,IPTV 平台应能兼容不同编码标准的媒体文件,以适应今后业务的发展。最后,要求终端支持多种编码格式或具备解码能力在线升级功能。

IPTV 采用了先进高效的视频压缩编码技术,使得视频流在 800 kbit/s 的有限带宽上接近 DVD(MPEG2)的视觉效果(DVD 的视频传输带宽通常为 3 Mbit/s)。目前主要的编解码技术有 MPEG4、H.264 和 AVS 三种。MPEG 系列是重要的视频编码标准,所有的视频编码技术都参照了 MPEG 技术。MPEG4 具有高质量、低传输速率等优点,已广泛应用于网络多媒体、视频会议与监控等图像传输系统中。H.264 是新一代视频编码标准,2003 年 3 月公布了标准的最终草案,全称是 H.264/AVC 或 MPEG-4VisualPart10。H.264 的压缩率是 MPEG-2 的 2 倍以上、MPEG-4 的 1.5~2 倍,这样超高的压缩率是以牺牲编码运算量为代价的,但其解码的运算量涨幅较小,比较容易实现用户接收播放。AVS 是中国拥有自主知识产权的第二代音视频编码技术标准,是高清晰度数字电视、宽带网络流媒体、移动多媒体通信、激光视盘等数字音视频产业群的基础性标准。2006 年 3 月正式成为国家标准,2007 年 5 月在斯洛文尼亚举办的 ITU-T FG IPTV 工作组第四次会议期间,AVS 获得国际认证,视频部分成为 IPTV 四个可选视频编码格式之一,这从经济上节约了巨大的专利费开支,否则,如果中国采用 MPEG4 或者 H.264 标准,每年将支付 200 亿~500 亿元人民币的专利费(MPEG-2 专利代理公司 MPEGLA 规定,每一台 MPEG-2 解码设备,必须由设备生产商交纳 2.5 美元的专利使用费)。而 AVS 的专利政策对发展中国家较为合理,所有专利打包价格是每台解码器 1 元人民币。AVS 与 MPEG 相比,具有编码效率高、实现复杂度低、专利授权模式简单、收费低等优势。

(2)流媒体传送技术

IPTV 的核心业务是数字音视频流业务,流媒体传送技术相当重要,如果传送技术高效可靠,不仅可以节约系统带宽,还可以减轻系统负担,使系统得到优化。通常,IPTV 系统中流媒体的传送方式随用户接收方式不同而不同。从终端用户看主要有点播和广播两种接收方式。

①点播接收方式下流媒体传送

点播接收具有个性化,接收的内容和时间取决于用户喜好,具有实时交互特点。同时,点播业务对网络带宽的需求也很大,为了避免大量消耗骨干带宽,同时保证服务质量,要求 IP 网络能有效地将视频流推送到用户接入网络,使用户尽可能就近访问。内容分发网络(Content Delivery Network,CDN)就能提供这种支持。

CDN 有时也称为 MDN(Media Delivery Network)。CDN 是建立在现有 IP 网络基础结构之上的一种增值网络,是在应用层部署的一层网络架构。在传统的 IP 网络中,用户请求直接指向基于网络地址的原始服务器,而 CDN 业务提供了一个服务层,补充和延伸了 Internet 网络,把频繁访问的内容尽可能向用户推进,提供了处理基于内容进行流量转发的新能力,把路由导引到最佳服务器上。动态获得需要的内容。它改变了分布到使用者信息的方式,从被动的内容恢复转为主动的内容转发。

其具体工作过程是:CDN 把流媒体内容从源服务器复制分发到最靠近终端用户的缓存服务器上,当终端用户请求某个业务时,由最靠近请求来源地的缓存服务器提供服务。如果缓存服务器中没有用户要访问的内容,CDN 会根据配置自动到源服务器中搜索,抓取相应的内容,提供给用户。

CDN 技术具有的特点如下。

* 根据用户的地理位置和连接带宽,让用户连接到最近的服务器上去,访问速度快。
* 全局负载平衡,提高网络资源的利用率,提高网络服务的性能与质量。
* 热点内容主动传送,自动跟踪,自动更新。
* 网络具有高可靠、可用性,能容错且容易扩展。
* 无缝地集成到原有的网络和站点上去。

CDN 技术具有的优势如下。

* 可减少消耗的网络带宽,减少网络访问的延迟和用户响应时间。提高网络性能和网站内容的可用性。
* 提高网站资源的管理控制能力,智能分配路由和进行流量管理。
* 发送的内容受到保护,未授权的用户不能修改。
* 内容提供商可在本地自己决定服务的内容,内容是动态的。

- 内容提供商在降低成本的同时,提高了服务质量,提供的内容更多、速度更快。
- 可线性、平滑地增加新的设备,保护原有的投资。

因为上述的特点和优势,CDN 技术能加速和提高宽带流媒体的使用,使互联网的多媒体用户更加普及,这些应用包括在线播放、音乐点播、电视直播、游戏等,大大促进网上应用和服务的发展。

②广播接收方式下流媒体传送

广播接收在用户看来是被动的,用户对内容选择只限于所提供的频道,是非交互型的。由于收看广播的用户收看的是相同内容,为了减少网络带宽浪费,广播接收方式对 IP 网络提出了组播功能要求。

组播是一种允许一个或多个发送者(组播源)一次并同时发送单一的数据包到多个接收者的网络技术。组播源把数据包发送到特定组播组,只有属于该组播组的地址才能接收到数据包。在 IPTV 里,组播源往往仅有一个,即使用户数量成倍增长,主干带宽也不需要随之增加,因为无论有多少个目标地址,在整个网络的任何一条主干链路上只传送单一视频流,即所谓"一次发送,组内广播"。组播提高了数据传送效率,减少了主干网出现拥塞的可能性。

(3)宽带接入网络技术

IPTV 接入可以充分利用现有宽带接入技术,主要有 xDSL、FTTx+LAN、CableModem 三种。

①xDSL

目前,xDSL 技术中最常用的技术有 ADSL 和 VDSL。

ADSL 是上、下行传输速率不相等的 DSL 技术,它在一对双绞线上提供的下行速率为 1.5~8 Mbit/s,上行速率为 640 kbit/s~16 Mbit/s。目前 ADSL 是我国主要的宽带接入方式,普通家庭用户 ADSL 速率通常在下行 1 Mbit/s 左右,而 IPTV 需要大约 3 Mbit/s 的下行带宽,因此,普通用户 ADSL 可以通过提速支持 IPTV 业务。

VDSL 在一对双绞线上提供的下行速率为 3~52 Mbit/s,上行速率为 1.5~2.3 Mbit/s。因此,VDSL 可以更好地支持 IPTV 业务。

②FTTx+LAN

FTTx 技术是光纤到 x 的简称,它可以是光纤到户(FTTH)、光纤到局(FTTE)、光纤到配线盒/路边(FTTC)、光纤到大楼/办公室(FTTB/O)。

光纤具有很宽的带宽,光纤到户技术非常有利于开展 IPTV 业务。

③CableModem

CableModem 接入方式是利用有线电视的同轴电缆传送数据信息,它的上、下行速率可高达 48 Mbit/s。但 CableModem 是一种总线型的接入方式,同一条电缆上的用户互相共享带宽,在密集的住宅区,若用户过多,CableModem 一般难以达到较为理想的速率。

(4)IP 机顶盒技术

IP 机顶盒主要实现以下 3 方面的功能:

- 通过与宽带接入网连接,收发和处理 IP 数据和视频流;
- 对 MPEG-1、MPEG-2、MPEG-4、WMV、Real 等编码格式的接收的视频流进行解码,对解码,支持视频点播、电视屏幕显示、数字版权管理等功能;

· 支持 HTML 网页浏览、网络游戏等。

IPTV 机顶盒所有功能的实现均基于高性能微处理器,对芯片实时解码和纯软件实时解码应用的基本支撑平台是嵌入式操作系统。目前,IPTV 机顶盒的嵌入式操作系统基本上分为嵌入式 WinCE 和嵌入式 Linux 两类。

①嵌入式 WinCE 机顶盒

与 API 与 Win32 兼容是 WinCE 最大特点,使用 Windows 环境开发 WinCE 应用非常方便,此外,WMV-9 播放器还可直接运行于 WinCE,许多现成的 Windows 组件稍加改造就能应用于终端上的网络管理以及视频流控制等。

②嵌入式 Linux 机顶盒

嵌入式 Linux 机顶盒以专用的多媒体微处理器为核心,辅以以太接口和视频接口构成系统。多媒体微处理器带有 MPEG-2 或 MPEG-4 实时解码功能芯片。

系统优点是:

· 视频处理速度明显提高,特别适合视频直播系统应用;

· 内存占用少,硬件结构紧凑,成本不高;

· Linux 源代码公开,有大量免费优秀开发工具和应用软件可用;

· Linux 操作系统非常稳定,内核精悍,运行所需资源少,并有优秀的网络功能,支持的硬件数量庞大,高性价比是其最大特色。

(5)数字版权管理技术

数字版权管理(Digital Rights Management,DRM)是保护多媒体内容免受未经授权的播放和复制的一种方法。它为内容提供者保护他们私有的视频、音乐、彩铃、论文、图片等数字数据免受非法复制和使用提供了一种手段。DRM 技术通过对数字内容进行加密和附加使用规则对数字内容进行保护,其中,使用规则可以断定用户是否符合播放数字内容的条件。使用规则一般可以防止内容被复制或者限制内容的播放次数。操作系统和多媒体中间件负责实行这些规则。

DRM 技术的工作原理是:建立数字节目授权中心,编码压缩后的数字节目内容,利用密钥可以被加密保护,加密的数字节目头部存放着 KeyID 和节目授权中心的 URL。用户在点播时,根据节目头部的 KeyID 和 URL 信息,就可以通过数字节目授权中心的验证授权后送出相关的密钥解密,节目才可播放。没有得到数字节目授权中心的验证,受保护的节目即使被用户下载保存,也无法播放。

目前使用广泛的 DRM 技术是数字水印(DigitalWatermark),在受保护的视频、音乐、图片等数字数据中嵌入某些标志性信息(如作者、公司标志等),这些信息很难被清除,不会影响用户正常观看节目,并且不易被肉眼察觉。

5. 我国的 IPTV 现状与发展趋势

(1)发展现状

IPTV 作为电视新展现形态的数字媒体,日益成为不可阻挡的大趋势。与全球 IPTV 快速发展大趋势一样,随着国内运营商 IPTV 试商用的地区与规模逐渐扩大以及广大消费者对 IPTV 的认知程度不断提高,在用户规模总量偏小的基础上,我国 IPTV 保持了稳定快速增长态势,IPTV 用户总数已经从 2003 年的 1.8 万、2004 年的 4.6 万增长到 2007 年的 120.8 万。进入 2008 年以来,截至第三季度,用户总数已达 220 万。2008 年年底,全国

IPTV 用户数突破 300 万,与上年同比增长超过 1.5 倍。近年来增长更加迅猛,已超过千万用户。

IPTV 等互联网视听节目服务的发展印证了电信业的媒体属性。就电视内容本身而言,与传统电视(有线、无线、卫星)相比,IPTV 可能并无区别。但是由于网络互动性特征的存在,让 IPTV 可以更方便地提供诸如视频点播、互动游戏等交互式增值服务。电信重组改变了现有电信运营商的格局,中国电信将是 IPTV 发展的先行者,中国联通是 IPTV 业务的追随者,中国移动则将凭借其资金实力,将 IPTV 作为其发展固网业务的主要手段,而为产业发展带来更多的助力。

(2)发展趋势

工业化、信息化、城镇化、市场化和国际化深入发展是我国现代化建设面临的新形势和新任务。推进信息化与工业化融合是我国面临的长期任务。我国广播电视、电信和互联网等原本不同的网络设施产业正加快从产业分立走向产业融合的步伐是产业发展大趋势。在此背景下,尤其是随着 2008 年新一轮政治体制改革和相关政策的调整,我国包括 IPTV 在内的三网融合性业务正在进入快速发展期。

IPTV 竞争优势来源于其个性化、人性化的电视节目内容和互动形式。随着应用的不断普及、市场规模的扩大,IPTV 市场将吸引更多的内容提供商、内容集成商和增值服务提供商的进入,他们将为内容的创新、业务模式的探索带来更广阔的发展空间。而随着 TD-SCDMA 的大规模商用和新一轮电信重组的完成,3G 已经走入大众市场。从用户角度来看,3G 终端可以成为 IPTV 用户终端的有效延伸。借助于 3G 终端个性化,IPTV 以人为本的发展目标将会得到极大释放。

随着新一轮电信重组的完成,运营商不同的发展战略对 IPTV 的发展将形成不同的影响。但是,对于三大全业务电信运营商来讲,IPTV 都会是其业务组合中非常重要的一环;已经获得 IPTV 牌照的 5 家 IPTV 牌照运营商已经借助 2008 年北京奥运会开始发力 IPTV;而广电运营商通过数字电视双向改造和互动化也在推进向数字新媒体转型。

产业共赢是 IPTV 和数字电视融合发展的必由之路。IPTV 的媒体属性要求 IPTV 运营商以市场为基础,以网络为导向,以客户为中心,积极与媒体、娱乐、信息内容服务合作。IPTV 业务运营的核心问题并不在接入带宽上,而是在内容上,这是电信的弱项。因此,要满足市场需要就必须发挥 IPTV 与数字电视的功能互补性。除功能互补之外,还表现在覆盖区域的互补上。在那些有线电视不能覆盖的地区,IPTV 有很大的发展空间。

IPTV 是下一代网络(NGN)中最重要的业务之一,也是未来数字家庭中非常重要的一种业务形态。随着 ICT 的发展,电信网、互联网、有线电视网三网融合已成必然趋势。三网融合发展要求电视机终端和 PC 终端都可以同时连接互联网和有线电视网,在接入互联网的同时能够接收数字电视广播。多种接入方式并存保证了能够以最优的方式提供单播、组播、广播和双向交互业务,满足数字新媒体的需求。在这样的趋势下,电信与广电产业价值链的融合也必然随之而实现。IPTV 和数字电视运营主体应该摒弃成见,相互借鉴对方发展战略、运营经验,共同推进三网融合,实现产业共赢的和谐发展新格局。

8.6.2　P2P 流媒体技术

当流媒体业务发展到一定阶段后,用户总数就会大幅度增加,传统的流媒体服务大都是客户机/服务器(C/S)模式,这种 C/S 模式(用户从流媒体服务器点击观看节目,然后流媒体服务器以单播方式把媒体流推送给用户)加单播方式来推送媒体流的缺陷如流媒体服务器带宽占用大、流媒体服务器处理能力要求高等便明显地显现出来,带宽、服务器等常常成为系统性能瓶颈,系统的可扩展性差。

近年来,人们把 P2P(Point to Point)技术引入到流媒体传输中而形成了 P2P 流媒体技术,该方法的优点有:

- 这种技术不需要互联网路由器和网络基础设施的支持,因此性价比高且易于部署;
- 在这种技术中,流媒体用户不只是可以下载媒体流,而且还可把媒体流上载给其他用户。

因此,这种方法可以扩大用户组的规模,同时更多的需求也带来了更多的资源。

1. P2P 流媒体系统基本概念

(1)P2P 流媒体系统播送方式

P2P 流媒体系统按照其播送方式可分为直播系统和点播系统,此外近期还出现了一些既可以提供直播服务也可以提供点播服务的 P2P 流媒体系统。

①直播方式

用户按照节目列表收看当前正在播放的节目是流媒体直播服务的主要特点。在直播方式下,由于用户和服务器之间交互性较少,故技术实现相对简单,因此在直播服务方式下 P2P 技术发展迅速。CoolStreaming 原型系统是典型的直播模式,它是 2004 年由香港科技大学开发的,它将高可扩展和高可靠性的网状多播协议应用在 P2P 直播系统当中,被誉为流媒体直播方面的里程碑,后来出现的 PPLive 和 PPStream 等系统都沿用了其网状多播模式。

P2P 直播是最能体现 P2P 价值的表现,用户观看同一个节目,内容趋同,因此可以充分利用 P2P 的传递能力,理论上,在上/下行带宽对等的基础上,在线用户数可以无限扩展。

②点播方式

相比之下,点播方式与直播方式有两点不同:在 P2P 流媒体点播服务中,用户可以选择节目列表中的任意节目观看;P2P 流媒体点播终端必须拥有硬盘,需要成本较高。在点播领域,P2P 技术的发展速度相对缓慢,原因有两方面:一是因为点播当中的高度交互性实现的复杂程度较高;二是节目源版权因素对 P2P 点播技术的阻碍。适用于点播的应用层传输协议技术、底层编码技术以及数字版权技术等目前是 P2P 的点播技术主要的发展方向。

(2)P2P 流媒体系统网络结构

目前 P2P 流媒体系统从覆盖网络的组织结构上可以被大体分成两大类,即基于树(Tree-based)的覆盖网络结构和数据驱动随机化的覆盖网络结构。

①基于树的结构

大部分系统都可以归类为基于树形的结构。在这种结构中,节点被组织成某种传输数据的拓扑(通常是树,如图 8-12 所示),每个数据分组都在同一拓扑上被传输。拓扑结构上的节点有明确定义的关系,例如,树结构中的"父节点-子节点"关系。其工作过程是:当某一节点收到数据包,它就把该数据包的拷贝转发到它的每一个子节点。这一方法是典型的推送方法。既然所有的数据包都遵循这一结构,那么保证这一结构在给所有接受节点提供高性能时是最优的。更进一步,当节点随意加入和离开时,该结构必须得以维持。特别地,如果某节点突然崩溃或者其性能显著下降,它在该树结构上所有的后代节点都停止接收数据,即节点失效。特别地,靠近树根的节点失效将中断大量用户的数据传输,潜在地带来瞬时低性能的结果。避免出现环是当组建基于树的结构时另一个必须要解决的重要问题。

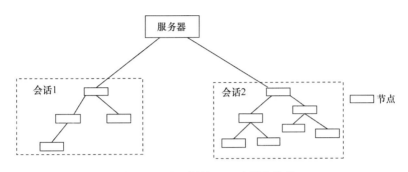

图 8-12 基于树的 P2P 流媒体传输

基于树形结构是最自然的方法,不需要复杂的视频编码算法。此外,在该结构中大多数节点都是叶子节点,没有使用到它们的上行带宽。为了解决这些问题,已有研究提出了一些带有弹性的结构,如基于多重树的方法。

②数据驱动方法

用于 P2P 的数据驱动的方法是近年来人们又提出的另一种网络结构。用数据的可用性去引导数据流,而并不是在高度动态的 P2P 环境下不断修复拓扑结构,这是数据驱动的覆盖网络与基于树形结构方式的最大不同。

使用 Gossip 协议是一个不用明确维护拓扑结构的数据分发方法。在典型的 Gossip 协议中,随机选择一些节点,由主节点给这组随机选择的节点发送最近生成的消息;这些节点在下一次做同样的动作,其他节点也做同样的动作,直到该消息传送到所有节点。

对 Gossip 目标节点进行随机选择的优点在于:可以在存在随机失效的情况下使系统获得较好的健壮性;另外还可以避免中心化操作。但是,随机推送可能导致高带宽视频的大量冗余。此外,在没有明确的拓扑结构支持下,传输时延和最小化启动成为主要问题,所以 Gossip 不能直接用作视频广播。

Chainsaw、Cool-Streaming 拉取技术是为了解决这些问题提出的解决方案。例如:节点维持一组伙伴,并周期性地同伙伴交换数据可用性信息,接着节点可以从一个或多个伙伴找回没有获得的数据,或者提供可用数据给伙伴。由于节点只在没有数据时去主动获取,所以避免了冗余。此外,由于任一数据块可能在多个伙伴上可用,所以覆盖网络对时效是健壮的。随机化的伙伴关系意味着节点间的潜在的可用带宽可以被完全利用是这种方案的另一个优点。

2. 关键技术

由于 P2P 流媒体系统中节点存在不稳定性,P2P 流媒体系统需要解决如下几个关键技术:文件定位、节点选择、容错以及安全机制等。

(1)文件定位技术

由于流媒体服务的实时性要求较高,所以快速准确的文件定位是流媒体系统要解决的基本问题之一。在覆盖网络中以 P2P 的文件查找方式,找到可提供所需媒体内容的节点并建立连接,接受这些节点提供的媒体内容,是 P2P 流媒体系统中新加入客户的文件定位方式。

通过分布式哈希表(DHT)算法来实现在 P2P 网络结构中定位是常用的方式:每个文件经哈希运算后得到一个唯一的标识符,每个节点也对应一个标识符,文件存储到与其标识符相近的节点中。查找文件时,首先哈希运算文件名得到该文件的标识符,通过不同的路由算法找到存放该文件的节点。虽然 DHT 方式查找文件快速有效,但是也存在一些固有的问题,比如在 DHT 中各个节点上文件是均匀分布的,媒体文件的热门度不能得到有效的反映,导致负载的不均衡;其次不能提供关键字的搜索也是 DHT 的一个缺陷,如不能同时包含媒体文件名、媒体类型等丰富信息的文件的查询。所以学者们对此做了一些改进,所以 P2P 方式的文件查找研究是近年来 P2P 计算的一个研究热点。

(2)节点的选择

在一个典型的 P2P 覆盖网络中,节点可以在任意时间自由地加入或离开覆盖网络,并且由于这些节点来自各个不同自治域,从而导致覆盖网络具有很大的动态性和不可控性。因此,确定一个相对稳定的可提供一定 QoS 保证的服务节点或节点集合是 P2P 流媒体系统在服务会话初始时迫切需要解决的问题。

节点的选择可以根据不同的 QoS 需求采取不同的选择策略。若希望服务延迟小,可以选择邻近的节点快速建立会话,如在局域网内有提供服务的节点,就不选择 Internet 上的节点,这也可以避免 Internet 上的带宽波动和拥塞;若希望高质量服务,则可选择能够提供高带宽、CPU 能力强的节点,如在宽带接入的 PC 和不对称数字用户线(ADSL)接入的终端之间选择前者;若希望得到较稳定的服务,应选择相对稳定的节点,如在系统中停留时间较长,不会频繁加入或退出系统的或正在接受服务的节点。通常选择的策略是上述几种需求的折中。具有代表性的节点选择机制有:PROMISE 体系中的端到端的选择机制和感知拓扑的选择机制、P2Cast 系统的"最合适"(Best Fit,BF)节点选择算法等。

(3)容错机制

由于 P2P 流媒体系统中节点的动态性,正在提供服务的节点可能会离开系统,传输链路也可能因拥塞而失效。为了保证接受服务的连续性,必须采取一些容错机制使系统的服务能力不受影响或尽快恢复。

采取主备用节点的方式是解决节点失效问题的一种方法。在选择发送节点时,应选择多个服务节点,其中某个节点(集)作为活动节点(集),其余节点则作为备用节点。当活动节点失效时则由备用节点继续提供服务。不过,如何快速有效地检测节点的失效,以及如何保证在主备用节点切换的过程中流媒体服务的连续性是值得研究的问题。因为节点的故障检测时间应尽可能短,保证服务不中断才能保障流媒体服务的实时性。目前有大量关于如何缩短故障检测时间的研究,大都是采用软状态协议询问节点的存在,需要考虑询问频度与询问消息开销之间的折中。

另外,采用一些数据编码技术也可以提高系统的容错性,如前向错误编码(FEC)和多描述编码(MDC)。FEC 通过给压缩后的媒体码流加上一定的冗余信息来有效地提高系统的容错性,而 MDC 的基本思想是对同一媒体流的内容采用多种方式进行描述,每一种描述都可以单独解码并获得可以接受的解码质量,多个描述方式结合起来可以使解码质量得到增强。这两种编码都能适应客户异构性的特点,客户可以根据自己的能力选择收取多少数据进行解码。此外,为了取得更好的容错效果通常将 FEC 和 MDC 结合使用。

(4)安全机制

网络安全是 P2P 流媒体系统的基本要求。对 P2P 信息进行安全控制一般通过安全领域的身份识别认证、授权、数据完整性、保密性和不可否认性等技术来实现。现阶段可采用 DRM 技术实现对产权的控制;可以安装防火墙阻止非法用户访问实现基于企业级的 P2P 流媒体播出系统;可以通过数据包加密方式保证因特网上的 P2P 流媒体系统安全。可采用用户分级授权的办法在 P2P 流媒体系统内阻止非法访问。

3. P2P 流媒体的应用

P2P 流媒体技术的应用将为网络信息交流带来革命性的变化,同时网络的迅猛发展和普及也为 P2P 流媒体业务发展提供了强大市场推动力。目前常见的 P2P 流媒体的应用主要有以下几方面。

(1)视频点播(VOD):这是最常见、最流行的流媒体应用类型。

(2)视频广播:视频广播可以看成是视频点播的扩展,它把节目源组织成频道,以广播的方式提供。

(3)交互式网络电视(IPTV):IPTV 利用流媒体技术通过宽带网络传输数字电视信号给用户,这种应用有效地将电视、电信和计算机这 3 个领域结合在一起,具有很好的发展前景。

(4)远程教学:远程教学可以看成是前面多种应用类型的综合,在远程教学中,可以采用多种模式,甚至混合的方式实现。远程教学以应用对象明确、内容丰富实用、运营模式成熟,成为目前商业上较为成功的流媒体应用。

(5)交互游戏:需要通过流媒体的方式传递游戏场景的交互游戏近年来得到了迅速的发展。

其他流媒体系统的一些新的应用和服务,例如虚拟现实漫游、无线流媒体、个人数字助理(PDA)等也在迅速地变革和发展。

4. 面临的挑战

P2P 流媒体发展如此迅速,目前,诸如 CoolStreaming、PPLive 等 P2P 流媒体软件吸引了大量的用户,显示出了巨大的生命力,但是构建一个有效的 P2P 流媒体系统还面临着许多挑战。

(1)管理节点并建立发布树

构建应用级多播树是给大量的接收者提供媒体内容的有效方法,应用较广,但建立有效的多播树,并在节点不断加入和退出时维护多播树存在一定难度,也是急需解决的问题之一。

(2)不可预知的节点失效

节点行为的不可预知性是 P2P 网络的特性和问题,如何快速地恢复系统的正常工作,保证系统的可靠性,减少服务中断时间是 P2P 流媒体系统面临的另一个挑战。

(3)适应网络状态变化

在一个媒体流会话期间网络状态可能改变,如拥塞或丢包率上升,因此流媒体系统的适应性是必需的。

P2P 流媒体系统的优越性引起了许多大学、研究机构以及商业机构的重视,尽管其设计方面仍存在一些需要解决的问题,但是随着运营商的加入,P2P 流媒体的研究势必取得更大的进展并将更加广泛地应用于商业领域。

本章小结

本章在对流媒体技术进行概述的基础上,重点讲解了流媒体技术的实现原理、流媒体传输协议,并具体讨论了流媒体系统的构成;详细讨论了几种著名的流媒体格式和开发平台;最后具体介绍了 IPTV 和 P2P 这两种流媒体应用的组成、网络体系结构和关键技术。随着人们对互联网内容的多样化要求,流媒体技术必然会随着需求增长而不断地发展,通过本章的学习使读者对多媒体通信中的流媒体技术有一个全面深入的了解,并为学习多媒体通信系统的应用奠定基础。

思考练习题

1. 当前市场上主流的流媒体技术有哪几种?
2. 简述流媒体系统的基本构成。
3. 结合某种具体应用简述流媒体工作原理。
4. 阐述 RSVP 的工作原理。
5. 结合用户 IPTV 系统的需求,查阅资料,了解 IPTV 系统在我国和世界上其他国家的发展趋势。

第9章

多媒体通信应用系统

自 20 世纪 90 年代以来,互联网技术逐步深入到人们的工作和生活中,人们越来越多地使用电话线联入互联网,电路交换网和包交换网逐步走向融合。公共电话交换网以其覆盖范围广、通话质量高占据着人们日常通信的重要一面,但其缺点是没有信息存储的能力。而包交换网络(如 Internet 和 Intranet)虽然在语音通信质量方面还比不上电话网,却存储着非常丰富的信息资源。人们对信息传输的需求已经不再限于语音和数据,视频和图像的传输应用开始进入人们的视野,但现有传输网络的带宽却限制了视频图像的传输质量。

为了在公共电话网和包交换网络上开发最容易为人们接受的多媒体通信业务,ITU 及相关的国际标准化组织制定了许多相关的标准,如 H.320 是 ISDN 上的电视会议标准,H.323 是局域网上的多媒体通信标准,H.324 是公共电话网上的多媒体通信标准,还有数据传输标准 T.120。

本章介绍多媒体通信的一些基本概念和重要标准,包括视频会议系统、视频点播(VOD)和远程监控系统。

9.1 概　　述

多媒体通信的应用类型很多,涉及很多领域,如通信、计算机、有线电视、安全、教育、娱乐和出版业等。随着用户需求的不断增长,多媒体通信的应用也会有新的发展。多媒体通信技术与终端技术、网络技术、媒体压缩处理技术等密切相关。从推动多媒体通信发展的技术因素来看,与多媒体通信相关的技术有视音频压缩技术、网络技术、媒体同步技术、存储技术等。常见的多媒体通信应用系统有视频会议系统、IP 电话系统、视频点播系统(VOD)、远程监控系统、远程教育系统、远程医疗系统和网络电视系统等。本章介绍其中主要的通信系统。

多媒体技术正在许多领域影响着人们的工作和生活。多媒体通信业务的种类很多,并且随着新技术不断出现和用户对多媒体业务需求的不断增长,新型多媒体通信业务也会不断出现。今后,越来越多的宽带业务将全部是多媒体业务。根据 ITU-T 对多媒体通信业务的定义,其业务类型共有 6 种。

- 多媒体会议型业务:具有多点、双向通信的特点,如多媒体会议系统等。
- 多媒体会话型业务:具有点到点通信、双向信息交换的特点,如可视电话、数据交换业务。

- 多媒体分配型业务:具有点对多点通信、单向信息传输的特点,如广播式视听会议系统。
- 多媒体检索型业务:具有点对点通信、单向信息传输的特点,如多媒体图书馆和多媒体数据库等。
- 多媒体消息型业务:具有点到点通信、单向信息传输的特点,如多媒体文件传送。
- 多媒体采集型业务:具有多点到多点、单向信息传输的特点,如远程监控系统等。

以上多媒体业务,有些特点很相似,可以进一步将其归为以下 4 种类型。

- 人与人之间进行的多媒体通信业务:会议型业务和会话型业务都属于此类。会议型业务是在多个地点上的人与人之间的通信,而会话型业务则是在两个人之间的通信。另外,从通信质量来看,会议型业务的质量要高些。
- 人机之间的多媒体通信业务:多媒体分配业务和多媒体检索业务都属于此类。多媒体检索业务是一个人对一台机器的点对点的交互式业务;而多媒体分配型业务是一人或多人对一台机器、一点对多点的人机交互业务。
- 多媒体采集业务:多媒体采集业务是一种多点向一点的信息汇集业务,一般是在机器和机器之间或人和机器之间进行。
- 多媒体消息业务:此类业务属于存储转发型多媒体通信业务。此类多媒体信息的通信不是实时的,需要先将发送的消息进行存储,待接收端需要时再接收相关信息。

在实际工作中,上述这些业务并不都以孤立的形式进行,而是以交互的形式存在。实用的多媒体通信系统有多媒体会议系统、多媒体合作应用、远程学习系统、远程医疗系统、多媒体监控系统、电子交易、多媒体检索系统、多媒体邮件系统和视频点播等。

多媒体通信是在不同地理位置的参与者之间进行的多媒体信息交流,通过局域网、电话网、互联网传输经过压缩的视频和音频信息。经过多年的发展,多媒体通信在人们生活和工作中发挥着重要的作用。

多媒体信息系统中所传输的多媒体信息的数据量是非常巨大的,特别是其中的视频和音频连续媒体信息,对实时性有很高要求。这些音频和视频数据,即使经过不同的方式进行压缩,其数据量仍很大。当有许多用户要同时通过网络实时传送这些连续媒体数据时,就要求通信网络能够提供足够的带宽。因此,为了保证多媒体数据高速、有效地传输,对传输网络环境的带宽、延迟、动态资源分配和服务质量 QoS 等提出了很高的要求。

9.2 多媒体视频会议系统

9.2.1 多媒体视频会议系统发展概述

会议电视又称视频会议或视讯会议,实际上是一种多媒体通信系统,是 21 世纪多媒体通信领域中一个非常热门的话题。会议电视技术是融计算机技术、通信网络技术、微电子技术等于一体的产物,它要求将各种媒体信息数字化,利用各种网络进行实时传输并能与用户进行友好的信息交流。

会议电视是一种以视觉为主的通信业务,它的基本特征是可以在两个或多个地区的用户之间实现双向全双工音频、视频的实时通信,并可附加静止图像等信号传输,它能够将远距离的多个会议室连接起来,使各方与会人员如同在面对面进行通信,使与会人员具有真实感和亲切感。要开好电视会议,要求系统具备以下条件:

- 高质量的音频信息;
- 高质量的实时视频编解码图像;
- 友好的人机交互界面;
- 多种网络接口(ISDN、DDN、PSTN、Internet、卫星等接口);
- 明亮、庄重、优雅的会议室布局和设计。

在会议电视发展初期,网络环境相对简单,基本上是专线 2 Mbit/s 速率,各公司单纯追求一流的编解码技术,各自怀揣专利算法(至今,会议电视供应商还是或多或少保留一些自己的专用算法),产品间无法互通,技术垄断,设备价格昂贵,会议电视市场受到很大限制。随着各种技术的不断发展和一系列国际标准的出台,打破了会议电视技术及其设备由少数大公司一统天下的垄断局面,逐渐发展成为由国外如 VTEL、Picture-Tel、VCON 公司和国内中兴、华为等大企业共同分享国内会议电视市场的竞争局面。另外,高速 IP 网络及 Internet 的迅猛发展,各种数字数据网、分组交换网、ISDN 以及 ATM 的逐步建设和投入使用,使会议电视的应用与发展进入了一个新的时期。

会议电视的应用已从单纯的电视会议向综合业务发展,从单一的电信领域向其他领域渗透,从机构会议室型向个人桌面型、家庭型发展和延伸。特别是基于 IP 的 H.323 系统的推广应用,更加剧了会议电视应用领域的转变和扩张。对于多种多样的会议电视应用,可归纳为以下几个主要方面。

1. 视频会议

视频会议一直是会议电视的主要应用领域。而且由于 Internet/Intranet 视频会议系统在系统结构和功能实现上更加方便,传输费用大大降低。通过多播技术和实时传输协议,可以降低网络的负担,同时提高服务的质量。因此,低成本、高效率的网络电视系统的应用前景将是十分可观的。

2. 远程教育系统

远程教育系统近几年在国内的应用发展速度很快。远程教育系统不受地域、时间的限制,使教育和专业培训面向个人成为可能。通过远程教育系统,更多的学生能有更多的机会接受教育。

3. 远程监控系统

现有的大多数监控系统是一种专用系统,只有在监控室才能观看。如果采用基于 ISDN、LAN、IP 的视频监控系统,则不论在任何地方,只要能上网,通过认证和鉴权都可以查看结果。这样可以降低雇佣大量的安全人员在不同地点巡视的成本,同时更加高效、安全。

4. 远程医疗系统

远程医疗系统能允许医疗专家与病人进行远程咨询,并能使病人无论身在何处,都能获得有效的、经济的医疗服务。同时,处于异地的远程医疗终端也可共享大医院的高级医疗设备、共享宝贵的专家资源,为更多的病人提供服务。国内正在兴建的"金卫"工程就是包含了几百个终端的远程医疗系统。

5. 其他应用

如视频点播业务、远程购物、电子商务等都是会议电视技术可以拓宽或延伸的业务,其原理也基本类似,只是它们的交互方式和对上、下行的带宽要求有所不同。可以相信,随着网络技术的发展,当 IPv6 广泛使用,且视频到桌面、到家庭后,这些应用将会把会议电视的应用推向一个新的广度和深度。

9.2.2 会议电视系统的关键技术

会议电视技术实际上不是一个完全崭新的技术,也不是一个界限十分明确的技术领域,是随着现有通信技术、计算机技术、芯片技术、信息处理技术的发展而发展起来的。如果没有这些技术的发展,多媒体通信、会议电视、可视电话等都只能停留在理论研究上。更谈不上会议电视实用系统。会议电视系统的关键技术可以概括为以下几个方面。

1. 多媒体信息处理技术

多媒体信息处理技术是会议电视十分关键的技术,主要是针对各种媒体信息进行压缩和处理。可以这样说,会议电视的发展过程也反映出信息处理技术特别是视频压缩技术的发展历程。特别是早期的会议电视产品,各厂商都以编解码算法作为竞争的法宝。目前,编解码算法从早期经典的熵编码、变换编码、混合编码等发展到新一代的模型基编码、分形编码、神经网络编码等。另外,还不断地将图形图像识别、理解技术、计算机视觉等内容引入到压缩编码算法中。这些新的理论、算法不断推进多媒体信息处理技术的发展,进而推动着会议电视技术的发展。特别是在网络带宽不富裕的条件下,多媒体信息压缩技术已成为会议电视最关键的问题之一。

2. 宽带网络技术

影响会议电视发展的另外一个非常重要的因素就是网络带宽问题。多媒体信息的特点就是数据量大,即使通过上述压缩技术,要想获得高质量的视频图像,仍然需要较宽的带宽。如 384 kbit/s 的 ISDN 提供会议中的头肩图像是可以接受的,但不足以提供电视质量的视频。要达到广播级的视频传输质量,带宽至少应该在 1.5 Mbit/s 以上。作为一种新的通信网络,B-ISDN 网的 ATM 带宽非常适合于多媒体数据的传输,它可以把不同种类的多种业务集中起来,在同一网络上既能传输 VBR 数据,又能传输 CBR 视频。过去,ATM 由于成熟度不足且交换设备价格昂贵难以推广应用。经过这些年的大量工作,ITU-T 和 ATM 论坛已经完善了许多标准,各大通信公司生产、安装了大量的 ATM 设备,同时,ATM 接入网也逐步扩充,越来越多的应用已经在 2 Mbit/s 的速率上运行。

另外,还要解决目前通信中的接入问题,它一直是多媒体信息到用户端的"瓶颈"。全光网、无源光网络(PON)、光纤到户(FTTH)被公认为理想的接入网。但目前就全世界来说,仍还处于一个"过渡"时期,因此,目前的 xDSL 技术、混合光纤同轴(HFC)、交互式数字视频系统(SDV)仍然是当前高速多媒体接入网络的发展方向。

正在迅速发展的 IP 网络,由于它是面向非连接的网络,因而对传输实时的多媒体信息而言是不适合的,但 TCP/IP 协议对多媒体数据的传输并没有根本性的限制。目前世界各个主要的标准化组织、产业联盟、各大公司都在对 IP 网络上的传输协议进行改进,并已初步取得成效,如 RTP/RTCP、RSVP、IPv6 等协议,为在 IP 网上大力发展诸如会议电视之类的多媒体业务打下了良好的基础。据预测,在不远的将来,IP 网上的会议电视业务将会大大超过电路交换网上的会议电视业务。

3. 分布式处理技术

电视会议不单是点对点通信,更主要的是一点对多点、多点对多点的实时同步通信。会议电视系统要求不同媒体、不同位置的终端的收发同步协调,MCU 有效地统一控制,使与会终端数据共享,共享工作对象、工作结果、数据资料,有效协调各种媒体的同步,使系统更具有接近我们人类的信息交流和处理方式。实际上通信、合作、协调正是分布式处理的要求,也是交互式多媒体协同工作系统(CSCW)的基本内涵。在这个意义上说,会议电视系统是 CSCW 主要的群件系统之一。

4. 芯片技术

会议电视系统对终端设备的要求较高。要求接收来自于摄像机的视频输入、麦克风的音频输入、共享白板的数据输入,接收来自于网络的信息流数据,同时进行视频编解码、音频编解码、数据处理等,并将各种媒体信息复用成信息流之后传输到其他终端。在此过程中要求能与用户进行友好的交流,实行同步控制。目前,会议电视终端有基于 PC 的软件编解码解决方案、基于媒体处理器的解决方案和基于专用芯片组(ASIC)的解决方案这三种。不管采用何种方案,高性能的芯片是实现这些会议电视方案所必需的基础。

9.2.3 相关协议

1. 系统协议

与会议电视技术有关的协议标准为会议电视、多媒体通信的实现提供了十分灵活的组网方式,使厂商把发展的重点放在提高产品质量和服务质量上来,规范了多媒体通信产业的发展。

会议电视业务(video conference)在中国已经发展多年,主要集中在 H.320 协议的会议电视系统;而近年伴随着 IP 技术的不断成熟和电信级运营,基于 H.323 协议的会议电视系统也开始逐步得到了应用。

(1)H.320 协议

H.320 是基于 $P \times 64K$ 数字传输网络的会议电视系统协议,采用 H.221 帧结构。典型应用网络为 N-ISDN 网、数字传输网和数字数据网,H.320 会议电视系统包括会议电视终端、多点控制单元(MCU)和会议网管等设备。

会议网管为可选部分,这里不作讨论。多点控制单元(MCU)将在后面与 H.323 系统的 MCU 对比介绍,这里只介绍终端部分。

H.320 终端的功能如图 9-1 所示。

视频编解码单元完成图像的编解码、视频切换及前处理过程,用 H.261 或 H.263 建议来规范。不同制式的视频信号通过转化为中间格式,实现了互通。

音频编解码单元完成音频的编解码、回声抵消和噪声去除工作,用 G.711、G.722 或 G.728 建议来规范。相对视频信号来说,音频信号数据量小,处理时间短,延时单元可保证视音频信号同时到达对端,实现唇音同步。

数据业务设备主要包括电子白板、书写电话以及传真机等,可以用来召开数据会议,数据会议单元使用 T.120 的协议。

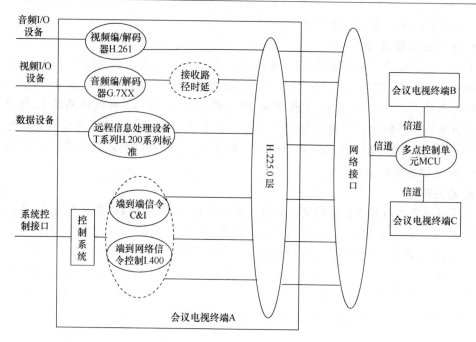

图 9-1 H.320 终端功能框图

系统控制部分执行两种功能,通过端到网络接口信令访问网络,通过端到端信令实现端到端控制。

多信道复用/解复用单元在发送方向主要对视频、音频、数据和信令等各种数字信号进行 ITU-T H.221 帧码流的复用处理,使之成为能与用户/网络接口兼容的信号格式,在接收端则进行相反的解复用处理,使从网络接口来的信号解复用到相应的媒体处理单元。

用户/网络接口单元将复用后的数据流转换成可以在各种传输网络上传递的码流,并送到网络中传递。

(2)H.323 协议

H.323 是基于分组网络的会议电视系统协议,目前,H.323 建议主要适用于 IP 网络。符合 H.323 建议的多媒体会议电视系统由终端、守门人(GK)、网关(GW)、多点控制单元(MCU)4 个部分组成。

①H.323 终端

H.323 终端的功能框图如图 9-2 所示。

网络接口由 H.225 建议所描述,主要用于呼叫控制,并规定了如何利用 RTP 对视音频信号和 RAS 进行封装。

视频编解码采用 H.261 或 H.263 标准,音频编解码采用 G.711、G.722、G.728 等标准;数据功能通过 H.245 建立一条或数条单向/双向逻辑信道实现;控制功能通过交换 H.245 消息实现。

H.323 会议终端除了 H.320 系统的 4 种信号外,还有两类信息,就是 RSA 信号和呼叫信号。RSA 是终端与看门人之间为了登记(Registration)、管理(Admission)、状态(status)、带宽改变、二者间脱离关系等过程所需要的信令;呼叫信号是用于在 H.323 系统的两个末端设备(endpoints)之间建立呼叫连接。

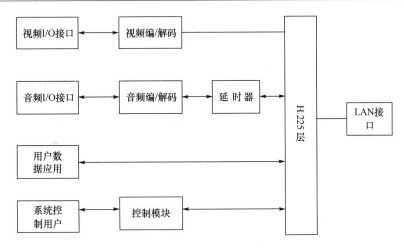

图 9-2　H.323 终端功能框图

②守门人(GK)

与电路交换网络上的会议系统不同,H.323 是针对分组交换质量不保证的网络的,所以有时需要用到守门人(或称为网闸)。

在 H.323 会议系统中,守门人是一个可选的角色,可以有 1 个或多个守门人,也可以没有守门人。守门人之间还可以进行相互通信。守门人向 H.323 终端设备提供呼叫控制服务。从逻辑上讲,守门人是一个独立的设备(功能模块),但实际上,守门人可以与终端、MCU、网关等在一个设备上,只在功能上独立。

守门人的职责如下。

- 地址翻译:将别名地址翻译成传输层地址。
- 入会场许可的控制与管理:根据一些准则,来确定终端用户是否有权进入会场。如有权则进行入会场处理,如无权则拒绝其进入会场。
- 带宽控制与管理:根据网络上带宽资源的使用情况对终端用户使用带宽进行控制和管理。
- 呼叫管理:守门人对终端用户入呼叫做处理,并可进行呼出,或做呼叫转移。
- 域管理。

③网关

在会议电视系统中,网关是跨接在两个不同网络之间的设备,其作用是把位于两个不同网络上的会议电视终端连接起来。

网关主要有三大功能:一是通信格式的转换,如 H.323 系统和 H.320 系统之间通过网关实现 H.225 和 H.221 不同码流之间的互译,以完成链路层的连接;二是视频、音频和数据信息编码格式之间的互译,以完成表示层之间相互通信;三是通信协议和通信规程(如 H.245 与 H.242)之间的互译,以实现应用层的通信。

在实际的 H.323 会议电视系统中,有两种情况将用到网关:一种情况是一组会议的多个与会者在不同的网络中(如有的与会者在 IP 网络中,有的与会者在 E1 网络中);另一种情况是两组会议的多个与会者在 IP 网的不同网段上,需要通过网关绕过一些路由器或某些低速传输通道。

④MCU

多点控制单元(MCU)由多点控制器(MC)和多点处理器(MP)组成。H.320 与 H.323 会议电视系统的多点控制单元有所不同。

H.320 系统的多点会议的控制、管理和处理都是集中的,MC 和 MP 一般不可分,通常在会议网中作为 MCU 设备存在,它采用电路交换模式,会议网为星形的拓扑结构。

H.323 会议系统是基于分组交换模式,从会议电路的组织来看,不存在星形的拓扑结构,而往往是以网状或者树状的拓扑结构形式存在。因而 H.323 会议的多点会议控制、管理和处理就不必一定要进行集中处理,它可以进行集中处理,也可以进行分散处理。同样,MC 和 MP 可以合在一起作为一个设备存在,也可以作为一个功能块放在其他设备(如终端、网关等)中。

2. 视频编解码协议

会议电视系统视频编解码主要使用 H.261 和 H.263 两种协议。

(1)H.261 协议

图像压缩方法一般包括预测压缩编码、变换压缩编码、非等步长量化和变长编码等。H.261 建议采用了运动补偿预测和离散余弦变换相结合的混合编码方案,具有很好的图像压缩效果。该建议 1990 年正式通过,解决了以下 3 个问题,是其他图像压缩标准的核心和基础:

- 确立了各国图像编码专家所公认的统一算法;
- 设定了 CIF 和 QCIF 格式,解决了电视制式不同而带来的互通问题;
- 不涉及 PCM 标准问题,其编码器在 64~1 920 kbit/s 的工作速率覆盖了 N-ISDN 和 PCM 一次群通道,解决了 PCM 标准互换的问题。

(2)H.263 协议

1995 年公布,1996 年正式通过。与 H.261 相比,获得了更大的压缩比,最低码流速率可达 20 kbit/s,是一个适用于低码率窄带通信信道的视频编解码建议。

3. 音频编解码协议

语音的压缩方法主要包括波形编码、参数编码和混合编码。其中,波形编码可以获得较好的语音质量,能够忠实地再现说话人的原音,还原话音特征。参数编码压缩率较高,码率通常低于 4.8 kbit/s,但是声音质量很差,无法分辨出说话人的声音特征。混合编码结合了波形编码的高质量和参数编码的高压缩率,取得了较好的效果。

会议电视系统音频编解码主要使用 G.711、G.722 和 G.728 三种协议。

G.711 和 G.722 采用波形编码方式,G.711 为波形压缩法的对数压扩(A 律或 μ 律)PCM 编码,采样范围 50~3 500 Hz,压缩后码率为 64 kbit/s 或 48 kbit/s。G.722 为子带分割的 ADPCM 语音编码,采样范围 50~7 000 Hz,压缩后码率为 48 kbit/s、56 kbit/s 或 64 kbit/s。

G.728 采用混合编码方式,为低时延码激励线性预测(LD-CELP)编码,音频信号带宽为 50 Hz~3.5 kHz,编码语音输出信号速率为 16 kbit/s。所以,G.728 更适合应用于低码率会议电视系统中。

4. 其他协议

H.221:视听电信业务中 64~1 920 kbit/s 信道的帧结构。

T. 120：多媒体会议的数据协议。

H. 224：利用 H. 221 建议的低速数据（LSD）/高速数据（HSD）/多层链路协议（MLP）信道单工应用的实时控制协议。

H. 245：多媒体通信的控制协议。

H. 242：关于使用 2 Mbit/s 以下数字信道在视听终端间建立通信系统的协议，实际上为端到端之间的通信协议。

H. 243：利用高于 1 920 kbit/s 信道在 3 个以上的视听终端建立通信的规程，实际上为多个终端与 MCU 之间的通信协议。

H. 230：视听系统的帧同步及控制和指示信号 C&I（视听系统中帧同步的控制及指示信号 C&D）。

H. 225.0：基于分组交换的多媒体通信中的呼叫信令协议和媒体数据流分组协议。

T. 123：多媒体会议的网络专用协议栈。

G. 723.1：音频编解码协议，是 5. 3 kbit/s 和 6. 3 kbit/s 多媒体通信传输速率上的双速语音编码。

Q. 922：ISDN 帧模式承载业务使用的数据链路层规范。

G. 703：脉冲编码调制通信系统工程网络数字接口参数。

IEEE802.3U：10/100BASE-T 以太网接口标准。

9.2.4　会议电视的发展趋势

会议电视作为交互式多媒体通信的先驱，已经有 20 多年的历史，顺应三网合一的发展趋势，势必要进入一个新的发展阶段。主要原因是：(1)交互式多媒体通信所依附的传输网络基础，由电路交换式的 ISDN 和专线网络向分组交换式的 IP 网络过渡；(2)其针对的市场目标将由大型公司、政府机构的会议室向小型化的工作组会议室、个人化的桌面延伸，最终发展到家庭；(3)功能已由原先单纯的电视会议功能发展成远程教学系统、远程监控系统、远程医疗系统等多方面的综合业务。尽管在此转型期间会议电视发展的势头强劲，但就目前这一阶段而言，会议电视的发展仍不会以一种形式取代另一种形式，而是同时存在着多种解决方案。值得注意的是，现在很多新的技术已经深入并逐渐应用到视频会议中，视频会议出现了一些新的发展趋势。

(1)基于软交换思想的媒体与信令分离技术

在传统的交换网络中，数据信息与控制信令一起传送，由交换机集中处理。而在下一代通信网络中的核心构件却是软交换（softswitch），其重要思想是采用数据信息与信令分离的架构，信令由软交换集中处理，数据信息则由分布于各地的媒体网关（MG）处理。相应地，传统的 MCU 也被分离成为完成信令处理的 MC 和进行信息处理的 MP 两部分，MC 可以采用 H. 248 协议远程控制 MP。MC 处于网络中心，MP 则根据各地的带宽、业务流量分布等信息合理地分配信息数据的流向，从而实现"无人值守"的视频会议系统，还可以减少会议系统的维护成本和维护复杂度。

(2)分布式组网技术

这个技术是与信令媒体分离的技术相关的。在典型的多级视频会议系统中，目前最常见的是采用 MCU 进行级联。这种方式的优点是简单易行，缺点是如果某个下层网络的

MCU 出现故障,则整个下层网络均无法参加会议。而如果把信令和数据分离,那么对于数据量小但对可靠性要求高度的信令可以由最高级中心进行集中处理,而对数据量大但对可靠性要求低的数据信息则可以交给各低级中心进行分布处理,这样既可提高可靠性又可减少对带宽的要求,对资源实现了优化使用。

(3)最新的视频压缩技术 H.264/AVC

H.264 具有统一 VLC 符号编码、高精度、多模式的运动估计以及整数变换和分层编码语法等优点。在相同的图像质量下,H.264 所需的码率较低,大约为 MPEG-2 的 36%、H.263 的 51%、MPEG-4 的 61%,优势很明显。所以可以预计,H.264 必将会在视频会议系统中得到广泛的应用。

(4)交换式组播技术

传统的视频会议设备大多只能单向接收,采用交互式组播技术则可以把本地会场开放或上传给其他会场观看,从而实现极具真实感的"双向会场"。

9.2.5 中兴会议电视系统简介

1. ZXMVC4050 会议电视终端

ZXMVC4050 是深圳市中兴通讯股份有限公司自主研发生产的小型化会议电视终端设备,提供了 E1、以太网两种网络接口,可以运行在数字数据网、数字传输网和 IP 网络环境下,兼容 H.320 和 H.323 两种完全不同的网络协议。它支持 H.261、H.263 以及 H.263+图像编解码标准,采用专利算法,可以在 64 kbit/s～2 Mbit/s 的速率范围内提供 25 帧/秒的活动图像。它提供领先的回声抵消技术和高保真的音响效果,能够完美再现会场实况。

ZXMVC4050(V2.0)由视频输入/输出、音频输入/输出、视频编解码、音频编解码、网络接口、协议栈和应用程序等部分组成。系统工作原理如图 9-3 所示。

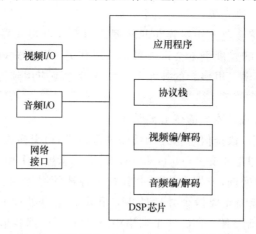

图 9-3 ZXMVC4050(V2.0)系统工作原理图

视频和音频的输入/输出功能主要是指视、音频信号的模/数和数/模转化。来自摄像机和麦克风的图像和声音都是模拟信号,需要转化为数字信号再进行编码。视频信号因为要融合不同制式,数字视频需要转化为 CIF 或 QCIF 中间格式。同样,解码之后视频信号需要从中间格式转化为 PAL 制(或 NTSC 制等),数字视频和音频信号需分别进行数/模转化变为可广播的图像和声音。

网络接口功能包括信号的复用/解复用和信道传输功能。发送时,终端需要把多种终端信号捆成一束复合数据码流,经过信号及码型转换送上传输通道。接收过程相反。

多媒体 DSP 芯片具有强大的运算功能,会议电视终端的所有重要功能,包括视频、音频的编解码、协议栈以及各种应用都在 DSP 芯片上通过纯软件方式实现。

ZXMVC4050(V2.0)作为 H.320 终端主要应用于数字传输网和 DDN 专网,使用的是 E1 接口,所以也被称为 E1 终端。ZXMVC4050(V2.0)作为 H.323 终端主要应用于 IP 网络,所以也被称为 IP 终端。

ZXMVC4050(V2.0)终端内置 Sony 摄像机,是一个终端与摄像机合在一起的一体化配置,其外观图如图 9-4 所示。

图 9-4　ZXMVC4050(V2.0)终端

设备的背面是设备接口区,E1 终端与 IP 终端的设备接口基本相同,只是 E1 终端多了一对 E1 接口。

ZXMVC4050(V2.0)的背面如图 9-5 和图 9-6 所示。

图 9-5　IP 终端背面　　　　　　　　　　　图 9-6　E1 终端背面

ZXMVC4050(V2.0)提供 4 种配置:配置 A、配置 B、配置 C 和配置 D。它们外形相同,都是一体化设备,内置摄像机。

配置 A:IP 终端,支持 H.323 协议,最高速率 768 kbit/s。

配置 B:IP 终端,支持 H.323 协议,最高速率 1 920 kbit/s。

配置 C:E1 终端,支持 H.320 协议,最高速率 1 920 kbit/s。

配置 D:既可做 E1 终端,也可做 IP 终端,支持 H.320 和 H.323 协议,最高速率 1 920 kbit/s。

其中,配置 A 和配置 B 配有主板、红外接收板和摄像头转接板三块单板,配置 C 和配置 D 另外增加一块 E1 接口板。

用户选择终端配置时,首先需要根据自己使用哪一种网络来确定终端接口类型。如果确定只使用 IP 终端,再根据会议要求和网络实际情况确定最高速率,选择配置 A 或配置 B;如果确定终端只用于 E1 网络,可选择配置 C;如果对终端所适用的网络有多种需求——有时用 E1 网,有时用 IP 网——则选择配置 D。

2. ZXMVC8900 智能视讯服务器

ZXMVC8900(如图 9-7 所示)是基于 H.323 和 H.320 系列协议的智能视讯服务器,位于会议电视系统的核心部位,能为不同网络类型、不同带宽和不同终端类型的用户提供视频、音频及数据的高效通信。

图 9-7   ZXMVC8900 外形图(正面)

ZXMVC8900 的硬件系统和后台控制软件完全隔离。硬件系统采用模块化的设计原则,软件系统采用分层的设计方案。本节从硬件和软件两方面介绍 ZXMVC8900 的工作原理,并对所涉及的主要协议做简单说明。

(1)硬件工作原理

ZXMVC8900 的系统硬件设计遵循模块化原则,硬件功能原理框图如图 9-8 所示。ZXMVC8900 的各个功能模块相对独立。

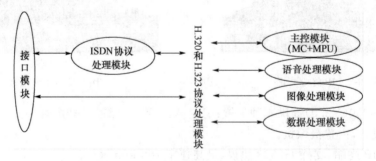

图 9-8   ZXMVC8900 硬件功能原理图

这种模块化设计的优点是使同一协议处理板可以处理不同的接口,而媒体处理板可以处理不同通信协议的媒体数据,从而对于不同的接入方式,媒体数据都在系统内部得到统一。

各功能模块的主要功能如下。

①接口模块:主要完成物理接入,并具备检测功能。

②ISDN 协议处理模块:完成 Q.931 及 Q.921 用户信令的呼叫处理和多 B 信道的绑定和同步。

③H.320 和 H.323 协议处理模块:完成数据的复用/解复用,媒体交换网络的控制和对硬件状态的检测。

④主控模块:对系统资源进行集中控制。完成系统资源配置、系统硬件管理协调等功能。

⑤语音处理模块:完成语音的编解码、混音处理,并实现语音激励算法。

⑥图像处理模块:完成视频图像处理。

⑦数据处理模块:完成 T.120 会议的数据处理。

(2)H.320 系统工作原理

ZXMVC8900 应用于 H.320 系统时,其工作原理如图 9-9 所示。

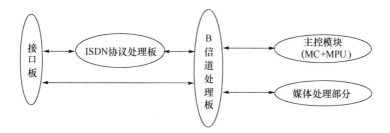

图 9-9　ZXMVC8900 应用于 H.320 系统的工作原理图

对于 H.320 的 E1 系统,接口码流通过接口板到达 B 信道处理板,在 B 信道处理板上进行媒体码流的复用和解复用。解复用的媒体数据分别送到不同的媒体处理板上进行处理,解复用的信令的一部分送往协议栈处理。后台发出的信令和媒体处理板上已完成处理的数据再送到 B 信道处理板进行复用处理。复用后的数据送到接口板发出。

对于 H.320 系统中的 PRI 接口,其工作原理与处理 E1 接口的工作原理基本相同。不同之处是在接口板和 B 信道处理板之间加了一块 ISDN 协议处理板。ISDN 协议处理板处理 D 信道和 B 信道的对齐,从而使到达 B 信道处理板的码流几乎与专线系统一样。

媒体处理部分包括语音处理板、图像处理板、数据处理板等各种媒体处理板,主要对语音、图像和数据进行处理。

(3)H.323 系统工作原理

ZXMVC8900 应用于 H.323 系统时,其工作原理如图 9-10 所示。

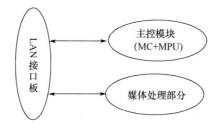

图 9-10　ZXMVC8900 应用于 H.323 系统的工作原理图

对于 H.323 系统,信号的处理方式与 H.320 系统相同,不同之处是采用的接口为 LAN 接口,协议处理是针对 IP、UDP、RTP/RTCP 等协议。

不论是 H.320 还是 H.323 系统,媒体处理部分接口都是统一的,以便实现系统的完全兼容。媒体处理依据不同的媒体编解码格式实现系统间语音、图像和数据的匹配、转换功能。

ZXMVC8900 系统软件共分 4 层:网管中心、MC 多点控制层、MP 主控模块层和协议媒体处理层。软件总体结构层次如图 9-11 所示。

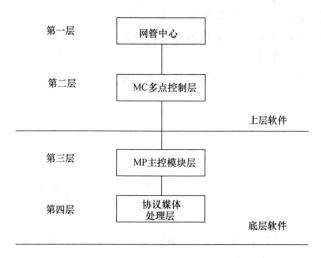

图 9-11　ZXMVC 系统软件总体结构层次图

各层主要功能如下。

①网管中心:实现系统后台控制,提供友好的人机界面,完成会议调度、计费管理、会议配置、会议信息管理以及系统安全管理等功能,可以同时管理多个 MCU。

②MC 多点控制层:为协议层,实现 H.320 和 H.323 控制协议,完成会议多点控制和多组会议的组织管理。

③MP 主控模块层:完成系统资源分配,板间连接控制以及控制信息传递和处理。

④协议媒体处理层:底层媒体处理,完成媒体封装协议处理以及媒体的交换、混合和格式转换处理。

网管中心实现人机交互,用户可通过 IE 浏览器查询和控制,并通过 MC 传递和控制 MP。网管中心、MC 同 MP 采用分离方式设计,通过网络互联,便于系统扩展,并真正实现信令和媒体分离。媒体处理部分包括 14 个功能模块,分别为接口板控制模块、ISDN 信令模块、ISO13871 处理模块、单板控制信息处理模块、H.320 协议处理模块、TCP/UDP 处理模块、RTP/RTCP 处理模块、语音解码处理模块、语音编码处理模块、语音混合处理模块、视频匹配处理模块、数字多画面处理模块、高清媒体处理模块和数据处理模块。

3. 组网应用

ZXMVC4050(V2.0)有两种组网方式:一是实现点对点的连接;二是作为多点会议的一个点,提供多点会议终端功能。

使用的网络主要有数字传输网、DDN 专网和 IP 网。在数字传输网和 DDN 网中,

ZXMVC4050(V2.0)使用 E1 接口与会议网相连;在 IP 网中,使用网口与会议网相连。

(1)点对点的连接

两个 E1 终端通过一条同轴电缆直连(或者通过数字传输网、DDN 网相连),就实现了 E1 终端的点对点的连接。两个 IP 终端通过直连网线对接或通过其他方式连接到 LAN 或 WAN 上,就实现了 IP 终端的点对点的连接。

点对点会议不需要 MCU 控制,直接从一个终端拨叫另一个终端则完成了会场信息的动态交互。点对点会议组网如图 9-12 所示。

图 9-12　点对点会议组网示意图

(2)多点会议

借助于 MCU(包括 MC、MP)、GK、GW 等的多点控制功能,ZXMVC4050(V2.0)能够实现多点会议的会议终端功能。

因使用的网络不同,ZXMVC4050(V2.0)多点会议组网方式有所不同。

(3)利用数字传输网或 DDN 专网组网

使用 E1 网络或 DDN 专网组网的多点会议系统如图 9-13 所示。

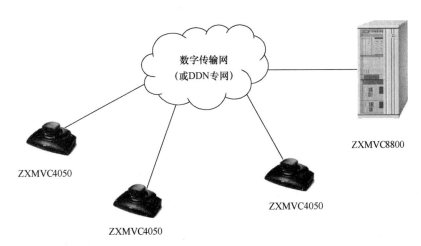

图 9-13　使用 E1 网络或 DDN 专网组网的多点会议系统

组网时,要求终端设备与传输网(即终端和机房 DDF 架之间)之间的距离不超过 300 m。如果距离较远,可以使用 HDSL 做距离延伸。一般情况下,HDSL 有效传输距离为 5 km。

(4)利用 IP 网络组网

使用 IP 网络组网的多点会议系统如图 9-14 所示。

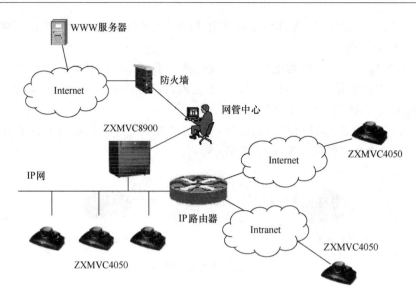

图 9-14　利用 IP 网路组网的多点会议电视系统

ZXMVC4050(V2.0)与网络的距离(通常为终端和 HUB 之间的距离)即网线的传输距离,通常为几十米,最多不超过一百米。

(5)混合组网

ZXMVC4050(V2.0)也可用于混合组网的网络环境。混合组网是指同一会议中,终端与 MCU 之间使用多种不同电信网络建立连接,组网中要求 MCU 有混合组网能力,MCU 为网络核心。

9.3　VOD 系统

9.3.1　概述

VOD(Video On Demand)即视频点播,也称交互式电视点播系统,即按需要的视频流播放。用户不必遵守传统的时间表,而是根据自己的意愿随时点播希望收看的节目,从根本上改变了过去被动式收看电视的不足。形象地说,使用视频点播业务就如同在自己的录像机或影碟机上看节目一样方便,用户不仅可以自由调用节目,还可以对节目实现编辑与处理,获得与节目相关的详细信息,系统甚至可以通过记忆和存储用户选择来向用户推荐节目。VOD 向用户提供的服务还远远不止这些,还可以实现 Internet、收发电子邮件、家庭购物、旅游指南、订票预约、股票交易等其他功能。可以说,这一技术的出现使用户可以按自己的需要来安排工作和娱乐时间,真正实现了由用户掌握收视主动权,极大地提高和改善了人们的生活质量和工作效率。

视频点播是 20 世纪 90 年代末在国外发展起来的,是一项随着娱乐业的发展而兴起的技术。它综合采用了计算机、通信、电视等技术,利用了网络和视频技术的优势,彻底改变了过去收看节目的被动方式,实现了节目的按需收看和任意播放,集动态影视图像、静态图片、声音、文字等信息为一体,为用户提供实时、交互、按需点播服务的系统。

9.3.2　VOD 的组成及其工作过程

1. VOD 系统的组成

VOD 系统由三大部分组成,它们是服务端系统、网络系统、客户端系统。

（1）服务端系统

服务端系统主要由视频服务器、档案管理服务器、控制网络和网络接口组成。档案管理服务器主要承担用户信息管理、计费、影视材料的整理和安全保密等任务。控制网络部分主要完成各种服务器中的各种信息传递工作及后台的影视材料和数据的交换。网络接口主要实现与外部网络的数据交换和提供用户访问的接口。视频服务器主要由存储设备、高速缓存和控制管理单元组成,其目标是实现对媒体数据的压缩和存储,以及按请求进行媒体信息的检索和传输。视频服务器与传统的数据服务器有许多显著的不同,需要增加许多专用的软硬件功能设备,以支持该业务的特殊需求。例如,媒体数据检索、信息流的实时传输以及信息的加密和解密等。对于交互式的 VOD 系统来说,服务端系统还需要实现对用户实时请求的处理、访问许可控制、VCR 功能（如快进、快退、暂停等）的模拟。

（2）网络系统

网络系统包括具有交换功能的主干网络和宽带接入网络两部分,VOD 业务接入点的设备将这两部分连接起来。业务接入点主要完成按用户指令建立一条视频服务器到用户的宽带通道。因为网络系统负责视频信息流的实时传输,所以是影响连续媒体网络服务系统性能极为关键的部分。同时,媒体服务系统的网络部分投资巨大,故而在设计时不仅要考虑当前的媒体应用对高带宽的需求,而且还要考虑将来发展的需要和向后的兼容性。可用于建立这种服务系统的网络物理介质主要是 CATV 的同轴电缆、光纤和双绞线,而采用的网络技术主要是快速以太网、FDDI、ATM 技术和 FR 技术。

（3）客户端系统

只有利用终端系统,使用者才能与某种服务或服务提供者进行互操作。实际上,在计算机系统中,客户端系统是由带有显示设备的 PC 终端加 Cable Modem 完成的;在电视系统中,它是由电视机加机顶盒完成的;在一些特殊系统中,可能还需要一台配有大容量硬盘的计算机以存储来自视频服务器的影视文件;在客户端系统中,除了涉及相应的硬件设备,还需要配备相关的软件。例如,为了满足用户的多媒体交互需求,必须对客户端系统的界面加以改造。此外,在进行连续媒体演播时,媒体流量的缓冲管理、音频与视频同步、网络中断与演播中断的协调等问题都需要进行充分的考虑。

2. VOD 的工作过程

首先用户通过自己掌握的 VOD 用户终端,向就近的 VOD 业务接入点发起第一次通信呼叫,要求使用 VOD 业务。VOD 业务接入点收到用户的呼叫请求后,即向用户机顶盒发出命令,要求报告用户身份码,以便确定用户的权限和身份。机顶盒接到命令后,自动向业务接入点发出用户标识。业务接入点收到用户标识后,检验用户身份的合法性和使用权限,一经确认,即向用户发出 VOD 系统目录清单供用户选择。用户可以按照目录清单以点菜单的方式进行寻找,也可以用填表格的方式要求系统查找想看的节目。当用户找到了想看的节目后并经确认,VOD 业务接入点即自动向所在的视频服务器发出两次呼叫,并报告机顶盒所在的地址，视频服务器接到请求，先建立与机顶盒的数据通道，开始向机顶盒发送视频信息，随后启动 VOD 业务接入点开始计费。在此期间，用户可以使用控制器进行快进快退、播放等对节目的操作，就像操作家用录像机或影碟机一样，随心所欲。当用户不想看了，或者节目播放完了，可以发出停止播放命令。视频服务器收到此命令后，立即关闭数据通道，并随即给 VOD 业务接入点发出停止计费的信息。VOD 业务接入点收到视频服务器发来的信息后，立即停止计费，并向用户重新发出节目清单供用户再次选择。如果用户还想看其他节目，可以重复以上过程；如果用户不想看了，可以发出拆线命令，切断与 VOD 业务接入点的通道。一次通信过程到此结束。

3. 视频点播的基本业务功能

一般来讲，VOD 业务需要具备以下功能。

（1）下载

用户终端将给目前国内无智能的电视机提供智能。由于经济的因素，许多用户的终端是采用机顶盒，而不是计算机。而且一般的机顶盒并不准备配备硬盘。这就意味着只有一小部分操作系统能被存储在机顶盒的 ROM 或者 EPROM 中。所需的功能环境，随着应用一起下载。

（2）导航

用户将需要一个友好的界面以在多个业务中进行选择。一个智能化的导航系统可被编程具有记忆和存储选择的能力，同时它还能向用户推荐节目。

（3）访问证实

今天，许多电视系统都是由公告商付费的。在将来交互式环境中，几乎所有的公告都被省略了，这样，基于访问证实的计费就成为唯一一条对提供新业务进行计费的有效的、可接受的途径。

（4）用户定制

用户定制通过给用户提供选择定义自动登录模式、确定语言、业务、导航系统或业务提供者。

（5）用户身份鉴定/授权

用户终端设计了 3 个用户目录：管理者、用户和匿名用户。管理者对用户终端设备的总体负责且有权赋予、剥夺或改变用户对每种业务的权限。用户将能使用他们被授权的任何应用并定制他们的业务环境。匿名访问主要用于公告业务。

（6）计费/加密

从用户的观念来看，所有的业务提供应该只有一张账单。考虑到居家购物和居家银行，就必须有先进的加密手段。

（7）内容

VOD 不存在内容的问题，因为有大量素材如旧电影或电视剧。但由于许可证、版权等问题，这些内容的获得有时十分缓慢。

（8）Internet 访问

新业务必须能结合 Internet 应用的特点并满足下层需要，如协议封装和 Internet IP-to-ATM 地址转换。

9.3.3　VOD 的分类及其服务方式

1. VOD 的分类

根据不同的功能需求和应用场景,VOD 系统主要有 3 种:NVOD、TVOD、IVOD。

NVOD(Near Video On Demand)称为准点播电视。这种点播电视的方式是:多个视频流依次间隔一定的时间启动发送同样的内容。例如,12 个视频流每隔 10 分钟启动一个发送同样两小时的电视节目,如果用户想看这个电视节目可能需要等待,但最长不会超过 10 分钟,用户会选择距他们最近的某个时间起点进行收看。在这种方式下,一个视频流可能为许多用户共享。

TVOD(True Video On Demand)称为真实点播电视,它真正支持即点即放。当用户提出请求时,视频服务器将会立即传送用户所要的视频内容。若有另一个用户提出同样的需求,视频服务器就会立即为他再启动另一个传输同样内容的视频流。不过,一旦视频流开始播放,就要连续不断地播放下去,直到结束。这种方式下,每个视频流转为某个用户服务。

IVOD(Interactive Video On Demand)称为交互式点播电视,它比前两种方式有很大程度上的改进。它不仅可以支持即点即放,而且还可以让用户对视频流进行交互式的控制。这时,用户就可像操作传统的录像机一样,实现节目的播放、暂停、倒回、快进和自动搜索等。

2. 视频点播的服务方式

为了利用有限的节目通道满足更多人的要求,视频点播通常设计了 3 种服务方式,以适应不同的需要。

(1)单点播放方式

在这种方式下,用户单独占有一个节目通道,并对节目具有完全的控制。由于通道数是有限的,用户必须首先申请这种服务(由上行通道传递这个请求),当获得允许后,系统分配下行通道,用户在总节目单中选择节目,然后开始播放节目。在播放过程中,用户独占节目通道,并有类似于录像机的控制,随机播放、快进、快退、暂停、慢放。这种服务方式具有快速响应、交互性好的特点,具有好的服务质量,但收费较高。

(2)多点播放方式

在这种方式下,几个用户共同拥有一个节目通道,但节目只能线性播放,即从头播到尾,用户不能进行控制,这种方式相当于预约播放方式。VOD 系统拥有者可决定播放的时间表,如半个小时播放一次,用户可在某个时间段内预约某个节目,系统会在规定时间内给予答复。这个时间可根据用户选择的时间段之前一定时间内答复,具体做法取决于用户感觉及预约效率(即尽量满足多个用户的需求)。

用户预约时,先在已经有人预约的节目单中选择,不满意时再在总节目单中选择。系统根据现有的通道数、用户预约数及时间段统一安排,给予用户答复。当不能满足用户要求时,还可给予用户建议,建议在什么时间段可以满足用户要求。当节目播放时,预约并得到允许的用户完整地接收,但这些用户只能在特定的时间段内从头看到尾,在节目播放期间不能进行控制。这种服务方式具有预约节目的特点,属简单的交互电视,提供中等的服务质量,有较多的用户,收费中等。

(3)广播方式

在这种方式下,节目通道相当于一个有线电视频道,由 VOD 系统所有者安排节目及时间,所有装有机顶盒设备的用户都可接收节目,在节目播放期间不能进行控制。为使用户看到完整的节目,每个节目可循环播放。这种服务方式类似于广播,不具有交互性,提供较差的服务质量,但有最多的用户,收费较低。用户若选择正在播放的节目,可按一般方式收费。

基于多功能数字机顶盒的视频点播系统的结构如图 9-15 所示。

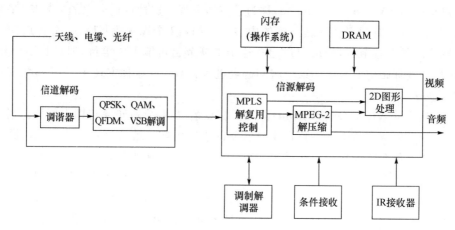

图 9-15　基于多功能数字机顶盒的视频点播系统结构图

9.3.4　视频服务器

1. 视频服务器的功能

视频服务器就是在网络上为点播用户提供存储和播放视频节目功能的设备。在 VOD 系统中视频服务器是最关键的组成部分。作为系统的中央控制和服务部分,其基本功能如下所述。

(1)请求处理:接收用户的访问请求。

(2)许可控制:检查用户的权限,考虑新请求的加入是否影响已有服务的性能。

(3)数据检索:从服务器的存储系统中检索数据的存放位置。

(4)可靠的流传输:向用户提供一个实时的数据流。

(5)支持类似 VCR 的操作功能等。

因此,从功能上看,视频服务器同普通服务器有很大的差异。普通服务器面向计算,研究的主要问题集中在高速计算性能、数据可靠性等问题上;而视频服务器则是面向资源,其主要的技术问题是资源问题。它有效地提供大量的实时数据,涉及对视频服务器外存储容量、内存储容量、存储设备 I/O、网络 I/O 和 CPU 运算等多种资源的合理调度和设计。

2. 视频服务器的关键技术

视频服务器的关键技术主要包括存储容量、存储 I/O 带宽、网络 I/O 带宽、系统管理以及用户交互控制等方面。

(1)存储容量

视频服务器承载视频节目的数量受服务器存储容量的限制。由于硬盘的存储容量有限,即使采用多硬盘和 RAID(Redundant Arrays of Independent Disks)磁盘阵列技术,仍存在管理、成本等方面的问题,因此,扩展视频服务器的存储系统,建立层次结构的存储模型是扩展视频服务器存储容量的主要技术。

即使是小型的视频服务器也不可能仅仅依靠硬盘来存储大量的视频节目,而大容量存储设备(光盘塔和磁带机)的访存速度又不能适应点播的需要。每个点播的视频节目在视频服务器上必须首先调度到硬盘上,才能传输给用户,这样就涉及节目在硬盘和其他外存储设备的放置问题。调查发现,用户对不同节目的收视分布差异很大,因此,可以按照节目被收视的冷热门程度的不同,将热门节目放置在硬盘上,而冷门节目放置在外存储设备上,使大部分用户的点播直接通过硬盘得到服务,而少数点播冷门节目的用户需要一定的时间等待视频服务器将节目从外存储设备转到硬盘上,然后再观看节目,这就形成视频服务器的层次存储结构模型。

(2)存储 I/O 带宽

为了同时对尽可能多的用户服务,视频服务器的存储系统必须提供很高的 I/O 带宽。由于存储 I/O 带宽受硬件条件的限制,因此,提高存储子系统的吞吐能力主要集中在如何充分利用现有存储硬件的 I/O 上。

对于读取硬盘上的数据,从硬盘的物理结构上讲,涉及磁头移动、磁盘旋转、数据读取等许多操作。不同的点播要求可能涉及同一磁盘上不同数据块需要在相同的时间段内被读出,以服务于不同用户的点播需要。即在一个限定的时间内,磁头要移动到每个数据块的位置读取数据,这里的时间消耗取决于磁头的移动速度,磁盘的旋转速度和数据块的大小。一般而言,磁盘的旋转速度是恒定的,读取数据的速率也是固定的,那么,减少这个时间消耗的关键在于如何减少磁头的移动。对此,研究者们提出了不少关于磁头移动的策略。另外,还有一种方法,即在将节目数据放置到硬盘上的时候就按照某种算法排列,以减少磁头的移动。

分块是另一个问题,特别是在多盘甚至分布式多服务器的情况下,这一问题尤其重要。之所以要将节目数据分成小数据块,是基于充分利用 I/O 带宽的想法。假如不把节目分成小块放置到不同的硬盘或者服务器上,在节目点播过分集中的情况下,服务器 I/O 利用率就不高。例如,当大多数用户都集中在一个节目上的时候,存放这个节目的磁盘必须同时响应很多的点播请求,当这些请求不能合并时,对这个磁盘而言,会因为请求过多而出现过忙的情况,而其他的磁盘则可能因为没有点播请求而闲置,使系统总的磁盘 I/O 能力得不到充分利用,这种情况称为负载不平衡现象。解决负载不平衡问题的一种方法是在多个磁盘上保持多个备份,不过这种方法过于昂贵。有效的方法是数据分块,将每个节目分成若干块,分布到不同的磁盘上,甚至分布到不同的计算机上。这样,每个节目点播的服务都分布到各磁盘上,因此可以平衡磁盘的负载,该算法称为分块或交错算法。虽然此项研究目前还不成熟,尚未在产品中见到具体应用,但是大多数产品选择 RAID 磁盘阵列作为硬盘存储设备正是基于这个考虑。

(3)网络 I/O 带宽

视频服务器通过网络 I/O 子系统向系统用户提供视频流,然而为每个用户生成一个单独的视频流无疑是浪费网络带宽资源,因此,合理的调度流是这个子系统的关键技术。

基于有效利用资源的考虑,视频服务器常常利用网络组播或者广播技术为多个用户服务,也就是说,多处用户共享同一条视频流。但在这种合并的情况下,一旦用户进行交互式功能操作,就必须脱离某个视频流。此时,如果没有合适的视频流可以加入的话,就必须由视频服务器再创建一个新流。但是,创建新流受到许可控制的限制,因此,就可能出现无法实现交互式功能操作的现象，这个问题是研究合并算法的一个大障碍。

（4）系统管理

用户向服务器发出请求，视频服务器响应用户需求，为用户提供服务，这一整套管理功能就是系统管理子系统。由于视频服务器服务瓶颈问题是资源的消耗问题，因此，系统管理子系统的关键技术在于判断系统资源状况，许可和控制用户对视频服务器资源的使用。此外，系统的加密问题也属于该子系统。

研究许可控制策略的目的是要解决视频服务器的综合资源分配问题。许可控制是视频服务器的技术难题之一。当有一个点播请求到达视频服务器的时候，视频服务器需要根据当前的服务情况与系统的容量决定是否接受该请求。一旦请求被接受，视频服务器则为该请求分配相应资源，形成一个视频流。然而，视频服务器的资源是有限的，并不是每个请求都能满足，这就涉及请求许可的问题。

请求许可算法首先要调查当前服务器上的资源水平，因此，必须建立起能反映当前资源状况的数学模型。现有的请求许可控制主要分为基于确定性的策略和基于统计性策略两种方式。确定性策略主要根据服务器的性能，在理论上推导出最坏情况下可以支持的用户数目，从而决定是否接受更多的请求。确定性控制能够对用户的服务质量提供绝对的保证，但是，由于其考虑的是最坏的情况，因此，可能浪费了视频服务器的系统资源。统计性策略使用的数据则基于观察到的服务器性能和过去的服务状况来推测是否能对新的请求进行服务。统计性控制能够使资源得到利用，但是，只能以一定的概率条件来满足用户服务的实时要求。因此，还必须考虑其性能增强问题。

数据加密问题是一个需要研究的问题。当许多用户共同使用相同的网络带宽时，应在系统的哪些环节对数据加密就成为一个问题。如果在视频服务器存储之前就加密（称预加密），那么，人们一旦掌握了密码，就能很容易看到节目；如果在数据传输到用户的时候加密（称为动态加密），主动权就又不在视频服务器上。除非每个用户再分别占用一定的网络资源，在传输的时候对不同用户分别加密，这种情况就要考虑用户如何共享同一网络带宽，同时还要考虑对每个用户加密的代价是否给视频服务器或者整个系统带来很大的资源消耗。

（5）用户交互控制

从服务功能上讲，视频服务器还涉及如何给用户提供交互功能这一问题。交互式功能包括"暂停"、"恢复"、"快进"、"快退"等，是实现交互式点播电视的基础。视频服务器响应交互式要求是一个比较复杂的工作。其中，"暂停"、"恢复"是最基本的操作。如果在准点播电视的基础上实现交互式功能，服务器为响应用户"暂停"操作可以简单地停止用户对数据的接收，但是，在响应"恢复"操作时，因为在准点播电视中流的时间已确定，服务器不可能再建立一条正好适合该用户的视频流，该用户只有被并入一条近似的流，这样，对用户而言，观看的节目就可能不连续。对于实现"快进"和"快退"操作，现有的方法主要有两种，但它们都有一定的局限性。一种是用户方实现"快进"和"快退"操作。将"快进"或"快退"的时间段内的数据全都传给用户，用户的解码设备靠这些数据实现"快进"、"快退"操作。这种方法存在的问题是数据传输量过大。假设用户想从影片片头"快进"到影片片尾，那么，在很短的时间内，要将几乎整个影片数据传输给用户，这对服务器和网络的要求过于苛刻。另一种是在服务器上实现"快进"和"快退"操作，这种方法在服务器上解码数据，采取选择传输关键帧的方法，将一部分视频帧传输给用户。该方法的代价是服务器必须消耗 CPU 资源来解码数据，因而加重了服务器的负担;同时用户在"快进"、"快退"操作中也不能看到每幅画面,并且如果视频数据是 MPEG 这样的可变比特流,那么,同时也会加重网络的负担,因为"快进"、"快退"只能传输压缩率较小的 I 帧,在相同播放帧率的情况下,只传输 I 帧要比平时的传输数据量大 5 ～10 倍。以上两种方法都不能很好地实现"快进"和"快退"操作,对这类操作的有效支持是目前视频服务器研究领域的一个难点问题。

3. 视频服务器的服务策略

VOD 系统有两种方法为用户提供服务,服务器"推"模式和客户机"拉"模式,从而在客户机和服务器之间能够请求和发送视频数据。

(1)服务器"推"模式

大多数的 VOD 系统采用这种做法,建立起一个交互后,视频服务器以受控制的速率发送数据给客户,客户接受并且缓存到来的数据以供播放。一旦视频会话开始,视频服务器就持续发送数据给客户直到客户发送请求来停止。

(2)客户机"拉"模式

在 request-response 模式下,客户周期性地发送一个请求给某个服务器,请求传送一段特定的视频数据,服务器收到请求后,从存储器中检索数据并把它发送给客户,此时数据流是由客户驱动的。

在"推"模式下,需要服务器间的时钟同步,只要服务器的时钟是同步的,就可以应用基于轮转的调度算法;相反,"拉"模式下,由于系统中的服务器是自治的,服务器间不需要时钟同步。

当客户的请求超过服务器的容量时,可以有两种解决方案。

第一种解决方案是把系统的存储容量加倍,把数据复制到另外几个服务器上以提高系统的性能,这种做法增大了系统的存储容量的需要,使服务提供端的成本上升,维护困难加大。

第二种解决方案是把完整的视频分成多个独立视频服务器上的一组阵列,把它们分别存储到不同的服务器中,不必复制视频数据就可以不断扩大 VOD 系统的服务规模,这称为并行 VOD 系统。

在并行视频服务器中,视频数据在多个服务器中分割,所以服务器均匀承担来自客户端的视频请求。这样,增加了系统容量,并且通过数据冗余(如增加校验码)可以提高可靠性。目前 VOD 系统有如下两种分割法。

(1)时间分割。一个视频流可以被认为由一系列的视频帧构成,把视频流分为许多帧单元(等长时间的帧),然后存储到多个服务器上称为时间分割。

(2)空间分割。时间分割把视频流分为许多相同时间长度的帧,空间分割是把视频流分为相同长度的字节构成的帧。由于每个分割单元都是相同大小的,空间分割简化了存储和缓存区的管理。

在时间分割中,所有服务器中视频帧被检索的频率是相同的,但是视频帧的字节大小却不一定是相同的,在运用了帧内和帧间编码方式的 MPEG-1 和 MPEG-2 视频流上尤其明显。所以每一个服务器上视频数据的检索量就取决于它所存储的帧的类型。比如:MPEG-1 中有 I、P、B 帧,平均数据量为 I>P>B。一个存储 I 帧的服务器必然要比存储 P 帧的服务器要发送更多的数据,承担更重的负载。

虽然分割这种做法没有带来额外的存储空间的需要,但是它也有负载平衡(load balancing)的问题:比如一些受大众欢迎的视频片断必然会被多次检索,造成了一些服务器某段时间的不堪重负,而另外一些服务器却被闲置。

在服务器响应客户的请求时,可以运用以下几种不同的调度算法。

(1)轮转调度

轮转调度(Round Robin Scheduling)不考虑服务器的连接数和响应时间,它将所有的服务器都看作是相同的,以轮转的形式将连接分发到不同的服务器上。

(2)加权轮转调度

加权轮转调度(Weighted Round Robin Scheduling)根据每个机器的处理能力的不同给每个机器分配一个对应的权重,然后根据权重的大小以轮转的方式将请求分发到各台机器。这种调度算法的耗费比其他的动态调度算法小,但是当负载变化很频繁时,它会导致负载失衡,而且那些长请求会发到同一个服务器上。

(3)最少连接调度

最少连接调度(Least Connection Scheduling)将用户请求发送到连接数最少的机器上。最少连接调度是一种动态调度方法,如果集群中各台服务器的处理能力相近,则当负载的变化很大时也不会导致负载失衡,因为它不会把长请求发送到同一台机器上。但是当处理器的处理能力差异较大时,最少连接调度就不能很好地发挥效能了。

(4)加权最小连接调度

加权最小连接调度(Weighted Least Connection Scheduling)根据服务器的性能不同而给它们分配一个相应的权重,权重越大,获得一个连接的机会就越大。

9.3.5 机顶盒

机顶盒(Set-Top-Box,STB)起源于 20 世纪 90 年代初,当时在欧美作为保护版权和收取收视费的重要手段,有线电视台在每台用户电视机之前加一个密钥盒,只有交了费的用户才能正常收看电视,这就是最初的机顶盒。

20 世纪 90 年代中期,国际互联网在全世界快速发展和普及,人们萌发了用电视机上网的想法,于是具有 Internet 功能的机顶盒出现了。当时,计算机和网络厂商都期望因特网机顶盒能成新的家用电器,市场炒作曾经几起几落,但始终未成气候。

1998 年 11 月,美国和欧洲 HDTV 试播后,又一次掀起了机顶盒的高潮,这次机顶盒的主要作用是用普通模拟电视机收看数字高清晰度电视,当然也具备网络和有条件接收功能。2000 年 8 月 14 日,中国数字有线电视节目在深圳首播成功,2000 年全国 24 个省、自治区、直辖市有线电视联网,2001 年实现全国联网。全国有 300 多个有线电视网络公司在双向 HFC 分配网上进行综合业务试点,为数字有线电视多功能开发架起了桥梁。在 HFC 网改造成双向 HFC 网中,许多有线电视网络公司在开展广播电视、数据传输、因特网接入、视频点播等综合业务试点上取得了成功经验。由于数字 CATV(有线电视)系统的机顶盒能将模拟电视节目、DTV(数字电视节目)和高速数据等多媒体交互业务一起转换(显示)在用户的电视机和个人电脑上,向用户提供了更为宽松的交互环境,用适合于用户的高速数据多媒体交互业务,把电视节目和广告连接到网页,在数字机顶盒的遥控器上实现 VOD(视频点播)和简单的 E-mail(电子邮件)收发;访问 Internet(国际互联网)的娱乐、信息和授权的电子商务等。大大改变了传统电视广播的特性,提供着信息的交互应用。随着数字电视广播业务的发展,机顶盒技术和市场都有了很大发展,现在,对于任何经营数字广播业务的广播商而言,机顶盒是最大的投资,可以说,数字电视广播和宽带互联网是机顶盒发展的外部条件。

1. 机顶盒的结构

根据接收数字电视广播和互联网信息的要求,一个机顶盒的硬件结构由信号处理(信道解码和信源解码)、控制和接口几大部分组成。机顶盒的结构如图 9-15 所示。机顶盒从功能上看是计算机和电视机的融合产物,但结构却与两者不同,从信号处理和应用操作上看,机顶盒包含以下层次。

(1)物理层和连接层:包括高频调谐器,QPSK、QAM、OFDM、VSB 解调,卷积解码,去交织,里德-所罗门解码,解能量扩散。

(2)传输层:包括解复用,它把传输流分成视频、音频和数据包。

(3)节目层:包括 MPEG-2 视频解码,MPEG/AC-3 音频解码。

(4)用户层:包括服务信息、电子节目表、图形用户界面(GUI)、浏览器、遥控、有条件接收,数据解码。

(5)输出接口:包括分模拟视音频接口、数字视音频接口、数据接口、键盘、鼠标等。

2. 机顶盒的功能

机顶盒从功能上,可分为数字电视机机顶盒、网络机顶盒和多媒体交互式机顶盒。交互式机顶盒综合了前两种机顶盒的所有功能,可以支持几乎所有的广播和交互式多媒体应用。用于数字终端的多功能数字机顶盒应具备如下功能:在具有双向控制通道、模拟视频通道、数字视频通道的前提下,它的功能有数字调谐器、QPSK/QAM 解调、微处理器(CPU)、MPEG-2 传输器、视音频解调、交互控制功能(包括上行数字调制编码)、接入因特网、IP 地址、红外遥控、打印、智能卡、多媒体合成模块等功能。

3. 机顶盒的关键技术

信道解码、嵌入式 CPU、MPEG-2 解压缩、嵌入式实时多任务操作系统和显示控制是机顶盒的主要技术。

(1)信道解码

机顶盒中的信道解码电路相当于模拟电视机中的高频头和中频放大器。在机顶盒中,高频头是必需的,不过调谐范围包含卫星频道、地面电视接收频道、有线电视增补频道。根据 DTV 目前已有的调制方式,信道解码应包括 QPSK、QAM、OFDM、VSB 解调功能。

(2)嵌入式 CPU

嵌入式 CPU 是机顶盒的心脏,当数据完成信道解码以后,首先要解复用,把传输流分成视频、音频,使视频、音频和数据分离开,在机顶盒专用的 CPU 中集成了 32 个以上可编程 PID 滤波器,其中两个用于视频和音频滤波,其余的用于 PSI、SI 和 Private 数据滤波。CPU 是嵌入式操作系统的运行平台,它要和操作系统一起完成网络管理、显示管理、有条件接收管理(IC 卡和 Smart 卡)、图文电视解码、数据解码、OSD、视频信号的上下变换等功能。为了达到这些功能,必须在普通 32~64 位 CPU 上扩展许多新的功能,并不断提高速度,以适应高速网络和三维游戏的要求。

(3)MPEG-2 解码

MPEG-2 是数字电视中的关键技术之一,目前实用的视频数字处理技术基本上是建立在 MPEG-2 技术基础上,MPEG-2 是包括从网络传输到高清晰度电视的全部规范。MP@LL 用于 VCD,可视电话会议和可视电话用的 H.263 和 H.261 是它的子集。MP@ML 用于 DVD、SDTV,MP@MH 用于 HDTV。

MPEG-2 图像信号处理方法分运动预测、DCT、量化、可变长编码 4 步完成,电路是由 RISC 处理器为核心的 ASIC 电路组成。

MPEG-2 解压缩电路包含视频、音频解压缩和其他功能。在视频处理上要完成主画面、子画面解码,最好具有分层解码功能。图文电视可用 APHA 迭显功能叠加在主画面上,这就要求解码器能同时解调主画面图像和图文电视数据,要有很高的速度和处理能力。OSD 是一层单色或伪彩色字幕,主要用于用户操作提示。

在音频方面,由于欧洲 DVB 采用 MPEG-2 伴音,美国的 ATSC 采用杜比 AC-3,因而音频解码要具有以上两种功能。

(1)嵌入式实时多任务操作系统

嵌入式实时操作系统是相对于桌面计算机操作系统而言的,它不装在硬盘中,系统结构紧凑,功能相对简单,资源开支较小,便于固化在存储器中。嵌入式操作系统的作用与 PC 上的 DOS 和 Windows 相似,用户通过它进行人机对话,完成用户下达的指定。指定接收采用多种方式,如键盘、鼠标、语音、触摸屏、红外遥控器等。

(2)显示技术

就电视和计算机显示器而言,CRT 显示是一种成熟的技术,但是用低分辨率的电视机显示文字,尤其是小于 24×24 的文字,问题就变得复杂了。电视机的显像管是大节距的低分辨率管,只适合显示 720×576 或 640×480 的图像,它的偏转系统是固定不变的,是为 525 行 60 Hz 或 625 行 50 Hz 设计的,而数字电视的显示格式有 18 种以上。上网则要符合 VESA 格式,显然,电视机的显示系统无法适应这么多格式。另外,电视采用低帧频的隔行扫描方式,当显示图形和文字时,亮度信号存在背景闪烁,水平直线存在行间闪烁。如果把逐行扫描的计算机图文转换到电视机上,水平边沿就会仅出现在奇场或偶场,屏显时间接近人眼的视觉暂留,会产生厉害的边缘闪烁现象,因而要用电视机上网,必须要补救电视机显示的缺陷。

根据技术难度和成本,目前用两种方法进行改进,一种是抗闪烁滤波器,把相邻三行的图像按比例相加成一行,使仅出现在单场的图像重现在每场中,这种方式叫三行滤波法。三行滤波法简单易实现。但降低了图像的清晰度,适用于隔行扫描方式的电视机。另一种方法是把隔行扫描变成逐行扫描,并适当提高帧频,这种方式要成倍地增加扫描的行数和场数,为了使增加的像素不是无中生有,保证活动画面的连续性,必须要作行、场内插运算和运动补偿,必须用专用的芯片和复杂的技术才能实现,这种方式在电视机上显示计算机图文的质量非常好,但必须在有逐行和倍扫描功能的电视机上才能实现。另外把分辨率高于模拟电视机的 HDTV 和 VESA 信号在电视机上播放,只能显示部分画面,必须进行缩小。同样,为保证图像的连续性,也要进行内插运算。

9.3.6 VOD 系统的应用领域

VOD 可以广泛应用于计算机局域网、广域网、宽带综合接入网、有线电视网等,它在许多领域都具有广阔的应用前景。

1. 影视歌曲点播

影视歌曲点播应用于卡拉 OK 歌厅、宾馆饭店、住宅小区、有线电视台等。例如,在小区中小区住户可通过电视机机顶盒或 PC 登录 VOD 视频服务器,任意点播自己喜欢收看的电视及新闻节目。

2. 教育和培训

教育和培训应用于校园网和多媒体教室、远程教学、企业内部培训、医院病理分析和远程医疗等。例如,教师备课时可通过微机终端及时地提取备课及教学资料,同时,在课堂上也可以为学生提供动态直观的演示,增强学生的记忆力和理解能力。

3. 多媒体信息发布

多媒体信息发布应用于电子图书馆、政府企业等。例如,企事业单位可通过此系统调用以往会议的视频资料,负责人也可通过系统发表讲话,系统会通过网络将信息实时地传送到下端各个部门,为企事业单位节省大量宝贵的时间。

4. 交互式多媒体展示

交互式多媒体展示应用于机场、火车站、影剧院、展览馆、博物馆、广告业、商场、百货公司等。

以上几种只是最典型的应用,随着技术的发展,VOD 系统可构架于各种网络基础之上,提供更多的满足人们需要的多媒体应用。

9.4　多媒体远程监控系统

随着通信技术和编码理论的飞速发展,多媒体监控系统广泛应用在机场、宾馆、银行、仓库、交通、电力等各种重要场所和机构。传统的监控系统,其终端与传输设备大多采用模拟技术,设备庞大、连线复杂、操作维修不便,不利于系统的程序化控制,更难以利用现有的通信网络(LAN、PSTN、ISDN 等)进行数据传输,实现远距离监控。随着 Internet 网络技术和多媒体通信技术的发展,一种以数字化、智能化为特点的多媒体远程监控系统应运而生,它实现了由模拟监控到数字监控质的飞跃,能将监控信息从监控中心释放出来,监控的视频、音频、现场告警与控制信号可传至网络所及的每一个节点,人们可以利用计算机网络在不向地点同时监视、控制远程某一或某些场所,同时控制云台、镜头等设备及获得各种报警信号,进行远程指挥。

远程监控系统主要采用点对点和多址广播两种传输技术,多数情况下是以点对点方式为主。它的主要特点是实时性要求高,延迟小,而且往往要求可控制、可切换视频源。另外,被监控的对象运动幅度不同,所要求的图像质量也不一样,一般像道路监控这样的场合,被监控的对象是高速运动的车辆,而且要求至少要能看清车牌,因而要求的图像质量相当高,采用 MPEG-1 格式还难以满足要求,必须采用高码流的 MPEG-2 格式才行;而对楼宇监控这样的场合,在多数情况下被监控的对象是静止不动的,因而图像质量可适当降低些,一般采用 MPEG-1 格式就能满足要求。

9.4.1 系统结构

图 9-16 是多媒体远程监控系统的结构示意图。系统由监控现场、传输网络和监控中心 3 部分组成。

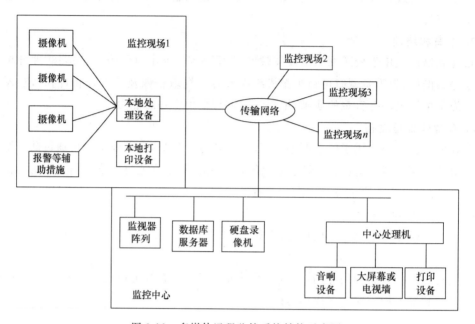

图 9-16 多媒体远程监控系统结构示意图

1. 监控现场

监控现场的核心是本地处理设备,是监控远端必配设备,其主要功能是对摄像机采集到的图像信息和声音信息进行 A/D 变换和压缩编码。

监控现场的工作方式有两种。第一种方式是由本地的主机对所设置的不同地点进行实时监控,适合于近距离监控。摄像机捕获的视频信号既可以实时存储到本地的硬盘中,也可以只供观察,一旦有报警触发,自动将高质量的画面记录到硬盘中。本地端的主机可以无须外加画面分割器,同时监视多个流动画面(根据需要设置其数量)。录制在硬盘中的视频画面有较高的清晰度,图像的压缩比可调。硬盘中的数据循环存放,硬盘满后可覆盖最开始的记录,这样就保证存储的数据是最新的。

存储在硬盘中的画面可供工作人员随时回放、搜索、图像调整(局部放大、调光等)等,同时可接打印机打印视频画面,也可以按照数据库方式查询检索。用户在软件中可设置捕捉图像的时间和长度,以及在无人值守时可分不同情况、时段进行不同系统设置,并采取不同的处理措施。本地主机装有摄像机控制器,其主要作用是调控摄像机参数,如上、下、左、右、摇镜头、镜头拉近、拉远、光圈大小、聚焦等。云台的转动及可变焦镜头的控制也可由摄像机控制器通过本地主处理设备接收监控中心的指令来控制。

报警探头可根据现场需要配置不同的类型以满足多种监测需求,如红外、烟雾、门禁等。报警采集器将报警探头传来的报警信号收集起来并上传至本地处理设备,本地处理设备接到报警信号后按照用户设置采取一系列措施,如拨打报警电话、录像、灯光指示、关闭大门、开灯等。

监控现场的第二种工作方式是由本地处理设备将采集的图像通过线路接口送入通信链路传至监控中心,同时把本地端报警采集器采集到的报警信息打包成一定格式的数据流,通过传输网络传到监控中心,监控现场则把监控中心传来的控制信令抽取出来,进行命令格式分析,按照命令内容执行相应的操作。

2. 监控中心

监控中心的核心设备是中心主处理机,其任务是将监控远端传来的经过压缩的图像码流解码并输出至监视器,选择接收任意一个远端的声音解码输出到扬声器,并把监控中心下行的声音编码传送给所选择的任意一个远端,也可用广播方式把声音传送给多个远端,同时它还能接收远端上传的报警信息,下达控制指令给远端处理设备,控制远端的各种设备。由于系统需要存储大量的视频信息,所以专门建立了一个硬盘录像机,用来存储现场传输过来的各摄像机拍摄的视频信号。系统中使用了大量的数据库表,包括摄像头信息表、地图和子地图信息表、报警器信息表、报警器预设信息表、视频通道的设置信息表、硬盘录像机的信息设置表、硬盘录像的定时时段设置表、操作日志记录表、硬盘录像存放位置表等。为了方便用户对这些数据进行操作和管理,专门增加了一台数据库服务器。

通过地理信息系统,监控中心可以显示监控地点信息的地图,在需要时也可以随时将某地点的图像信息传送过来。

监控中心的显示设备包括监视器阵列和大屏幕监视器。监视器阵列用以显示各个监控远端的图像,在条件允许的情况下,可使用与监控远端数目相同数量的监视器,当监视器数量少于监控远端的数目时,可在后台通过软件设置轮询功能,定时在各个监视器上轮流播放所有远端的图像。如果某个远端传来报警信号,监控中心就把整个带宽都分配给远端用于图像传输,这样会得到高速率的图像传输,监控人员可以立即采取相应的措施;在事件发生后,监控中心还可以通过将存储在该远端处理设备硬盘上的视频图像文件上载过来,回放高质量的监控图像。在监控中心,大屏幕监视器用以显示当前最为关心的一路视频。它主要有两种情况:一种是操作人员在当前想观看的视频画面;另一种是当远端发生告警时,大屏幕上的画面自动切换到报警现场,并自动产生一系列动作,如记录报警时间、地点、场所、类型等参量,启动警铃,遥控远端切换图像至报警源,显示闪烁警告标志等。

9.4.2　系统特点

多媒体远程监控系统与传统的模拟监控系统相比,有无可比拟的优势,其主要表现在以下几个方面。

(1)音频和视频数字化

能够实现活动多画面视窗,完成任意分割,静态存盘及视频捕捉;能够实现长时间大容量多通道硬盘录像,完成单路/多路回放及检索;能够实现多路视频报警、动态跟踪、图像识别,并能适应各种条件;能够支持多种视频压缩标准,满足各种不同层次的需要。

(2)监控网络化

由于多媒体远程监控系统的传输网络是基于 LAN/WAN 基础上的数字通信网络,因此,系统可以实现点对点、一点对多点、多点对多点的任意网络监控组合,并能通过建立网络间不同级别的安全权限,满足大型网络监控的需求。

(3)管理智能化

由于系统模块化强,便于扩展,方便维护,能根据需要生成与之相匹配的多级监控系统,并辅助以强大的软件控制,因此,系统能自动跟踪记录在监控中发生的一切信息,并存储起来、统计分类、定时完成输出打印工作,实现全自动化管理。

9.4.3　远程监控基于宽带接入网的实现

1. 基于 ADSL/CableModem 的点对点实现方式

基于 ADSL/CableModem 的点对点实现方式的远程监控系统结构如图 9-17 所示。住户家庭若有 PC,则在 PC 上增加一视频捕获卡,可接入 1~4 路模拟摄像信号。而 ADSL 用户传输单元 ATU-R 可充当视频处理的网络接口,经双绞线与 ISP 机房内 DSLAM 数字用户线访问多路复用器中的 ATU-C。远端用户采用 ADSL/CM/LAN/Modem 等接入方法,接入 Internet,再根据住户 ADSL 下的 IP 地址找到家庭内的 PC 或视频服务器,提取经 MPEG 压缩的图像信号,对家中老人、小孩、病人进行图像观察和语言交流。只是住户处需将数字图像上行至 Internet,故速率将受限于 ADSL 的上行速率(64~640 kbit/s)。通过 CableModem 工作时,情况基本相同,只是 ATU-R 换成 CableModem,DSLAM 换为 CMTS,而且 HFC 图像上行速率最大可达 1.5 Mbit/s,速率将高于 ADSL 的最大上行速率,但 HFC 存在带宽共享的问题。

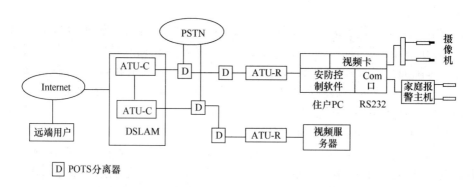

图 9-17　ADSL 方式家庭远程监控系统示意图

由于 ADSL 与 CableModem 根据服务提供商的不同,所提供的 IP 地址可能是动态的,但每次开机后 IP 地址将是不变的。因此远端用户根据这一 IP 地址可以找到住户家庭内的视频服务器,也可由住户家庭 PC 开机后固定地向远端用户发送告知 IP 地址的方法来实现互联。若住户 PC 内安装专用安防控制软件,通过串行口接收家庭报警主机的 RS232 上传信号,可同时实现家庭安防系统的远程监视和控制(设防/撤防等)。

2. 基于宽带智能小区的局域网实现方式

宽带智能小区的发展,利用 FTTX+LAN 的方式向住户提供了多种服务,同样借助于小区局域网亦可向住户提供远程监控的新业务。基于宽带智能小区的局域网方式的远程监控系统结构如图 9-18 所示。可在小区局域网上根据用户图像数量设置多台视频服务器,与视频矩阵经 RS232 接口相连,利用 CCTV 控制软件可经视频服务器对视频矩阵的 1 000 路摄像机输入进行视频切换,即可由视频服务器 4 个视频输入通路调用 1 000 路摄像机输入中的任意一个图像。这样大大扩展了可监视的图像数量。而家庭安防系统的监控则可由局域网上的安防系统服务器来完成。当然,同时亦允许通过住户自身 PC 来完成单独的视频图像输入和家庭安防情况的上传。

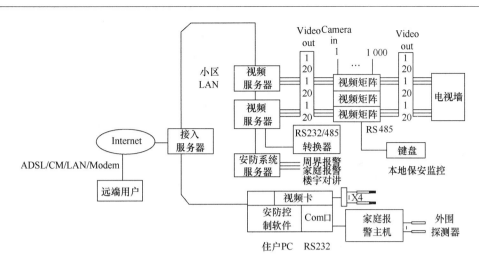

图 9-18　基于宽带小区局域网方式的远程监控构成示意图

远端用户经 Internet 找到小区局域网的外部 IP 地址,经权限验证后由接入服务器的内部 IP 地址绑定,找到相应的视频服务器,经 CCTV 控制软件对视频矩阵的 1 000 个视频输入进行调用切换。

鉴于大多数小区视频监控系统仍沿用传统模拟摄像机加视频矩阵方式,以上远程监控系统结构也基于此系统构架。若小区使用数字视频系统,外围使用 IPCAMERA 或模拟 CAMERA 加 IPSERVER,核心使用 NVR(网络视频录像机)或直接使用中心控制软件调用外围图像,可更方便地实现远程监控功能。

3. 基于企业局域网 VPN 的实现方式——Tyco/Video 工程方案实例

随着视频技术数字的发展,企业视频监控系统也经历了从传统模拟摄像机加视频矩阵,模拟摄像机加数字视频录像机 DVR,网络摄像机 IPCAMERA(或模拟摄像机/视频服务器 IPENCODER)加 NVR 网络视频录像机,以及最新中心管理软件/远程客户端软件直接调用控制外围 IP 摄像机。具体如表 9-1 所示。

表 9-1　基于企业局域网 VPN 的实现方式

视频技术发展	中心设备	外围摄像机	远程监控
1	视频矩阵/长时间录像机	模拟摄像机	
2	视频矩阵/DVR	模拟摄像机	客户端软件
3	NVR/IP DECODER+TV WALL	IP CAMERA 或 CAMERA+IP ENCODER	NVR 客户端软件
4	中心管理软件/档案管理软件 (ACHIVER MANAGER)	IPCAMERA 或 CAMERA+IP ENCODER	远程登录视频软件

远程监控基于企业局域网方式的实现为企业的一些实际问题提供了解决方案。下面以某工程方案为例进行分析。

此工程方案中使用了美国 TYCO 公司旗下 TYCO/VIDEO(原美国动力 AD、AMERI-CA、DYMATIC)品牌的产品,TYCO/VIDEO 能够提供从传统系统到最新网络视频/远程监控的全面解决方案。此方案使用了基于 IP 的网络视频/远程监控系统,系统框图如图 9-19 所示。

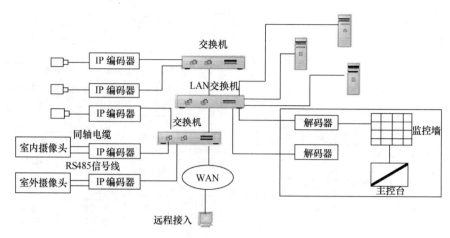

图 9-19　基于 IP 的网络视频/远程监控系统示意图

鉴于 IP 摄像机在镜头选择性、环境适应性、性价比等方面的问题,多数数字系统仍会选择传统模拟摄像机/快球与 IPENCODER(单路、回路、八路等)相配合使用。该系统中使用 TYCO470 固定摄像机和 ULTLAVII917 快球作为外围监控设备,包括防水/防爆等不同配置以适应不同环境的要求,中心机房使用中心控制软件、客户端软件、存储管理软件对外围 CAMERA 图像进行切换控制、存储管理,而远端用户则使用客户端软件经 WAN 登录实现远程监控、调用图像、快球 PTZ 控制。

9.5　多媒体通信技术的发展趋势

就像多媒体通信技术的产生一样,它的发展也将随着通信技术、电视技术和计算机技术的发展而同步前进。在今后的多媒体通信技术的发展中,网络技术、终端技术和信息处理技术仍属发展的关键技术所在。

1. 多媒体通信的网络技术

多媒体通信的网络技术总的发展趋势是信息传输的超高速和网络功能的高度智能化。随着网络体系结构的演变和宽带技术的发展,传统网络向下一代网络(NGN)的演进是不可避免的大趋势,基于软交换(Soft Switch)的下一代网络开展的传统的话音业务和多媒体业务的商业应用已逐步出现。从发展的角度来看,NGN 是传统基于时分复用(TDM)的 PSTN 逐步向基于 IP/ATM 的分组网络的演进,是 PSTN 与分组网融合的产物。从网络的角度看,以软交换为核心,结合媒体网关、信令网关、互连电路交换网和分组网,以实现业务层的融合和网络的统一管理。随着网络应用加速向 IP 汇聚,网络将逐渐向着对 IP 业务最佳的分组化网(特别是 IP 网)的方向演进和融合是历史的必然,融合将成为未来网络技术发展的主旋律。从技术层面上看,融合将体现在话音技术与数据技术的融合、电路交换与分组交换的融合、传输与交换的融合、电与光的融合。这种融合不仅使话音、数据和图像这三大基本业务的界限逐渐消失,也使网络层和业务层的界限在网络边缘处变得模糊,网络边缘的各种业务层和网络层正走向功能乃至物理上的融合,整个网络正在向下一代的融合网络演进,最终将导致传统的电信网、计算机网和有线电视网在技术、业务、市场、终端、网络乃至行业管制和政策方面的融合。

2. 最新的视频压缩技术

视频信息处理技术一直是多媒体通信中的一个关键部分。在图像信息处理方面,人们正在继续研究和开发新一代图像压缩编码的算法,例如模型基、语义基算法、神经网络、模糊集合、混沌、分形理论等算法,并力图将这些算法变成适当的软件或硬件,以期在保持一定图像质量的前提下获得更大的压缩比。

3. 多媒体通信的终端技术

随着半导体集成技术的发展,处理器处理多媒体信息的能力不断加强,使多媒体通信终端体积越做越小,性能却越来越强,小型化且使用简单是多媒体通信终端发展的趋势。宽带、高质量、演播室级的多媒体通信终端也是今后发展的另一个方向。

另外,为了满足多媒体网络化环境的要求,多媒体通信终端在硬件结构不断优化的同时还需对软件作进一步的开发和研究,是多媒体通信终端向部件化、智能化和嵌入化的方向发展,对多媒体通信终端增加如文字的识别和输入、汉语语音的识别和输入、自然语言理解和机器翻译、图形的识别和理解、机器人视觉和计算机视觉等的智能。

随着网络的发展,用户对网络能提供的多媒体通信业务的要求也越来越高、越来越多,因此,多媒体通信终端的发展必须融合传统电视和个人计算机的功能使其必须支持各种多媒体业务,如会议电视、远程教学、家庭办公、交互游戏、远程医疗、实时广播、点播业务等,同时还必须支持多种接入方式,如 IP 接入、ISDN 接入、专线接入等。

本章小结

本章首先对多媒体通信业务的类型进行了概述,然后讲解了几种常见的多媒体通信应用方式:多媒体视频会议系统涉及的关键技术及相关协议;视频点播(VOD)系统组成、工作过程及视频服务器和机顶盒的功能;多媒体远程监控系统的结构、特点及各种实现方式等,最后对多媒体通信技术的发展趋势进行了展望。本章是全书的总结,通过应用把前面所学内容联系在一起,从中可以看到所学内容在应用系统中的具体作用。

思考练习题

1. 简述多媒体业务的种类及其特点。
2. 简述多媒体会议系统与传统会议的区别,并分析多媒体会议系统的关键技术。
3. NVOD、TVOD 以及 IVOD 各自的特点是什么? 它们向用户提供服务的方式有何不同?
4. 简述 VOD 视频服务器的工作原理及其服务策略。
5. 简述机顶盒的功能并分析其关键技术。
6. 举例说明多媒体监控系统的系统结构。
7. 查阅资料,分析多媒体通信技术的发展趋势。

参 考 文 献

[1]　林福宗．多媒体技术基础．北京:清华大学出版社,2002.

[2]　钟玉琢．多媒体技术及其应用．北京:机械工业出版社,2003.

[3]　胡晓峰,等．多媒体技术教程．北京:人民邮电出版社,2002.

[4]　P. K. Andleigh, K. Thakrar. 多媒体系统设计(Multimedia System Design)．徐光佑,史元春,译．北京:电子工业出版社,1998.

[5]　蔡安妮,孙景鳌．多媒体通信技术基础．北京:电子工业出版社,2000.

[6]　黄孝建．多媒体技术．北京:北京邮电大学出版社,2000.

[7]　王汝言．多媒体通信技术．西安:西安电子科技大学出版社,2004.

[8]　马华东．多媒体技术原理及应用.2版．北京:清华大学出版社,2008.

[9]　焦淑红.多媒体信息系统．北京:机械工业出版社,2007.

[10]　李旭,等.多媒体通信原理．北京:机械工业出版社,2007.

[11]　张瑜.多媒体技术.北京:清华大学出版社,2004.

[12]　王志强,等.多媒体技术与应用.北京:清华大学出版社,2004.

[13]　孙学康,等．多媒体通信技术．北京:北京邮电大学出版社,2006.

[14]　何忠龙,等．多媒体通信技术．北京:北京希望电子出版社,2006.

[15]　何小海．图像通信．西安:西安电子科技大学出版社,2005.

[16]　黄荣怀．多媒体技术．北京:高教出版社,2008.

[17]　肖阳春．计算机网络与多媒体技术．北京:中国铁道工业出版社,2008.

[18]　吴玲达．多媒体技术.2版．北京:电子工业出版社,2008.

[19]　鄂大伟．多媒体技术基础与应用.3版．北京:高等教育出版社,2007.

[20]　毛一心．多媒体技术与应用．北京:人民邮电出版社,2007.

[21]　张宗勇．基于P2P技术的IPTV服务系统研究．西北工业大学硕士学位论文,2006.

[22]　范丹华,曹桔香,万金梁．目前IPTV关键技术与市场动态分析.2007年中国数字电视与网络发展高峰论坛暨第十五届全国有线电视综合信息网学术研讨会会议论文集．北京:[出版者不详],2007.